普通高等教育"十二五"高职高专规划教材·专业课（理工科）系列

电路与电工技术

中国高等教育学会　组织编写

主　编　罗　勇　薛金水

副主编　陈应华

U0321119

中国人民大学出版社

·北京·

图书在版编目（CIP）数据

电路与电工技术/罗勇，薛金水主编；中国高等教育学会组织编写 .—北京：中国人民大学出版社，2014.8

普通高等教育"十二五"高职高专规划教材 . 专业课（理工科）系列

ISBN 978-7-300-19920-7

Ⅰ.①电… Ⅱ.①罗…②薛…③中… Ⅲ.①电路-高等职业教育-教材②电工技术-高等职业教育-教材 Ⅳ.①TM

中国版本图书馆 CIP 数据核字（2014）第 198196 号

普通高等教育"十二五"高职高专规划教材·专业课（理工科）系列

电路与电工技术

中国高等教育学会　组织编写

主　编　罗　勇　薛金水

副主编　陈应华

Dianlu yu Diangong Jishu

出版发行	中国人民大学出版社			
社　　址	北京中关村大街 31 号		**邮政编码**	100080
电　　话	010 - 62511242（总编室）		010 - 62511770（质管部）	
	010 - 82501766（邮购部）		010 - 62514148（门市部）	
	010 - 62515195（发行公司）		010 - 62515275（盗版举报）	
网　　址	http://www.crup.com.cn			
	http://www.ttrnet.com（人大教研网）			
经　　销	新华书店			
印　　刷	北京密兴印刷有限公司			
规　　格	185 mm×260 mm　16 开本		**版　　次**	2014 年 9 月第 1 版
印　　张	19.25		**印　　次**	2017 年 7 月第 2 次印刷
字　　数	445 000		**定　　价**	38.00 元

前 言
FOREWORD

本书以教育部最新制定的《高职高专教育电工技术基础课程教学基本要求》作为编写依据，结合高职生的实际情况和这门课的特点，根据编者多年的教学实践经验编写而成。

本书内容的编写特点：一是注重培养学生的技术应用能力和职业素质，分散难点，突出重点，把握概念，推进认知；二是注重基础理论的实用性，在掌握主要理论知识的同时，侧重实训技能的培养；三是每章都有技能训练及课外制作项目，学生学完本章内容后，再进行实际的制作，有利于提高学生的学习兴趣、求知欲、动手能力和分析问题与解决问题的能力；四是建立的模型来源于实际的认知规律，阐述理想元件的定义与实际器件的辩证关系，并提供实物图片；五是每章开始有内容提要、重点和难点，以帮助学生在学习过程中少走弯路；六是尽量减少理论推导，使能力培养贯穿于教学的全过程，语句讲"白"，力求通俗易懂，以利于学生自学；七是每章节都有丰富的例题和习题，书后配有部分习题参考答案以帮助学生更好地掌握本章节内容。

附录中介绍了当前国际流行的适合电工电子类课程辅助教学和实验的仿真软件 EWB，同时还介绍了使用方便、易安装、易学的手机与平板电脑上的电路仿真、学习的电路专家（ElectroDroid）等软件，进一步拓展学生的思路和了解现代电工电子分析方法的最新进展。

本书共 7 章，覆盖了电路、电工技术课程的主要内容，教学参考时数为 72 学时，其中技能训练项目必须保证不低于 18 学时，书中打"＊"部分可根据具体学时来选用。本书也可作相关非电专业的教材。

本书由中国高等教育学会组织编写，广东工程职业技术学院机电工程学院罗勇编写第1 章及附录 B、薛金水编写第 2 章、刘志芳编写第 5 章及附录 A、何惠芳编写第 6 章及附录 C、王力编写第 4 章、杨军编写附录 E；广州科技贸易职业学院信息工程系陈应华编写第 3 章；武汉工贸职业学院实训中心刘武杰编写第 7 章及附录 D。全书由罗勇、刘志芳统稿，罗勇、薛金水担任主编，陈应华担任副主编。广东工程职业技术学院机电工程学院院长张新政教授审阅了全书的初稿，并提出了许多宝贵的意见。

在本书的编写过程中吸取了参考文献中各位专家、学者的经验，受益匪浅；得到中国人民大学出版社的大力支持和广东工程职业技术学院教务处、机电工程学院领导及许多老师的关心与支持，在此一并致以衷心的感谢。

由于编者水平有限，不妥和错误之处在所难免。敬请使用本书的广大师生以及其他读者给予批评指正，以便得到及时更正和完善。

编　者

2014 年 5 月

目 录
CONTENTS

第1章 电路模型和电路的基本定律

内容提要：本章介绍电路模型、电路的基本物理量及参考方向、电路的基本定律和基本元件、实际电源的等效变换法及电路中电位的计算等。

重点：电流、电压参考方向的概念，基尔霍夫定律。电流电压参考方向是电路分析最基本的概念，基尔霍夫定律是电路理论的基石，应熟练掌握和运用。

难点：电流、电压参考方向的理解与运用，含受控源电阻电路的计算。

1.1　实际电路与电路模型

1.1.1　实际电路的作用和组成部分

有关电路器件用导线连接起来后构成的电流通路叫做电路。如图 1—1 (a) 所示的日光灯电路能把电能转换为光能，这类电路由于电压较高，电流和功率较大，习惯上常称为"强电"电路；如图 1—2 所示，用系统框图表示的一个复杂电路，它能把广播电台发送的无线电信号转换成声音重放出来，这类电路通常电压较低，电流和功率较小，习惯上常称为"弱电"电路。这些都是电路的实例。

电路的作用是：**实现电能的传输和转换（强电电路）；实现信号的传递和处理（弱电电路）。**

由图 1—1 (a) 和图 1—2 可以看出，虽然电路繁简不一，然而作为电路的基本组成部分必有：**电源（或信号源）、负载和中间环节。** 电源是将其他形式能量转换为电能的装置，如发电机、电池等均为电源，它们可分别将机械能、水能、热能、原子能及化学能转换为电能；负载是将电能转换成其他形式能量的装置，如电动机、灯泡、电热器等均为负载，它们可分别将电能转换成机械能、光能和热能；中间环节包括连接导线、控制开关和保护装置等，主要起传输、控制、分配与保护作用。最简单的中间环节是两根导线相连，但图 1—2 所示的收音机线路，其中间环节就比较复杂。

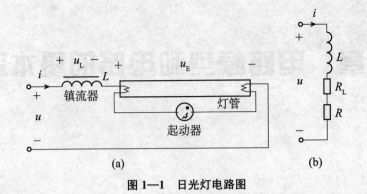

图 1—1　日光灯电路图

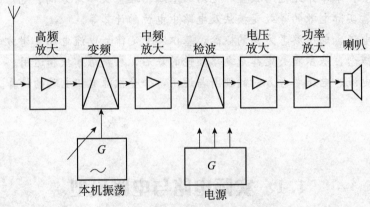

图 1—2　半导体收音机电路框图

用现代电路理论来分析电路时，常将具有一定功能的电路视为一个系统。从一般的意义上讲，**系统是由若干互相关联的单元或设备组成，并用来达到某种目的的有机整体**。例如由发电、输电、配电、用电等多种设备组成的电网可视为一个系统。

对一个系统而言，电源（或信号源）的作用称为**激励**，由激励引起的结果（如某个元件上的电流、电压）称之为**响应**。激励和响应的关系就是作用和结果的关系，往往对应着输入与输出的关系。一个系统可用如图1—3所示的框图来描述，其中 $e(t)$ 为激励，$r(t)$ 为响应。分析一个系统，就是确定它的响应与激励的关系。

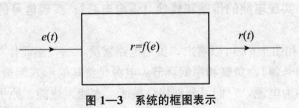

图 1—3　系统的框图表示

1.1.2　电路模型及其意义

为了便于理论研究，揭示电路的内在规律，将实际电路中的各种元件按其主要物理性质分别用一些**理想电路元件**来表示时所构成的电路图，称为电路模型。

所谓理想电路元件，**就是只反映某一种能量转换过程的元件，是对实际元件在一定条件下进行科学抽象而得到的**。例如，电阻 R 是一种理想电路元件，它只反映电能转换为热能的物理过程。凡是当电流通过某元件发生电能转换为热能，而别的能量转换可以忽略时，该元件就可用一个理想电阻元件 R 来表示。除了理想电阻元件之外，还有理想电感元件 L、理想电容元件 C 以及理想电源等，如图 1—4 所示。这些理想元件称为电路结构的基本模型，由这些基本模型构成电路的整体模型。

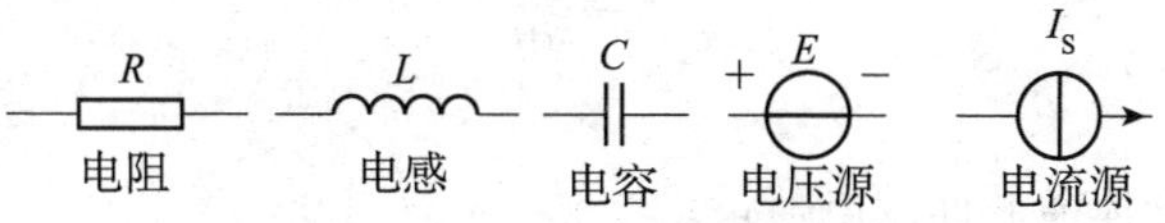

图 1—4　理想电路元件模型

例如，图 1—1 中的日光灯电路。就其灯管的性质而言，可用一个电阻 R 来表示，而镇流器接入电路时将发生电能转换为磁场能量及电能转换为热能两种过程，所以用一个电感 L 和电阻 R_L 的串联组合来表示。这样就可画出图 1—1（b）日光灯电路的电路模型。

由此可见，电路模型就是实际电路的科学抽象。采用电路模型来分析电路，不仅使计算过程大为简化，而且能更清晰地反映该电路的物理本质。这种研究问题的方法，实际上早已运用在物理学中了，只是没有提出"模型"这个概念而已。现在突出电路模型的概念是为了更自觉地运用科学抽象的方法来解决复杂的实际电路问题。为此，我们一方面将深入地研究物理学中已学过的一些理想电路元件的性质，另一方面还要学习一些新的理想电路元件，如理想电流源、理想受控源等。有了这些基础就可以为更多的实际电路建立模型，如用电流控制电流源来表示一个晶体管的电流放大作用；用电压控制电压源来表示运算放大器等，从而使我们能更好地掌握电路分析的方法。

➔ 思考与练习题

1.1.1　电路的作用是什么？

1.1.2　说出电路的组成部分，并说明各部分的作用。

1.1.3　什么是理想电路元件？理想电路元件与实际电路元件有何差别？

1.1.4　什么是电路模型？引出电路模型的意义何在？

1.2　电流、电压的参考方向和功率的计算

电路中能量的转换、输送以及信号的传递和处理，都是用电流、电压和电动势来描述的。电流、电压及电动势等物理量称为电路的基本物理量。其中电流、电压及电动势参考方向（又称正方向）的概念非常重要，对学好本课程起到重要的作用，应正确理解并熟练应用。

1.2.1 电流、电压的参考方向

1. 各物理量实际方向（又称真实方向）的规定

电流：是带电粒子在电源作用下在导体中有规则的定向移动而形成的。其大小等于单位时间内通过导体横截面的电荷量。即电流为

$$i = \frac{\mathrm{d}q}{\mathrm{d}t} \tag{1.1}$$

式中：i 表示电流；

$\mathrm{d}q$ 表示通过导体横截面的电荷量；

$\mathrm{d}t$ 表示单位时间。

如果电流的大小和方向都不随时间而变化，即 $\dfrac{\mathrm{d}q}{\mathrm{d}t}$ = 常数，这种电流称为直流电流（Direct Current，DC），用大写字母 I 表示；如果电流的大小和方向都随时间而变化，则称为交流电流（Alternating Current，AC），用小写字母 i 表示。在学习本课程时应**特别注意文字代号的正确书写，时变量用小写，直流量用大写。**

电流这个物理量的单位是安培（库仑/秒）（国际单位制），简称"安"，用大写字母"A"表示。另外还有毫安（mA），微安（μA），它们的换算关系是

$$1\ (\mathrm{A}) = 10^3\ (\mathrm{mA}) = 10^6\ (\mu\mathrm{A})$$

既然电流是由带电粒子有规则的定向移动而形成的，那么电流就是一个既有大小，又有方向的物理量。

规定在导体中正电荷移动的方向或负电荷移动的相反方向为电流的实际方向。

电压与电动势：电荷之所以能在导体中产生定向运动而形成电流，是因为它们受到了力的作用。

电压这个物理量，是用来表示电场力移动电荷做功本领的。

如图 1—5 所示，a 和 b 是一个电源的两个电极。a 极带有正电荷，b 极带有等量的负电荷，在电极 a、b 之间就形成了电场，其方向为由 a 指向 b。如果 ab 之间由导体连接起来了，那么，在此电场力的作用下，a 极上的正电荷将经此连接导体流向电极 b（其实是连接导体中的自由电子在电场力的作用下从电极 b 流向 a，两者是等效的）。因此，ab 两点之间的电压 U_{ab}，在数值上就等于电场力将单位正电荷从 a 点（高电位）移到 b 点（低电位）所做的功。即

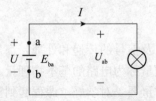

图 1—5　电动势、电压和电流

$$u_{ab} = \frac{\mathrm{d}A}{\mathrm{d}q} \tag{1.2}$$

电动势是用来表示电源力移动电荷作功本领的物理量。

如图1—5所示，在电场力的作用下，a电极上的正电荷不断地通过连接导体流向b电极，并与b电极上的负电荷中和，持续下去，就将导致两个电极上的电荷量不断减少，两极之间的电场不断削弱一直到零，这时，连接导体中的电流也会相应地减小到零。

为了使连接导体中有持续的恒定电流，那么在电源内部就必须有一种力，它能将在电场力作用下由a极流到b极的正电荷，通过电源内部（也是导体），克服两电极间电场力的作用，将它们从电极b移动到电极a。这样才能使两极上的电荷量不变，两极间的电场强弱不变，连接导体中的电流也就能保持恒定不变。这种力称为电源力。在电源内部都存在着这种力。如发电机内部的这种力就是电磁力，电池内部的这种力就是化学力。

所以电源的电动势 E_{ba} 在数值上等于电源力把单位正电荷从电源的负极b（低电位）经由电源内部移到电源的正极a（高电位）所做的功。即

$$E_{ba} = \frac{\mathrm{d}A}{\mathrm{d}q} \tag{1.3}$$

因为电压和电动势都是用来表示一个力移动电荷做功本领的，所以它们的单位相同。在国际单位制中，它们的单位都是伏特（焦耳/库仑），简称"伏"，用大写字母"V"表示。另外还有千伏（kV）、毫伏（mV）和微伏（μV）等。换算关系为：

$$1\mathrm{kV} = 10^3\ (\mathrm{V})；1\ (\mathrm{V}) = 10^3\ (\mathrm{mV}) = 10^6\ (\mu\mathrm{V})$$

电压的实际方向规定为由高电位端指向低电位端，即指向电位降低的方向（图1—5中的 U_{ab} 是由a指向b）。**电动势的实际方规定为在电源内部由低电位端指向高电位端，即指向电位升高的方向**（图1—5中 E_{ba} 在电源内部是由b指向a）。

2. 各物理量方向的表示法

电流：(1) 箭头，如图1—6 (a) 表示电流的方向由a到b；(2) 双下标，如 I_{ab}，表示电流的方向由a到b（多出现在文字中）；(3) 结合使用，图1—6 (b) 表示电流的方向由a到b。

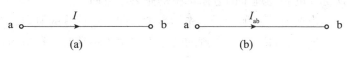

图1—6 电流的参考方向

电压：(1) "+"、"—"号（图1—7 (a) 表示电压的方向由a到b）；(2) 双下标，如 U_{ab}，表示电压的方向由a到b（多出现在文字中）；(3) 结合使用，图1—7 (b) 表示电压的方向由a到b。

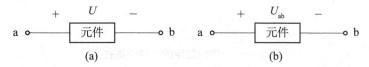

图1—7 电压的参考方向

电动势：（1）"＋"、"一"号（如图1—5所示，电动势的方向由b到a）；（2）双下标，如E_{ba}，表示电动势的方向由b到a（多出现在文字中）；（3）结合使用，如图1—5所示，电动势的方向由b到a。**电动势的方向多用"＋"、"一"号表示。**

3. 各物理量的参考方向

对于一个简单的电路，电流电压的实际（真实）方向一眼就能看出，如图1—5所示，如$E=12V$，则电流电压的实际方向如图所标。但对于一个复杂电路，如图1—8所示，电流电压的实际方向是由a到b还是b到a则不易看出来，但分析计算此电流电压时，结果出来后，不但要知道其数值还要知道其实际方向。

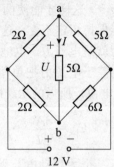

图1—8 电流电压的参考方向

这样就引出了**参考方向的概念：**

对于各物理量两种可能的方向，任意选取一个方向作为计算的参考标准，则这个所选的方向称为参考方向。当实际方向与参考方向一致时，该物理量定为正值；相反时定为负值。

例1.1 如图1—6（a）所示部分电路中，I的方向为参考方向，若$I=2A$，则I的实际方向如何？如图1—7（a）所示部分电路中，U的方向为参考方向，若$U=-2V$，则U的实际方向如何？

解 由参考方向的概念可知，I的实际方向由a到b；U的实际方向由b到a。

4. 关于参考方向的说明

（1）电路中所标注的各物理量的方向都指的是参考方向。

（2）在计算电压电流时，必须掌握：先标参考方向，后计算的原则。

（3）关联参考方向：元件上电压电流的参考方向选为一致时，称电压电流为关联参考方向。

（4）欧姆定律的两种表达式：有了参考方向的概念后，欧姆定律就有两种表达式。图1—9（a）中$U=IR$；图1—9（b）中$U=-IR$。

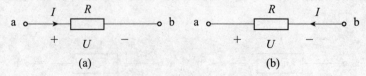

图1—9 欧姆定律的两种表达式

1.2.2 功率的计算

从物理学中我们已经知道，一个元件上的电功率等于该元件两端的电压与通过该元件电流的乘积，即

$$P=UI \tag{1.4}$$

如果电压和电流都是时变量时，则瞬时功率写成

$$p=ui \tag{1.5}$$

当电压的单位为伏特（V）、电流的单位为安培（A）时，功率的单位为瓦特（W）。

元件上的电功率有发出和吸收两种可能。我们进行电路分析时，元件上电流和电压的方向都是参考方向，其中有关联的参考方向，也有非关联的参考方向。在这种情况下，应该怎样确定是吸收功率还是发出功率的呢？可作如下规定：

（1）当电流、电压取关联的参考方向时（见图1—10（a））

$$P=UI$$

或

$$p=ui \tag{1.6}$$

（2）当电流、电压取非关联参考方向时（见图1—10（b））

$$P=-UI$$

或

$$p=-ui \tag{1.7}$$

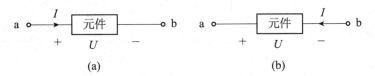

图 1—10 欧姆定律的两种表达式

在此规定下，如果计算结果为 $P>0$（或 $p>0$）时，表示元件吸收功率，是负载；反之，当 $P<0$（或 $p<0$）时，表示元件发出功率，是电源。

例 1.2 各元件电流和电压的参考方向如图1—11所示。已知 $U_1=3V$，$U_2=5V$，$U_3=U_4=-2V$，$I_1=-I_2=-2A$，$I_3=1A$，$I_4=3A$。试求各元件的功率，并指出是吸收还是发出功率？是电源还是负载？整个电路的总功率是否满足功率守恒定律？

解 根据各元件上电流和电压的参考方向及式（1.6）、（1.7），可得各元件的功率为

元件1：$P_1=U_1I_1=3\times(-2)=-6W$ （发出功率为电源）

元件2：$P_2=U_2I_2=5\times2=10W$（吸收功率为负载）

元件3：$P_3=-U_3I_3=-(-2)\times1=2W$（吸收功率为负载）

元件4：$P_4=U_4I_4=(-2)\times3=-6W$（发收功率为电源）

电路的总功率：$P=P_1+P_2+P_3+P_4=0$（功率守恒）

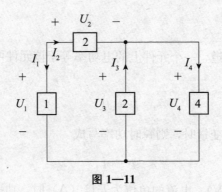

图 1—11

验证功率是否平衡是验证计算结果正误的有效方法，读者应充分利用。

思考与练习题

1.2.1 电压、电流取不同的参考方向将会对其实际方向有影响吗？

1.2.2 如图 1—9（b）所示，已知 $R=2\Omega$，$I=-2A$，求电压 U。

1.2.3 如图 1—9（b）所示，设 $U=1V$，则 $U_{ba}=$（　　）

    A.　+1V；　　　B.　−1V。

1.2.4 电流参考方向如图 1—12 所示，已知 $i=2\sin100\pi t$ A。求 $t=15ms$ 时的电流值，并判断此时电流的实际方向。

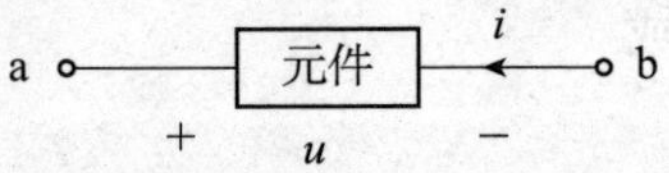

图 1—12

1.2.5 某白炽灯的电压为 220V，功率是 100 W，问此时电流是多大？电阻是多大？

1.2.6 如图 1—13 所示，方框代表电源或负载。已知 $U=100V$，$I=-2A$，问哪些方框是电源，哪些是负载？

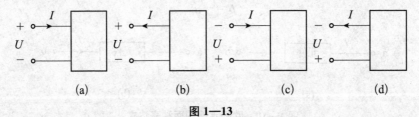

图 1—13

1.2.7 如图 1—14（a）所示，一电池电路，当 $U=3V$，$E=5V$ 时，该电池作电源（供电）还是作负载（充电）用？如图 1—14（b）所示，也是一电池电路，当 $U=5V$，$E=3V$ 时，该电池作电源（供电）还是作负载（充电）用？

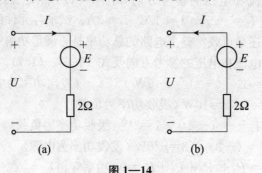

图 1—14

1.3　基尔霍夫定律

分析与计算电路的基本性质，除了运用欧姆定律外，还可运用基尔霍夫定律。基尔霍夫定律是进行电路分析的重要定律，是电路理论的基石。要学好本门课程，首先要熟练掌握和运用基尔霍夫定律。在介绍基尔霍夫定律之前，先介绍电路分析中常用的几个名词术语。

（1）支路。电路中每一条不分岔的局部路径称为支路，支路中流过的是同一电流。图1—15中共有6条支路。

（2）结点。电路中三条或三条以上的支路的连接点，称为结点。图1—15中a、b、c均为结点，共有3个结点。

（3）回路。电路中由一条或多条支路构成的闭合路径，称为回路。图1—15中共有6个回路（请读者自行找出）。

（4）网孔。平面电路（平面电路是指电路画在一个平面上没有任何支路的交叉）中不含有任何支路的回路，称为网孔。图1—15中共有3个网孔。网孔一定是回路，但回路并非都是网孔。

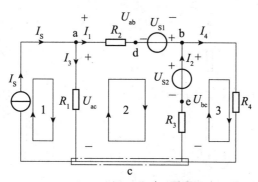

图1—15　术语解释电路

基尔霍夫定律分为：基尔霍夫电流定律（Kirchhoff's Current Law，KCL）又称基尔霍夫第一定律，适用于结点，说明电路中各电流之间的约束关系；基尔霍夫电压定律（Kirchhoff's Voltage Law，KVL）又称基尔霍夫第二定律，适用于回路，说明电路中各部分电压之间的约束关系。基尔霍夫定律是电路中的一个普遍适用的定律，即不管电路是线性的还是非线性的，也不管各支路上接的是什么样的元器件，它都适用。

1.3.1　基尔霍夫电流定律（KCL）

1. 基尔霍夫电流定律（KCL）具体内容

对于电路中的任一结点，在任一瞬时流入结点电流的总和必等于流出该结点电流的总和。即

$$\sum i_入 = \sum i_出 \tag{1.8}$$

或流入结点的代数和恒等于零，即

$$\sum i = 0 \tag{1.9}$$

基尔霍夫电流定律是电流连续性的表现。

如图 1—16 所示，应用 KCL 第一句话可得结点 a 方程为：

$$I_1 + I_3 = I_2 + I_4$$

注意：在列 KCL 方程时只根据电流的参考方向来判断电流是流入结点还是流出结点，具体计算时则电流是正值代入正值，是负值就代入负值。

也可应用 KCL 第二句话列出 $\sum i = 0$ 方程（为解方程组的需要，常列此方程）

即

$$I_1 + I_3 - I_2 - I_4 = 0$$

在列 $\sum i = 0$ 方程时，惯用规定是：**在参考方向下，流入结点的电流取正号，流出结点的电流取负号。**也可相反规定。

例 1.3 如图 1—17 所示，求电路中的电流 I。

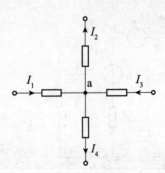
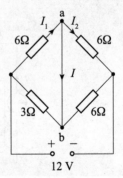

图 1—16 基尔霍夫电流定律（KCL）例图　　　　图 1—17

解 先求 I_1、I_2（其参考方向若题中未标，则计算前要先标出参考方向）

$$I_1 = \frac{12}{(6//3) + (6//6)} \times (6//3) \times \frac{1}{6} = 0.8\text{A}$$

$$I_2 = \frac{12}{(6//3) + (6//6)} \times (6//6) \times \frac{1}{6} = 1.2\text{A}$$

对结点 a 列 KCL 方程

$$I_1 - I_2 - I = 0$$
$$0.8 - 1.2 - I = 0$$

得

$$I = -0.4A$$

2. 基尔霍夫电流定律（KCL）的推广应用

KCL 不仅适用于电路中的结点，还可以推广应用到电路中任意假设的封闭面。如图 1—18 所示的闭合面包围的是一个三角形电路，由 KCL 的推广可得

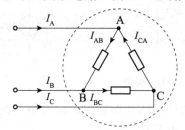

图 1—18　基尔霍夫电流定律的推广应用

$$I_A + I_B + I_C = 0$$

读者可自行证明。

1.3.2　基尔霍夫电压定律（KVL）

1. 基尔霍夫电压定律（KVL）具体内容

对于电路中的任一回路，从回路中任一点出发，沿规定的方向（顺时针或逆时针）绕行一周，则在任一瞬时，在这个方向上的电位降之和等于电位升之和，即

$$\sum u_升 = \sum u_降 \tag{1.10}$$

或在这个方向上的各部分电压降的代数和恒等于零，即

$$\sum u = 0 \tag{1.11}$$

基尔霍夫电压定律是电路中任意一点的瞬时电位具有单值性的结果。

如图 1—19 所示，选 cadbc 为回路，以顺时针为绕行方向，则 U_2、U_3 为电位降，U_1、U_4 为电位升，应用 KVL 第一句话可得 KVL 方程

$$U_2 + U_3 = U_1 + U_4$$

注意：在列 KVL 方程时只根据电压的参考方向来判断电压是电位升还是电位降，具体计算时则电压是正值代入正值，是负值就代入负值。

也可应用 KVL 第二句话列出 $\sum u = 0$ 方程（为解方程组的需要，常列此方程），即

$$U_2 + U_3 - U_1 - U_4 = 0$$

在列 $\sum u = 0$ 方程时，惯用规定是：在参考方向下，电位降取正号，电位升取负号。也可相反规定。

例 1.4　如图 1—20 所示，求电路中的电压 U_S。

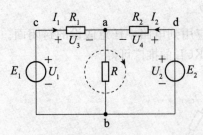

图1—19 基尔霍夫电压定律（AL）例图

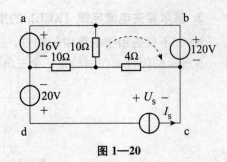

图1—20

解 选 abcda 为回路（在应用 KVL 解题时，应选最少的回路，列最少的方程求出待求量），以顺时针为绕行方向，由 KVL 得

$$-U_S+20-16+120=0$$

得

$$U_S=124V$$

2. 基尔霍夫电压定律（KVL）的另一种形式（可求解电流的方程）

如图1—19所示，若要列出与电流 I_1、I_2 有关的 KVL 方程，则由欧姆定律得：$U_3=I_1R_1$，$U_4=I_2R_2$，将此两式代入 KVL 方程

$$U_2+U_3-U_1-U_4=0$$

得

$$U_2+I_1R_1-U_1-I_2R_2=0$$

此即为结合欧姆定律的 KVL 方程。在列写时，可直接列出。即规定：**电流的参考方向与绕行方向一致时，欧姆定律表达式取正号，相反时取负号。**

例1.5 如图1—21所示，求电路中的电流 I。

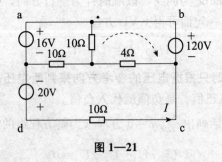

图1—21

解 选 abcda 为回路，以顺时针为绕行方向，由结合欧姆定律的 KVL 得

$$-10I+20-16+120=0$$

得

$$I=12.4A$$

3. 基尔霍夫电压定律（KVL）的推广应用

KVL 不仅适用于闭合回路，还可以推广应用到回路的部分电路（或开口电路）。

如图 1—22 (a) 所示，根据 KVL 可得

$$U_{AB}+U_B-U_A=0$$

如图 1—22 (b) 所示，由 KVL 可得

$$U+IR-E=0$$

例 1.6   如图 1—23 所示部分电路，各支路的元件是任意的，已知 $U_{AB}=5V$，$U_{BC}=-4V$。求 U_{CA}。

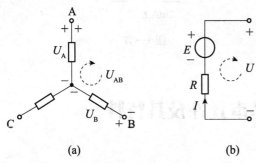
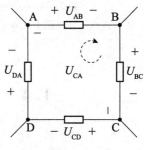

(a)   (b)

图 1—22   基尔霍夫电压定律的推广应用   **图 1—23**

解   ABCA 不是闭合回路，由 KVL 的推广得

$$U_{AB}+U_{BC}+U_{CA}=0$$

即

$$5-4+U_{CA}=0$$

得

$$U_{CA}=-1V$$

应该指出，前面所举的例子是直流电路，但基尔霍夫定律具有普遍性，它不仅适用于不同元件构成的电路，也适用于任一时变电路。

在列方程时，**必须根据电流、电压的参考方向，按规定取正、负号。**

思考与练习题

1.3.1   KCL 和 KVL 与电路元件的性质是否有关？分别适用于什么类型的电路？

1.3.2   求如图 1—24 所示部分电路中的电流 I_1 和 I_2。

1.3.3   求如图 1—25 所示的电流 I 和电压 U_{ab}。

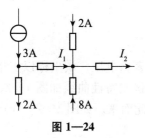
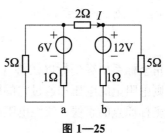

图 1—24   **图 1—25**

1.3.4 在如图1—17所示的电路中,有多少条支路?多少个结点?多少个回路?多少个网孔?

1.3.5 在如图1—26所示的电路中,至少要列几个KVL方程才能求出电压U_{ab}?并求U_{ab}。

1.3.6 求如图1—27所示部分电路中的电流I。

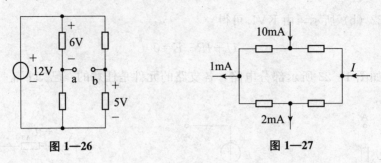

图1—26   图1—27

1.4 电路的基本元件及其特性

电路的基本元件是构成电路的基本元素。电路中普遍存在着电能的消耗、磁场能(量)的储存和电场能(量)的储存这三种基本的能(量)的转换过程。表征这三种物理性质的电路参数是电阻、电感和电容。只含其中一个电路参数的元件分别称理想电阻元件、理想电感元件和理想电容元件,简称电阻元件、电感元件和电容元件。电阻R、电感L和电容C是三种具有不同物理性质的电路元件,也称电路结构的基本模型。

元件的基本物理性质是指当把元件接入电路时,在元件内部将进行什么样的能量转换过程以及表现在元件外部的特征。从电路分析的角度看,我们最感兴趣的是元件的外部特性,而其中最主要的就是元件端上的电流与电压关系,即伏安关系。在分析电路时,R、L、C又居于参数地位,所以又称为电路的参数。

1.4.1 电阻元件和欧姆定律

电阻是电路中阻止电流流动,能量损耗大小的参数。电阻元件是用来模拟电能损耗或电能转换为热能等其他形式能量的理想元件。电阻元件习惯上简称为电阻。电阻有线性电阻(这里只讨论线性电阻)和非线性电阻之分,电阻电路如图1—28(a)所示。

所谓**线性电阻**是指电阻元件的阻值R是常数,加在该电阻元件两端的电压u和通过该元件中的电流i之间成正比关系,即

$$u=Ri \tag{1.12}$$

如果在直角坐标系中纵坐标以伏特(V)为单位表示电压,横坐标以安培(A)为单位表示电流,则电阻上的电压和通过它的电流之间的伏安特性曲线如图1—28(b)所示,这是一条通过坐标原点的直线,线性电阻的名称即由此而来。如图1—28(c)所示,给出

一种非线性电阻的伏安特性（其曲线可以是通过坐标原点或不通过坐标原点的曲线（直线），后面介绍的二极管就是一种典型的非线性电阻元件）。

公式（1.12）可改写成

$$R = \frac{u}{i} \tag{1.13}$$

即线性电阻两端的电压与电流的比值是常数，这就是**欧姆定律**。从式（1.12）或式（1.13）中都可看出，电阻具有阻碍电流的作用。

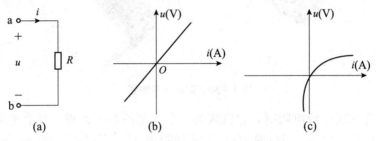

图1—28　电阻元件及其伏安特性曲线

式（1.12）还可改写为

$$i = Gu \tag{1.14}$$

其中 $G = 1/R$，称为电导，基本单位为西门子（S）。

由电功率的定义及欧姆定律，电阻元件任一时刻的功率（瞬功率）为

$$p = ui = Ri^2 = Gu^2 \geqslant 0 \tag{1.15}$$

说明电阻元件始终在吸收功率，**为耗能元件**。

故线性电阻元件的物理性质为：

（1）元件上任一时刻电压与电流成正比即 $u = Ri$。

（2）为耗能元件。

应该注意到，实际电阻器在规定的工作电压、电流和功率范围内才能正常工作。因此，实际电阻器上不仅要注明电阻的标称值，还要有额定功率值。如图1—29所示，几种电阻元件的实物图。

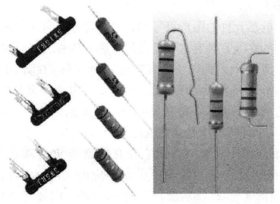

图1—29　实际电阻器

1.4.2 电感元件

线圈是典型的实际电感元件，如图 1—30 所示。

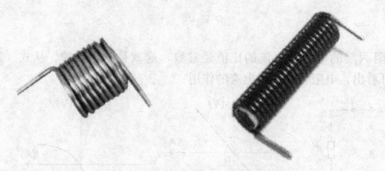

图 1—30 实际电感线圈

当忽略线圈导线中的电阻时，它就成为一个理想的电感元件。当有电流 i 通过线圈时，线圈中就会建立磁场。设磁通为 Φ，线圈匝数为 N，与线圈相交链的磁链 Ψ（即总磁通）为

$$\Psi = N\Phi \tag{1.15}$$

磁通 Φ 与电流 i 之间的参考方向关系由右手螺旋定则确定，如图 1—31 所示。图中还标出线圈两端电压 u 与感应电动势 e 的参考方向，其中 u 与 i 为关联的参考方向。当电流 i 的参考方向确定后，磁链 Ψ（或磁通 Φ）的参考方向也就确定了。e 的参考方向是根据 Ψ（或磁通 Φ）的参考方向确定的，e 和 i 的参考方向**要符合右手螺旋定则**（即在此规定下 e 和 i 的参考方向是一致的）。

电感线圈中的电流与磁链之间的关系用直角坐标系中的曲线表示，简称韦安特性。电感 L 定义为

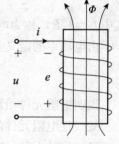

图 1—31 电感线圈

$$L = \frac{\Psi}{i} \tag{1.16}$$

L 又称自感系数或电感系数。当磁链的单位是韦伯（Wb），电流的单位是安培（A）时，电感 L 的单位是亨利（H）。

图 1—32 给出理想电感元件的图形符号和它的韦安特性曲线，如图 1—32（b）所示的韦安特性是一条过原点的直线，具有这种特性的电感元件称为**线性电感元件**。其电感值 L 是个常数，与电感中电流大小无关，空心线圈是一种实际的线性电感元件。如图 1—32（c）所示的韦安特曲线不是一条原点的直线，电感 L 随电流 i 的大小而变化，称之为非线性电感元件。带有铁芯的线圈就是一种常见的非线性电感元件。本书主要讨论线性电感，当不加说明时，"电感"一词指的就是线性电感。

当电感 L 中的电流 i 发生变化时，由它建立的磁链 Ψ 也随之变化。根据电磁感立定律，磁链随时间变化就要在电感线圈中引起感应电动势 e，而且 e 总是起着反对电流 i 变化的作用。按照图 1—32（a）所规定的 u、i 和 e 的参考方向，电磁感应定律的

公式为

$$e = -\frac{d\Psi}{dt} \tag{1.17}$$

由（1.17）公式得，当电流 i 减小时，磁链 Ψ 也随电流减小，Ψ 的变化速率 $d\Psi/dt$ 为负，e 为正，表示感应电动势 e 的方向与电流 i 的方向一致，有阻碍电流减小的作用；当电流 i 增大时，磁链也增大，Ψ 的变化速率 $d\Psi/dt$ 为正，e 为负，表示 e 与 i 的方向相反，有阻碍电流增大的作用。

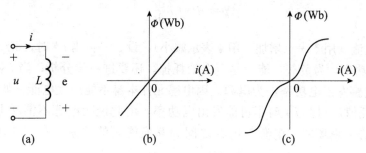

图 1—32　电感元件及其韦安特性曲线

在电路分析中，我们更关心的是元件的伏安特性关系，即元件两端的电压 u 与通过它的电流 i 的关系。对于电感元件来说，按照如图 1—32（a）所示的参考方向的规定，可以发现，当 u 为正时（线圈两端上正、下负），e 恰好为负；反之，当 e 为正时（线圈两端下正、上负），u 恰好为负，故有

$$u = -e$$

由 $u = -e$，并考虑（1.16）式及（1.17）式即可导出电感元件的伏安关系式

$$u = -e = -\left(-\frac{d\Psi}{dt}\right) = \frac{d\Psi}{dt} = \frac{d(Li)}{dt} = L\frac{di}{dt}$$

即

$$u = L\frac{di}{dt} \tag{1.18}$$

式（1.18）说明**线性电感元件两端的电压 u 与流过它的电流 i 的变化速率 di/dt 成正比例**。这个比例系数就是电感 L。

式（1.18）的意义在于：只有当通过电感线圈的电流有变化时，电感两端才有电压，因此说**电感是一种动态元件**。当把电感 L 接到直流电路中时，因为 $di/dt = 0$，所以不管通过的电流有多大，电感 L 两端的电压一定是零，即 $u = 0$。可见，电感对直流电流没有阻力，电感元件对直流电可视为短路。

在时变电路中，电流 i 随时间变化，因而 $u = L\dfrac{di}{dt} \neq 0$。这就是说，欲使交流电流通过电感 L，必须在 L 两端加上电压，电感 L 对交流电流 i 具有一定的阻力，有限制交流电流的作用。

由式（1.18）又可得出

$$i\,(t) = \frac{1}{L}\int_{-\infty}^{t} u(\tau)\mathrm{d}(\tau) = \frac{1}{L}\int_{-\infty}^{\circ} u(\tau)\mathrm{d}(\tau) + \frac{1}{L}\int_{0}^{t} u(\tau)\mathrm{d}(\tau)$$

$$= i\,(0) + \frac{1}{L}\int_{0}^{t} u(\tau)\mathrm{d}(\tau) \tag{1.19}$$

即电感上的电流正比于电压的积分。t 时刻的电流值不仅与当时的电压值有关，而且与该时刻以前的所有电压值有关，这说明**电感有记忆功能**。

在电感电流与电压参考方向关联时，电感的瞬时功率为

$$p = ui = Li\frac{\mathrm{d}i}{\mathrm{d}t} \tag{1.20}$$

电流 i 为时变电流（用 ↑ 表示增加，用 ↓ 表示减小），设 $i>0$：当 i↑ 时，$\mathrm{d}i/\mathrm{d}t>0$，则 $p>0$，电感吸收电功率，为负载，能量是否会消耗掉，还要进一步分析；当 i↓ 时，$\mathrm{d}i/\mathrm{d}t<0$，则 $p<0$，电感发出电功率，为电源。因电感元件本身不能产生电能，如当 i↑ 时把吸收的电功率消耗掉，则在 i↓ 时不可能发出电功率，由此说明电感不消耗电功率，为储能元件，储存的是磁场能。电感与电源之间为互换能量的关系，在 t 时刻储存的磁场能为

$$W_L = \int_{0}^{t} ui\,\mathrm{d}t = \int_{0}^{t} L\frac{\mathrm{d}i}{\mathrm{d}t}i\,\mathrm{d}t = \int_{0}^{i} Li\,\mathrm{d}i = \frac{1}{2}Li^2 \tag{1.21}$$

故线性电感元件的物理性质为：

（1）元件上任一时刻电压与电流的变化率成正比即 $u=L\dfrac{\mathrm{d}i}{\mathrm{d}t}$。

（2）为一储能元件。

例 1.7 已知电感 $L=3\mathrm{H}$，当通过的电流 $i=2\,(1-\mathrm{e}^{-0.5t})$ A 时，求电感两端的电压 u，并画出 i、u 的波形图。

解 由 $u=L\dfrac{\mathrm{d}i}{\mathrm{d}t}$，代入电流得

$$u = 3\frac{\mathrm{d}}{\mathrm{d}t}2\,(1-\mathrm{e}^{-0.5t}) = 3\,\mathrm{e}^{-0.5t}\,\mathrm{V}$$

i、u 的波形如图 1—33（b）和图 1—33（c）所示。

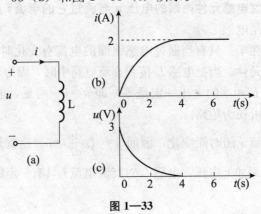

图 1—33

1.4.3 电容元件

在电子系统中常用的电容器就是电容元件。电容元件是由两片平行导体极板，其间填充绝缘介质而构成的存储电能的元件。如图1—34所示，两种电容器的实物图。

图1—34 实际电容器

电容元件的图形符号及电流、电压的参考方向如图1—35（a）和图1—35（b）所示。在电容元件两端，即两极板之间加上电压 u，电容元件即被充电并建立电场。设极板上所带的电荷为 q，则电容的定义为

$$C = \frac{q}{u} \tag{1.22}$$

电容也分为线性电容与非线性电容两类，线性电容的电容量 C 是个常数，不随电压变化；非线性电容的电容量则是一个随电压的变化而变化的量。本书只讨论线性电容，如图1—35（c）所示，其库伏特性曲线。

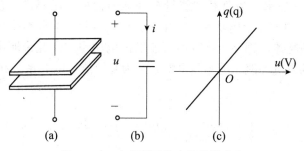

图1—35 电容器及其库伏特性曲线

当电荷 q 的单位是库仑，电压 u 的单位为伏特时，电容量 C 的单位是法拉（F）。因为实际电容元件的电容量都很小，所以电容 C 的单位通常用微法（μF）或皮法（pF）表示

$$1\mu F = 10^{-6} F, \quad 1 pF = 10^{-12} F$$

当加在电容元件上的电压 u 增加时，极板上的电荷 q 也增加，电容元件充电；而 u 减小时，极板上的 q 也减少，电容元件放电。根据电流的定义

$$i = \frac{dq}{dt} \tag{1.23}$$

将式（1.22）代入式（1.23），得出电容两端电流、电压的关系式为

$$i = C \frac{\mathrm{d}u}{\mathrm{d}t} \tag{1.24}$$

式 (1.24) 说明，电容电流与它两端电压的变化率成正比的，只有电压变化时电容中才会有电流 i 流过。因此电容也是一种动态元件。

在直流稳态电路中，电压 u 为恒定值，$\mathrm{d}u/\mathrm{d}t = 0$，因此始终没有电流，即 $i=0$。由此可见，电容 C 具有隔直流的作用。

当电容两端加上一个随时间变化的电压时，即 $\mathrm{d}u/\mathrm{d}t \neq 0$，则有一定大小的电流流过，也就是说，时变电流可以通过电容元件。但同样大小的电压变化率，电容量 C 不同时，电流的大小也不一样。可见，不同的电容量对时变电流的制约能力也是不同的。

由式 (1.24) 又可得出

$$u(t) = \frac{1}{C} \int_{-\infty}^{t} i(\tau)\mathrm{d}(\tau) = \frac{1}{C} \int_{-\infty}^{0} i(\tau)\mathrm{d}(\tau) + \frac{1}{C} \int_{0}^{t} i(\tau)\mathrm{d}(\tau)$$

$$= u(0) + \frac{1}{C} \int_{0}^{t} i(\tau)\mathrm{d}(\tau) \tag{1.25}$$

即电容上的电压正比于电流的积分。t 时刻的电压值不仅与当时的电流值有关，而且与该时刻以前的所有电流值有关，这说明电容也有记忆功能。

在电容电流与电压参考方向关联时，电容的瞬时功率为

$$p = ui = Cu \frac{\mathrm{d}u}{\mathrm{d}t} \tag{1.26}$$

电压 u 为时变电压（用 ↑ 表示增加，用 ↓ 表示减小），设 $u > 0$：当 $u↑$ 时，$\mathrm{d}u/\mathrm{d}t > 0$，则 $p > 0$，电容吸收电功率，为负载，能量是否会消耗掉，还要进一步分析；当 $u↓$ 时，$\mathrm{d}u/\mathrm{d}t < 0$，则 $p < 0$，电容发出电功率，为电源。因电容元件本身不能产生电能，如当 $u↑$ 时把吸收的电功率消耗掉，则在 $u↓$ 时不可能发出电功率，由此说明电容不消耗电功率，为储能元件，储存的是电场能。电容与电源之间为互换能量的关系，在 t 时刻储存的电场能为

$$W_C = \int_{0}^{t} ui\,\mathrm{d}t = \int_{0}^{t} C \frac{\mathrm{d}u}{\mathrm{d}t} u\,\mathrm{d}t = \int_{0}^{u} Cu\,\mathrm{d}u = \frac{1}{2} Cu^2 \tag{1.27}$$

故线性电容元件的物理性质为：

（1）元件上任一时刻电流与电压的变化率成正比即 $i = C \dfrac{\mathrm{d}u}{\mathrm{d}t}$。

（2）为一储能元件。

⏵ **思考与练习题**

1.4.1　一个 40 kΩ、1 W 的电阻器，使用时最高能加多少伏电压？能允许通过多大的电流？

1.4.2　电容中的电流或电感上的电压为零时，是否其储能也为零？

1.4.3　为什么说电感、电容都是动态元件？

1.4.4　把一个矩形波电压突然加在电容上，电流理论值应是多大？

1.4.5　电容（或电感）两端的电压和通过它的电流瞬时值之间是否成比例？应该是

什么关系?

1.4.6　设某电容的电流和电压参考方向关联,已知 $C=0.05F$ 和 $u_C=10\sin314t$ V。试求电容中的电流 i_C,并画出电压与电流的波形。

1.5　电压源和电流源及其等效变换

电源是任何电路中都不可缺少的重要组成部分,它是电路中电能的来源。实际使用的电源种类繁多,如图1—36所示,两种实际电源的图:图(a)为干电池,图(b)为实验室中用的稳压电源。还有其他种类的电源,如机动车上用的蓄电池和人造卫星上用的太阳能电池以及工程上使用的直流发电机、交流发电机等。虽然实际电源结构各异但是他们有共性。在进行电路分析时,就有必要找出它们的共性,并且用相应的电路模型去表示。一个实际的电源,可以用两种不同的电路模型去表示。一种是用电压的形式,称为电压源;另一种是用电流的形式,称为电流源。既然这两种不同的电路模型可以用来表示同一个电源,那么这两种电路模型之间就存在着等效变换的关系。

(a) 电池　　　　　　(b)稳压电源

图1—36　实际电源

1.5.1　实际电压源与理想电压源

1. 实际电压源(简称电压源)

任何一个电源,都具有电动势 E 和内电阻 R_0,这是所有电源的共性。在进行电路分析时,为了直观和方便,往往用电动势 E 和内阻 R_0 串联的电路模型去表示,此即实际电压源(简称电压源)。如图1—37中虚线方框内所示。图中 U 为电源的端电压,当接上负载电阻 R_L 形成回路后,电路中将有电流 I 流过,则电源的端电压为

$$U=E-IR_0 \qquad\qquad (1.28)$$

式中 E 和 R_0 是常数, U 和 I 的关系称为电压源的外特性,曲线如图1—38所示。

当 $I=0$(即电压源开路)时, $U=U_0=E$(开路电压 U_0 等于电源的电动势 E);

当 $U=0$(即电压源短路)时, $I=I_s=\dfrac{E}{R_0}$(I_s 称为短路电流)。

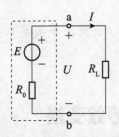

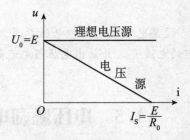

图 1—37　实际电压源模型　　　　图 1—38　实际电压源和理想电压源的外特性曲线

由电压源的外特性曲线可以看出,其端电压 U 将随负载电流的增大而下降,下降的快慢由内阻 R_0 决定。R_0 越大,U 下降得越快,表明带负载的能力差;R_0 越小,U 下降得越慢,曲线越平缓,表明带负载的能力强。

故电压源的特点为:输出的电流及端电压都随负载电阻的变化而变化。

2. 理想电压源

当电压源的内阻 $R_0=0$ 时,电源的端电压 U 将恒等于电动势 E (U 又称为理想电压源的源电压,常用 U_S 表示),如图 1—38 所示,电压源的外特性将是一条与横轴平行的直线。这样的电压源称为理想电压源或恒压源。理想电压源如图 1—39 虚线方框内所示。

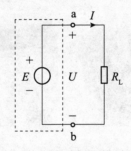

图 1—39　理想电压源模型

理想电压源有如下特点:

(1) 端电压恒定不变,与负载电阻的大小无关,即 $U=E$。

(2) 输出的电流 I 是任意的,由负载电阻 R_L 与电动势 E 决定,即 $I=\dfrac{E}{R_L}$。

理想电压源实际上是不存在的。但是在电源内阻 R_0 远小于负载电阻 R_L,即 $R_0 \ll R_L$ 时,内阻上的压降 IR_0 将远小于 U,则可认为 $U \approx E$ 基本恒定,这时可将此电压源看成是理想电压源。实验室中的直流稳压电源就属于理想电压源。

1.5.2　实际电流源与理想电流源

1. 实际电流源 (简称电流源)

将电压源端电压的表达式 (1.28) 两边同除以 R_0 后即得

$$\frac{U}{R_0} = \frac{E}{R_0} - I = I_S - I$$

$$I_S = \frac{U}{R_0} + I \tag{1.29}$$

这样，就可以用一个电流 $I_S = \frac{E}{R_0}$ 与内阻 R_0 并联的电路模型去表示一个电源，此即实际电流源（简称电流源）。如图 1—40 中虚线方框内所示。图中 U 为电流源的端电压，若接上负载电阻 R_L 构成回路后，其中将有电流 I 流过。

式（1.29）中 I_S 和 R_0 均为常数，U 和 I 的关系称为电流源的外特性。电流源的外特性曲线如图 1—41 所示。

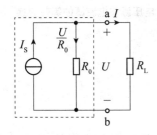

图 1—40 实际电流源模型

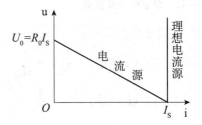

图 1—41 实际电流源和理想电流源的外特性曲线

当 $I=0$（即电流源开路）时，$U=U_0=I_S R_0$；

当 $U=0$（即电流源短路）时，$I=I_S$。

这条外特性曲线的倾斜程度也是由内阻 R_0 决定的。R_0 越小，曲线越平缓，R_0 支路对 I_S 的分流作用就大；R_0 越大，曲线越陡，R_0 支路对 I_S 的分流作用就越小。

故电流源的特点为：输出的电流及端电压都随负载电阻的变化而变化。

2. 理想电流源

当电流源的内阻 $R_0 = \infty$（相当于 R_0 支路断开）时，流过负载的电流将恒等于电流 I_S（I_S 又称为理想电流源的源电流），如图 1—41 所示，电流源的外特性将是一条与纵轴平行的直线。这样的电流源称为理想电流源或恒流源。理想电流源如图 1—42 虚线方框内所示。

理想电流源有如下特点：

（1）**输出的电流恒定不变，与负载电阻的大小无关，即 $I=I_S$。**

（2）**端电压 U 是任意的，由负载电阻 R_L 及电流 I_S 决定即 $U=I_S R_L$。**

同样，理想电流源实际上也是不存在的。但是在电源内阻 R_0 远大于负载电阻 R_L，即 $R_0 \gg R_L$ 时，R_0 支路的分流作用很小，则可认为 $I \approx I_S$ 基本恒定。这时可将此电流源看成是理想电流源。实验室中的直流稳流电源就属于理想电流源。

1.5.3 实际电压源与电流源的等效变换

既然一个电源可用电压源或电流源这种电路模型去表示，且电压源与电流源的外特性是相同的。因此，电源的这两种电路模型之间是相互等效的，可以进行等效变换。利用这种等效变换，在进行复杂电路的分析和计算时，往往会带来很大的方便。

（1）等效变换的原则。两电源模型接相同的负载产生相同的结果（负载上的电压电流一样，即负载上的功率保持不变）。

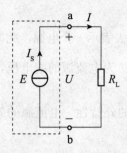

图 1—42　理想电流源模型

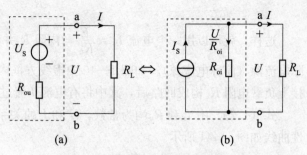

图 1—43　电压源与电流源的等效变换

（2）等效变换的条件。

由图 1—43 （a）得 $I = \dfrac{U_S}{R_{ou}} - \dfrac{U}{R_{ou}}$

由图 1—43 （b）得 $I = I_S - \dfrac{U}{R_{oi}}$

在满足等效变换的原则前提下，上述两方程完全一样，因此由电压源（又称串联组合）等效变换为电流源（又称并联组合）的条件（求 I_S、R_{oi} 及确定 I_S 的参考方向）为

$$I_S = \frac{U_S}{R_{ou}} \tag{1.30}$$

$$R_{oi} = R_{ou} \tag{1.31}$$

I_S 的参考方向与 U_S 电位升高的方向一致。

由电流源（又称并联组合）等效变换为电压源（又称串联组合）的条件（求 U_S、R_{ou} 及确定 U_S 的参考方向）为

$$U_S = R_{oi} I_S \tag{1.32}$$

$$R_{ou} = R_{oi} \tag{1.33}$$

U_S 电位升高的方向与 I_S 的参考方向一致。

但是，**电压源和电流源的等效关系只是对电源外部而言的，在电源内部，是不等效的**。例如，图 1—43 （a）中，当电压源开路（a、b 端不接负载）时，电源内部无损耗，R_{ou} 无电流流过；而当电压源短路（即 a、b 端短接）时，电源内部有损耗，R_{ou} 有电流流过。而将其等效变换为图 1—43 （b）所示的电流源之后，情况就不同了。当电流源开路时，R_{oi} 有电流流过，电源内部有损耗；而当电流源短路时，R_{oi} 中无电流流过，在电源内部无损耗。

理想电压源与理想电流源之间不存在等效变换的关系。这是因为理想电压源的内阻 $R_{ou} = 0$，则使 $I_S = \dfrac{U_S}{R_{ou}} = \infty$；理想电流源的内阻 $R_{oi} = \infty$，则使 $U_S = I_S R_{oi} = \infty$。没有对应的等效电源。

例 1.8　如图 1—44 所示，试将电路中的电压源变为电流源，电流源变为电压源。

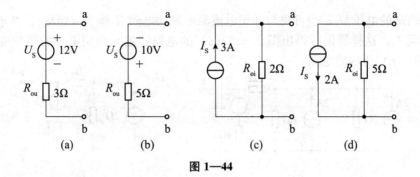

图 1—44

解 由等效变换的条件得各电源对应的等效电源（**注意参考方向的正确标注**）为

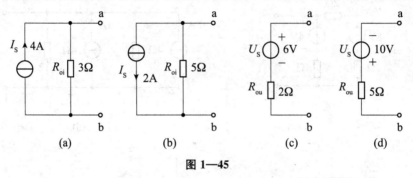

图 1—45

例 1.9 如图 1—46 所示，试用电源的等效变换法求 a、b 两端（虚线框中电路）等效电压源模型及其参数，并求 2Ω 电阻上的电流 I。

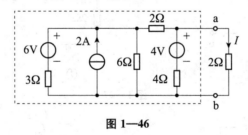

图 1—46

解 将虚线框中电路等效为电压源模型的变换次序依次为图 1—47（a）～图 1—47（f）。由图 1—47（f）得等效电压源模型的参数为

$$U_S = 6V$$
$$R_o = 2\Omega$$

再在 a、b 两端接上 2Ω 电阻，由图 1—48 求出电流 I

$$I = \frac{6}{4} = 1.5A$$

例 1.10 电路如图 1—49 所示，$U_1 = 20V$，$I_S = 4A$，$R_1 = 2\Omega$，$R_2 = 4\Omega$，$R_3 = 10\Omega$，$R = 2\Omega$。（1）求电阻 R 中的电流 I；（2）计算理想电压源 U_1 中的电流 I_{U1} 和功率 P_{U1} 及理想电流源两端的电压 U_{IS} 和功率 P_{IS}。

解 （1）如图 1—49 所示，对电阻 R 来说可将 a、b 两端左边的电路看作是电源的内部电路，把 R 看成负载。可将与理想电压源 U_1 并联的电阻 R_3 除去（断开），并不影响该并联电路两端的电压 U_1；也可将与理想电流源串联的电阻 R_2 除去（短接），并不影响该支路中的电流 I_S。这样简化后得出图 1—50（a）的电路，然后利用电源的等效变换法得出如图 1—50（b）所示的电路。

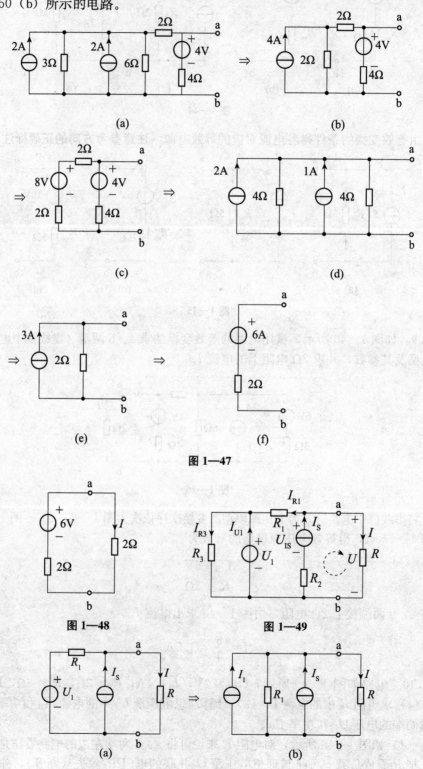

图 1—47

图 1—48

图 1—49

图 1—50

由此可得

$$I_1 = \frac{U_1}{R_1} = \frac{20}{2} = 10\text{A}$$

$$I = \frac{(I_1 + I_S)R_1}{R_1 + R} = \frac{(10 + 4) \times 2}{2 + 2} = 7\text{A}$$

（2）应注意，求理想电压源 U_1 中的电流 I_{U1} 和理想电流源两端的电压 U_{1S} 以及电源的功率时，相应的电阻 R_3 和 R_2 应保留。在图 1—49 中

$$I_{R1} = I_S - I = 4 - 7 = -3\text{A}$$

$$I_{R3} = \frac{U_1}{R_3} = \frac{20}{10} = 2\text{A}$$

由 KCL 得

$$I_{U1} = I_{R3} - I_{R1} = [2 - (-3)] = 5\text{A}$$

对图 1—49 中右边的网孔，由 KVL 得

$$U_{1S} = RI + R_2 I_S = 2 \times 7 + 4 \times 4 = 30\text{V}$$

理想电源功率为

$$P_{U1} = -U_1 I_{U1} = -20 \times 5 = -100\text{W}（发出功率）$$

$$P_{1S} = -U_{1S} I_S = -30 \times 4 = -120\text{W}（发出功率）$$

思考与练习题

1.5.1　电源等效变换时，源电压的参考方向与源电流的参考方向有何对应关系？

1.5.2　试将如图 1—51（a）所示的电路等效为电压源模型，如图 1—51（b）所示的电路等效为电流源模型。

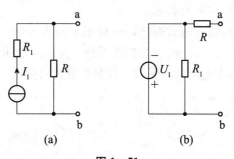

(a)　　　　　　　(b)

图 1—51

1.5.3　理想电压源与理想电流源之间能够等效变换吗？

1.5.4　一个实际电压源的开路电压为 U_S，内阻为 R_S，能够用它的等效电流源模型求它的内阻功率损耗吗？试举例说明。

1.5.5　电路如图 1—52 所示，下列说法是否正确：（1）当 R 增加时，I_1 增加；（2）当 R 增加时，I_2 减少；（3）当 R 增加时，I_3 不变。

1.5.6　电路如图 1—53 所示，下列说法是否正确：（1）当 R 增加时，U_1 增加；（2）当 R 增加时，U_2 增加；（3）当 R 增加时，U_3 不变。

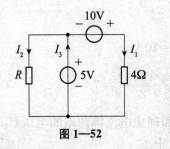

图 1—52

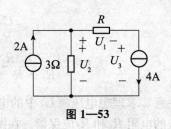

图 1—53

1.5.7 电路如图 1—52 所示，试求 $R=5\Omega$ 时，两理想电压源的功率。

1.5.8 电路如图 1—53 所示，试求 $R=2\Omega$ 时，两理想电流源的功率。

1.6 受控源

1.5 节介绍的电源的源电压和源电流不受外电路的影响而独立存在，故又称为独立电源。在电子电路中还将遇到另一种类型的电源：其源电压和源电流受电路中另外一处的电压或电流所控制，不能独立存在，这种电源称为受控电源，简称受控源。当控制的电压或电流消失或等于零时，受控源的源电压或源电流也将等于零。可用受控源来建立电子器件的模型，如晶体三极管等。受控源与独立电源不同，它不能给电路提供能量，而是用来描述电路中不同的电压与电流之间的关系，即同一电路中某处的电压或电流受另一处的电压或电流的控制。本书讨论的是控制量与被控制量为线性关系的受控源，称线性受控源。

根据控制量与被控制量是电压还是电流，受控源模型可分为四种：电压控制的电压源（VCVS），电压控制的电流源（VCCS），电流控制的电压源（CCVS），电流控制的电流源（CCCS）。四种理想受控源（不考虑其内阻）的模型如图 1—54 所示。为了与独立电源相互区别，受控源的图形符号用菱形表示。

如图 1—54 所示，受控源有两对端钮，一对用于输入控制量 U_1 或 I_1，另一对用于输出被控制量 U_2 或 I_2。图中 μ、g、γ、β 为控制系数，μ 称为电压放大系数，g 称为转移电导，γ 称为转移电阻，β 称为电流放大系数。控制系数为常数时，受控源为线性受控源。

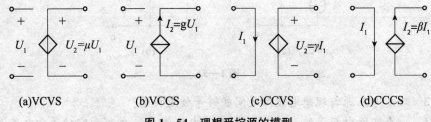

(a)VCVS   (b)VCCS   (c)CCVS   (d)CCCS

图 1—54 理想受控源的模型

例 1.11 如图 1—55 所示电路中含有电压控制的电压源（VCVS），已知 $R_1=R_2=5\Omega$，$U_S=5V$。求电路中的 I 和 U_1。

解 由欧姆定律和 KVL 得

$$U_1 = R_1 I$$

$$R_1 I + R_2 I + 2 U_1 - U_s = 0$$
$$R_1 I + R_2 I + 2 R_1 I - U_s = 0$$

所以
$$I = \frac{U_s}{3R_1 + R_2} = \frac{5}{20} = 0.25A$$
$$U_1 = R_1 I = 5 \times 0.25 = 1.25V$$

➡ 思考与练习题

1.6.1　受控源与独立源有何不同?

1.6.2　分别说出 VCVS、VCCS、CCVS、CCCS 四种受控源中被控制量是电压还是电流?

1.6.3　电路如图 1—56 所示,求 I_1 和 U_{ab}。

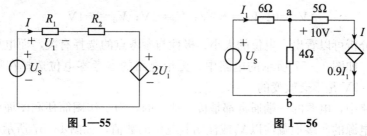

图 1—55　　　　　　　　图 1—56

1.7　电路中电位的计算

电路中某点的电位是指该点相对于参考点之间的电压。参考点又称零电位点,即规定该点的电位为零。在电力工程中,规定大地为零电位即参考点;在电子电路中,通常以与机壳连接的公共导线为参考点,并用接机壳的符号"⊥"来表示,称之为"地"。

如图 1—57 所示,电路选择了 b 点为参考点(**计算电位时必须要选一参考点,否则不能计算出电路中某点的电位**),这时 a、c、d 各点的电位(**电位用 V 表示**)为

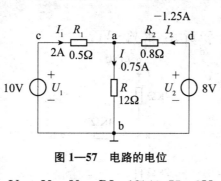

图 1—57　电路的电位

$$U_{ab} = V_a - V_b = RI = 12 \times 0.75 = 9V$$
$$V_b = 0$$

故
$$V_a = 9 + V_b = 9V$$

同理

$$U_{cb} = 10V$$

故

$$V_c = 10V$$

$$U_{db} = 8V$$

故

$$V_d = 8V$$

电路中的参考点原则上可以任意选择，不一定选择机壳或大地。但参考点不同，各点的电位就不一样。只有参考点选定之后，电路中各点电位的数值才能确定。例如，如图1—57所示电路，如果将参考点选定为 a 点，则 a、b、c、d 各点的电位将是

$$V_a = 0; \quad V_b = -9V; \quad V_c = 1V; \quad V_d = -1V$$

从上面的分析可以看出，电位的大小、极性与参考点的选择有关，而电压则和这种选择无关。例如，如图 1—57 所示的电路中，无论电路的参考零电位选择在哪一点，电压 $U_{ca} = 1V$，$U_{ab} = 9V$ 是不会改变的。

在电子电路中，电源的一端通常都是接"地"的，为了作图简便和图面清晰，习惯上不画电源而在电源的非接地端注以 V_c 或注明其电位的数值，如图 1—57 所示，电路的普通画法，其**电子电路的习惯画法**如图 1—58 所示（选 b 为参考点）。

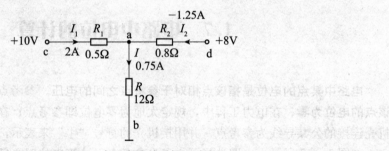

图 1—58　电子电路的习惯画法

在分析计算电路时应注意：**参考点一旦选定之后，在电路的整个分析计算过程中不得再更动。**

例 1.12　电路如图 1—59 所示，求 V_a、V_b。

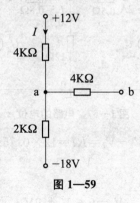

图 1—59

解 由两点间的电压等于两点间的电位差得

$$12-(-18)=(4+2)I$$

即

$$I=\frac{30}{6}=5\text{mA}$$

$$V_a-(-18)=2I$$

即

$$V_a=2\times5-18=-8\text{V}$$

由于 a、b 间无电流通过

$$U_{ab}=V_a-V_b=0$$

故

$$V_b=V_a=-8\text{V}$$

思考与练习题

1.7.1 电路中参考点改变，则任意两点间的电压也改变，这句话对不对？

1.7.2 电路中参考点改变，则各点的电位也改变，这句话对不对？

1.7.3 画出如图 1—59 所示的普通画法（补上电源）的电路图。

1.7.4 计算如图 1—60 所示电路中开关 S 合上和断开时各点的电位。

1.7.5 电路如图 1—61 所示，求 V_a。

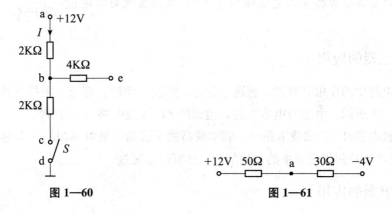

图 1—60　　　　　　　　图 1—61

1.8　应用举例

1.8.1　防电击接地电路模型的建立

人们生活和工作中离不开对仪器设备和家电产品的使用，因而电气安全问题十分重要。设备外壳接地是最常用的安全措施，如图 1—62（a）所示。如图 1—62（b）所示，对应的等效电路模型，R_E 和 R_P 分别表示外壳和人体电阻，由于 R_E 比 R_P 小很多，一旦用电器外壳带电，大部分电流经外壳接地线流入大地，保护了人身安全。

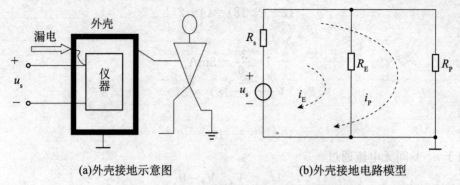

(a)外壳接地示意图　　　　　　(b)外壳接地电路模型

图1—62　设备外壳接地示意图及电路模型

1.8.2　电阻器的应用

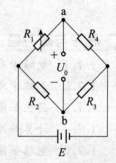

电阻器是电路元件中应用最广泛的一种，在电子设备中约占元件总数的 50%，其质量的好坏对电路工作的稳定性有极大影响。

电阻器的主要用途是限流、分流、降压、分压、负载、匹配和检测等作用。如图1—63所示，电阻应用于直流电桥的例子，R_1 为电阻应变片（传感器），利用 R_1 的变化，该电桥可把非电量，如，力、压力、重量等参数转化为电量输出（U_0），从而实现对非电量的测量。

图1—63　电阻的应用

1.8.3　电感器的应用

电感在电路中的作用有滤波、振荡、延迟、陷波、变压、变流、阻抗变换，交流耦合等。如图1—64所示，电感与电容一起，组成的 LC 滤波电路的一个例子。当伴有许多干扰信号的直流电通过 LC 滤波电路时，频率较高的干扰信号被电感阻抗（电感呈现较大的感抗），这就可以抑制较高频率的干扰信号，让直流电通过。

1.8.4　电容器的应用

电容在电路中的作用有滤波、退耦、旁路、耦合、储能、中和、补偿、自举、稳频、稳幅、降压限流、加速、运转等。如图1—65所示，电容与电阻一起，组成的 RC 低通滤波电路的一个例子。该电路具有使低频信号（电容呈现较大的容抗）较易通过而抑制较高频率干扰信号（电容呈现较小的容抗，高频信号被旁路）的作用。

图1—64　电感的应用　　　　　　　　図1—65　电容的应用

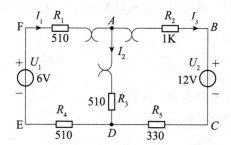

技能训练项目

技能训练项目一　电位、电压的测量

一、实验目的

加深电路中电位的相对性、电压的绝对性的理解。

二、预习要点

(1) 实验需用仪器仪表。

(2) 电位、电压的测定方法。

三、实验所用仪表和仪器

(1) "三向"牌通用电学实验台。

(2) 万用表1块。

(3) 其他按图选用元器件接插及导线。

四、实验内容

按图1—66接线。

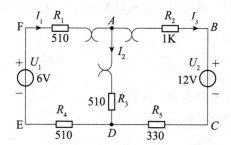

图1—66　电位、电压的测量实验接线图

(1) 分别将两路直流稳压电源接入电路，令 $U_1=6V$，$U_2=12V$（先调准输出电压值，再接入实验线路中。）。

(2) 以图1—66中的 A 点作为电位的参考点，分别测量 B、C、D、E、F 各点的电位值 V 及相邻两点之间的电压值 U_{AB}、U_{BC}、U_{CD}、U_{DE}、U_{EF} 及 U_{FA}，数据如表1—1所示。

(3) 以 D 点作为参考点，重复实验内容（2）的测量，测得数据如表1—1所示。

表1—1　　　　　　　　　　　　　　　　电位、电压的测量电压表

电位参考点	V与U	V_A	V_B	V_C	V_D	V_E	V_F	U_{AB}	U_{BC}	U_{CD}	U_{DE}	U_{EF}	U_{FA}
	计算值												
A	测量值												
	相对误差												
	计算值												
D	测量值												
	相对误差												

五、实验报告

（1）误差原因分析。

（2）若以 F 点为参考电位点，实验测得各点的电位值；现令 E 点作为参考电位点，试问此时各点的电位值应有何变化？总结电位相对性和电压绝对性的结论。

（3）心得体会及其他。

技能训练项目二　基尔霍夫定律的验证

一、实验目的

（1）验证基尔霍夫定律。

（2）进一步学习测量电流和电压的方法。

二、实验原理

基尔霍夫定律是电路理论中最重要的定律之一，它阐明了电路整体结构必须遵守的定律，基尔霍夫定律包括电流定律和电压定律。

电流定律：在任一时刻，流入电路中任一结点的电流之和等于流出该结点的电流之和，换句话来说就是在任一时刻，流入到电路中任一结点的电流的代数和为零，即 $\sum I = 0$。

电压定律：在任一时刻，沿任一闭合回路的循行方向，回路中各段电压升与电压降的代数和等于零，即 $\sum U = 0$。

三、仪器设备

（1）"三向"牌通用电学实验台。

（2）万用表 1 块、插座电流表 50mA3 只。

（3）其他按图选用元器件接插及导线。

四、实验步骤：

按图 1—67 接线，调节 $U_{S1} = 3V$，$U_{S2} = 10V$，然后分别用电流表测取表 1—2 中各待测参数，并填入表格中。

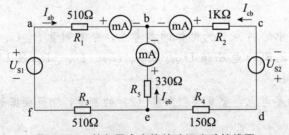

图 1—67　基尔霍夫定律的验证实验接线图

表 1—2　　　　　　　　　　　　　　　　　基尔霍夫定律数据表

I_{ab}	I_{cb}	I_{eb}	U_{ab}	U_{be}	U_{ef}	U_{fa}	$\sum I$	$\sum U$

五、实验报告

（1）根据实验数据，选定结点 b，验证 KCL 的正确性。

（2）根据实验数据，选定实验电路中的任一个闭合回路，验证 KVL 的正确性。

（3）误差原因分析。

(4) 心得体会及其他。

 课外制作项目

调压电路的制作

一、制作要求

试用两个 6V 的电源、两个 1KΩ 的电阻和一个 10KΩ 的可变电阻联成调压范围为—5V～＋5V 的调压电路并画出它来，并选择电阻和电位器合适的功率。

二、制作过程

(1) 购买万能板一块、两节 6 伏电池（也可以用实验室的双路输出稳压电源代替）、两个 1KΩ 的电阻和一个 10KΩ 的可变电阻（要求通过计算选择电阻和电位器合适的功率）；

(2) 画出设计电路图并用 EWB 软件进行仿真；

(3) 进行电路焊接，调试成功后请老师验收。

习题 1

1.1 填空题

(1) 通常，电路可以分为_____、_____和_____三部分。

(2) 电路的电源或信号源的电流和电压被称为激励，则由激励在电路的各部分产生的电流和电压称为_____。

(3) 电路图中的任何一个元件都是_____元件。

(4) 能始终遵循欧姆定律的电阻被称为_____电阻。

(5) 额定值为 0.25W/100Ω 的电阻，使用时电流不超过_____，最高电压不得超过_____。

(6) 2 只 220V/100W 的电灯串连接到 220V 的电路中，它们消耗的总功率为_____。

(7) 两只标称值分别为 1W/100Ω 和 0.5W/50Ω 的电阻并联使用时，其两端允许的最大电压为_____；如串联使用时，其允许的最大电流为_____。

(8) 一个额定值为 10kW/380V 的电炉如接到 220V 的电源上，则其实际消耗的功率为_____。

(9) 一个冰箱在额定工作状况下，每天消耗的电能为 0.76 度，则冰箱的额定功率为_____。

(10) 对于一个实际电压源，随着其两端的等效负载电阻的阻值不断减少，电源两端的端电压随之_____。

(11) 如果将一个实际电压源开路，测得其端电压为 12V，用一只阻值为 10Ω/0.5W 的电阻接到其两端，测得其端电压为 10V；则该电源的电动势为_____，内阻为_____；如继续工作，电阻会烧毁吗？_____。

(12) 如图 1—68 所示中，已知 $I=-1A$，$U=2V$。则该元件的功率 $P=$_____W，该元件为_____（填：电源或负载）。

(13) 如图 1—69 所示的电路中，$U_{ab}=$_____V。

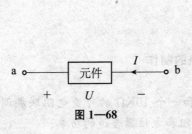

图 1—68

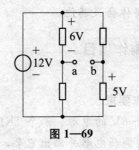

图 1—69

(14) 如图 1—70 所示的电路中, a 点的电位 $V_a =$ _____ V。

(15) 如图 1—71 所示的电路中, 已知 $I_1 = 1$ A, $I_2 = 3$A, 则 $I_3 =$ _____ A, $I_4 =$ _____ A, $I_5 =$ _____ A。

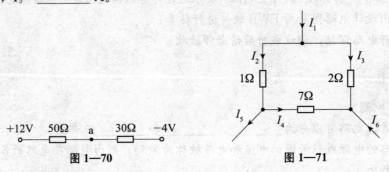

图 1—71

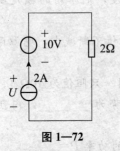

图 1—70

1.2 选择题

(1) 如果将额定值为 10kW/220V 的电炉接到 380V 的电源上, 为保证电路正常发出额定功率, 最合适串联 ( ) 的电阻?

a. 3.52Ω/1kW;   b. 3.52Ω/5kW;   c. 3.52Ω/8kW。

(2) 如图 1—72 所示电路, 理想电流源上电压 U 为: ( )。

a. 10V;   b. 4V;   c. 0V;   d. —6V。

(3) 如图 1—73 所示电路, 电流 I 等于 ( )。

a. —4A;   b. 4A;   c. 0;   d. 8A。

(4) 如图 1—74 所示电路, 开路电压 U_{ab} 为 ( ) V。

a. 6;   b. 3;   c. 0;   d. —6。

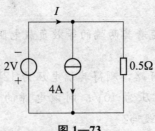

图 1—72   图 1—73

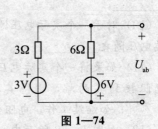

图 1—74

(5) 以下说法正确的是 ( )。

a. 电阻标称的额定功率是指其工作时所允许消耗的最大电功率;

b. 电阻标称的额定功率是指其工作时所必须消耗的最小电功率;

c. 电阻标称的额定功率是指其工作时所应该消耗的平均电功率。

1.3 判断题：对的在"（ ）"中画"√"，错的画"×"。

（1）有了参考方向后，电路的电流和电压才有正负之分。（ ）

（2）U_{ab}表示 a 点的实际电位一定高于 b 点的电位。（ ）

（3）在电流和电压的参考方向不一致时，欧姆定律的表达式仍然一样。（ ）

（4）额定电流为 100A 的发电机，只接了 60A 的负载，还有 40A 被发电机自己所消耗。（ ）

（5）对于电源来说："电源负载过重"意味着负载的功率大于电源的额定功率。（ ）

（6）电路中的"接地"就是与大地相连。（ ）

（7）一个完整的电路，至少要有一个支路，并且可以没有结点。（ ）

（8）任何一个实际电源都可以用两种不同的电路模型来表示。（ ）

（9）对于一个实际电流源，如果其内阻远远小于负载电阻值，则该电源接近于理想电流源状态。（ ）

（10）电路图上所画的任何一个电流或电压的方向都是参考方向。（ ）

（11）电路图上所画的任何一个元件都是理想元件。（ ）

1.4 如图 1—75 所示，已知：（1）该元件流过 2A 电流，实际方向由 b 流向 a，试为该电流设参考方向，并写出相应的表示式；（2）a、b 两点的间电压为 5V，实际方向由 a 指向 b，试为该电压设参考方向，并写出相应的表示式。

1.5 如图 1—76 所示，求电路中的 U_a、U_b、I_{ab}、I_{cd}。

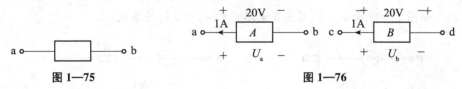

图 1—75   图 1—76

1.6 各电路元件上电压、电流的参考方向如图 1—77 所示。

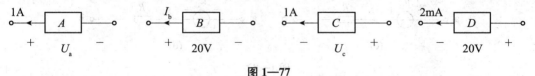

图 1—77

（1）A 元件发出功率为 10W，求 U_a。

（2）B 元件吸收功率为 10W，求 I_b。

（3）C 元件发出功率为 10W，求 U_c。

（4）求 D 元件的功率 P_D。

1.7 如图 1—78 所示，元件两端的电压 $u=20\sin\pi t$ V。求当 $t=0.005$s 时，u 为何值？并指出该时刻 u 的实际方向。

图 1—78

1.8 如图 1—79 所示，已知 $I_1=3$ mA，$I_2=1$ mA。试确定电路元件 3 中的电流 I_3 和其两端电压 U_3，并说明它是电源还是负载。

1.9 如图1—80所示，网络N向外发出功率18W，试求电流I及各元件的功率。

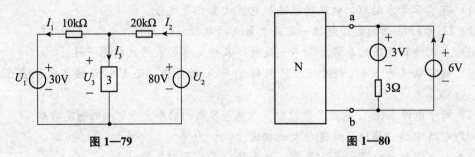

图1—79   图1—80

1.10 如图1—81所示，$U_1 = 20V$，网络 N_2 的输入电阻为 1Ω，其消耗的功率为 100W。求 R_x 及网络 N_1 的功率。

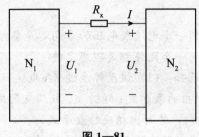

图1—81

1.11 如图1—82所示，试写出各电路中的 u_{ab} 和 i 的关系式。

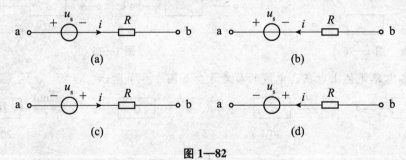

(a)   (b)

(c)   (d)

图1—82

1.12 如图1—83所示，求（a）图中的 i_1、i_2、i_3 和（b）图中的 i。

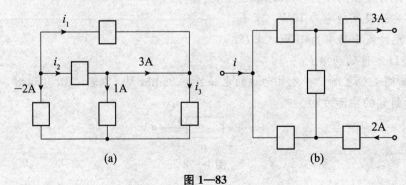

(a)   (b)

图1—83

1.13 如图1—84所示，求电路中 U_1、U_2、U_3。

1.14 如图1—85所示，求电路中的电流 I_1、I_2、I_3 和电压 U_1、U_2。

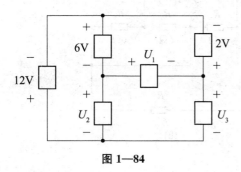

图 1—84

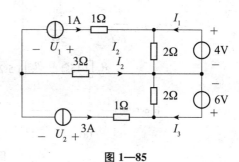

图 1—85

1.15 如图1—86所示，求部分电路中的 I、I_1 和电阻 R。

1.16 如图1—87所示，电路中 N 为一个网络，已知部分电流和电压值。

（1）试求其余未知电流。如果只求电流 I_D，能否一步求得？若已知电流少一个，能否求出全部未知电流？

（2）试求其余未知电压 U_{14}、U_{15}、U_{52}、U_{53}。若已知电压少一个，能否求出全部未知电压？

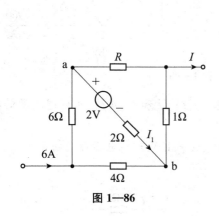

图 1—86

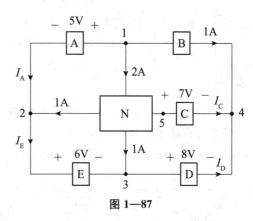

图 1—87

1.17 一节12V的电池给灯泡供电，设电池电压保持恒定。已知在8小时内电池提供的总电能为500J，求：

（1）提供给灯泡的功率是多少？

（2）流过该灯泡的电流是多少？

1.18 一只110V8W的指示灯，现在要接在380V的电源上，问要串多大阻值的电阻？该电阻应选用多大瓦数的？

1.19 有两只电阻，其额定值分别为40Ω10W和200Ω40W，试问它们允许通过的电流是多少？如将两者串联起来，其两端最高允许电压可加多大？

1.20 如图1—88所示电阻电路中，求（a）图中的等效电阻 R_{ab} 和 R_{cd} 及（b）图中的等效电阻 R_{ab}。

1.21 已知一个电阻元件，其端电压为 $u=20\sin\omega t$ V，电流 $i=10\sin\omega t$ A，且为关联参考方向，求 R 并画出其伏安特性曲线。

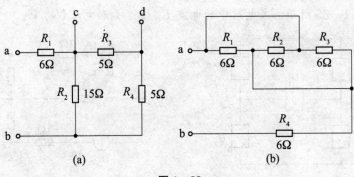

(a)   (b)

图 1—88

1.22　如图 1—89 所示，该图为电容电路，已知 $u = 10e^{-t}$V，求 i 并画出其波形图。

1.23　通过 RLC 串联电路中的电流波形，如图 1—90 (b) 所示，且已知初始条件 u_C(0) = i_L(0) = 0。求 u_R、u_L、u_C，并画波形图。

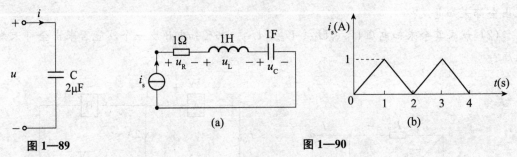

图 1—89   (a)   (b)

图 1—90

1.24　如图 1—91 (a)、(b) 所示两电路中，求：(1) U 和 I；(2) 两理想电源的功率并说明是发出还是吸收功率?

1.25　如图 1—92 所示电路中，已知 $UI = 28$W。试求 10V 理想电压源的功率。

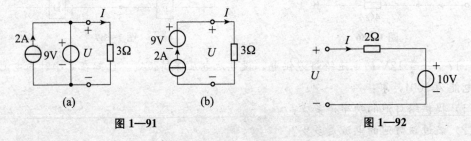

(a)   (b)   图 1—92

图 1—91

1.26　如图 1—93 所示，求 (a) 中的 I 和 (b) 中的 U。

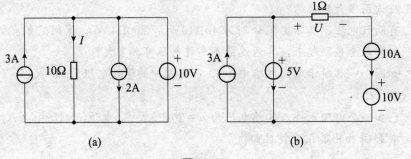

(a)   (b)

图 1—93

1.27 如图 1—94 所示，此电路中，若四个元件均不吸收任何功率，则 I_S 的值为多少？

1.28 如图 1—95 所示，此电路中，若理想电压源不吸收任何功率，则 U_S 的值为多少？

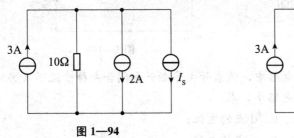

图 1—94

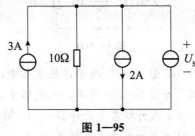

图 1—95

1.29 如图 1—96 所示，此电路中，试用电源的等效变换法求电流 I。

1.30 如图 1—97 所示，此电路中，试用电源的等效变换法求电流 I。

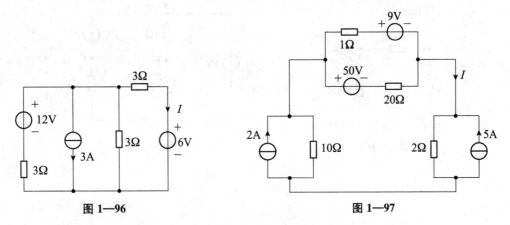

图 1—96

图 1—97

1.31 如图 1—98 所示，此电路中，试用电源的等效变换法求电流 I。

1.32 将图 1—99 中电路化简为等效电压源模型。

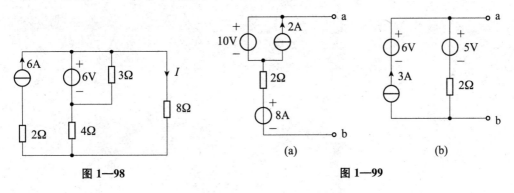

图 1—98

(a)

(b)

图 1—99

1.33 如图 1—100 所示，求电路中的 U 和 I。

1.34 如图 1—101 所示，求电路中的 U 及受控源的功率。

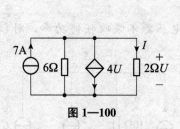

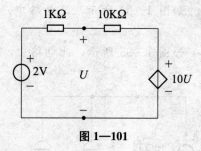

图 1—100   图 1—101

1.35 如图 1—102 所示，此电路中，试求开关 S 断开和闭合两种情况下 A 点的电位。

1.36 如图 1—103 所示，此电路中，求：

(1) 以 c 点为参考点，计算 a、b、d 点的电位；

(2) 以 d 点为参考点，计算 a、b、c 点的电位。

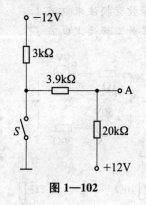

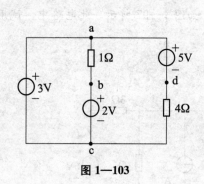

图 1—102   图 1—103

第2章 电阻电路的基本分析方法和定理

> **内容提要：** 本章介绍几种常用的电路分析方法和定理，主要包括支路电流法、网孔电流法、弥尔曼定理、叠加原理以及戴维南、诺顿定理。其中支路电流法是利用基尔霍夫定律直接列联立方程求解电路的方法，此方法是最基本的。
>
> **重点：** 支路电流法；叠加定理；戴维南定理及诺顿定理。
>
> **难点：** 弥尔曼定理中正负号的确定；含有理想电流源支路的网孔电流法；含有理想电压源支路的三个以上结点的结点电压法；含有受控源电路等效电阻的计算。

2.1 电阻电路的等效变换

"等效"是电路分析中极为重要的概念之一，电路的等效变换分析方法是电路问题分析中常用的一种方法。

2.1.1 电阻的串联、并联及其等效变换

1. 电路等效的一般概念

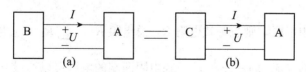

图 2—1 二端电路等效的概念及其等效互换

如图 2—1 所示，假设二端电路网络 B 连接到外电路 A，给电路 A 加电压 U，产生电流 I；二端电路网络 C 连接到外电路 A，给电路 A 加相同电压 U，则产生相等电流 I。**即是两者端口有完全相同的电压、电流关系（即相同的 VCR），则称二端电路 B 与 C 是互为等效的。** 等效变换的两个电路在电路分析中可以相互置换，置换后对 B 和 C 以外的电路中的电压、电流等电量不产生任何影响。

这种等效在实践中经常可以见到。例如，额定值为 220V，1.5KW 的白炽灯和额定值

为 220V，1.5kW 的电炉，虽然其结构和性能完全不同，但是对 220V 电源来说，它们从电源中取用的电流和功率完全相同，是等效的。

根据以上的定义和分析，可以得出**等效电路变换的条件是：相互等效的两个电路具有完全相同的电压、电流关系（即相同的 VCR）**。而电路等效变换的意义在于简化较复杂电路，方便计算。

这里特别强调一点，等效是指对外电路等效，而对变换的两个电路内部的电压、电流等电量是不等效的。

在电路中电阻的连接形式是多种多样的，其中最简单和最常用的连接方式是串联和并联。

2. 电阻的串联

如果一个电路中若干个电阻按照顺序首尾相连，那么，这种连接方式称为电阻的串联，如图 2—2（a）所示。其等效电阻如图 2—2（b）所示。

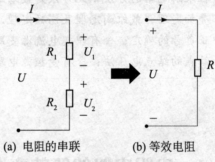

(a) 电阻的串联　　　(b) 等效电阻

图 2—2　电阻的串联及其等效电阻

电阻串联是具有如下三个特点：

（1）每个串联电阻中流过同一个电流 I。

（2）等效电阻 R 等于各串联电阻之和，如图 2—2（b）所示，即

$$R = R_1 + R_2 \tag{2.1}$$

（3）等效电压 U 等于各串联电压之和，即

$$U = U_1 + U_2 \tag{2.2}$$

如果是 n 个电阻串联，则总等效电阻 R，总电阻 $R = \sum_{i=1}^{n} R_i$，总电压 $U = \sum_{i=1}^{n} U_i$。

电阻在串联时的电流为 $I = \dfrac{U}{R_1 + R_2}$，在电阻两端的电压可以通过下式子求得

$$\left. \begin{aligned} U_1 &= U \frac{R_1}{R_1 + R_2} \\ U_2 &= U \frac{R_2}{R_1 + R_2} \end{aligned} \right\} \tag{2.3}$$

式（2.3）称为分压公式，显然，电阻串联上的电压分配与电阻阻值的大小成正比。当其中某个电阻比其他电阻大得多时，其两端的电压也比其他电阻上的电压高得多。

44

串联电阻的应用很多。例如，当负载变化（或电源电压变化）时，为了防止电路中的电流过大，可以在电路中串联电阻来限制电流。

例 2.1　一个小灯泡的电阻是 8Ω，正常工作时的电压是 $3.6V$，现在要把这盏灯直接接在 $4.5V$ 的电源上能行吗？怎样做才能使这盏灯正常发光?

解　不行，必须串联一个电阻。根据题意画出电路图 2—3，则电阻 R_2 分担部分的电压

$$U_2 = U - U_1 = 4.5V - 3.6V = 0.9V$$

串联电路中的电流：

$$I = \frac{U_1}{R_1} = \frac{3.6V}{8\Omega} = 0.45A$$

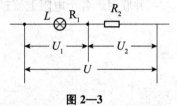

图 2—3

电路中需要串联的电阻：

$$R_L = \frac{U_2}{I} = \frac{0.9V}{0.45A} = 2\Omega$$

3. 电阻的并联

如果在一个电路中，若干个电阻的首端、尾端分别相连在一起，那么，这种连接方式称为电阻的并联，如图 2—4（a）所示。

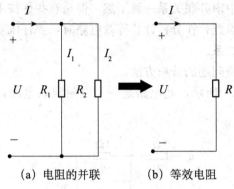

(a) 电阻的并联　　　(b) 等效电阻

图 2—4　电阻的并联及等效电阻

电阻并联时具有以下三个特点：

（1）各个电阻两端的电压相等。

（2）等效电阻 R（如图 2—4（b）所示）的倒数等于各个电阻的倒数之和，即

$$\frac{1}{R} = \frac{1}{R_1} + \frac{1}{R_2} \tag{2.4}$$

变形可得

$$R = \frac{R_1 \times R_2}{R_1 + R_2} \tag{2.5}$$

值得指出的是，这个等效电阻一定小于并联电阻中最小的一个。

n 个阻值为 R 的电阻并联，则并联阻值

$$R_{总} = \frac{R}{n}$$

（3）电路总电流 I 等于各个电阻上流过的电流之和，即

$$I = I_1 + I_2 = \frac{U}{R_1} + \frac{U}{R_2} = U\frac{R_1 + R_2}{R_1 R_2} = \frac{U}{R} \qquad (2.6)$$

并联时，各个电阻上流过的电流可以通过下式求得

$$\left.\begin{array}{c} I_1 = \dfrac{U}{R_1} = \dfrac{R_2}{R_1 + R_2} I \\[3mm] I_2 = \dfrac{U}{R_2} = \dfrac{R_1}{R_1 + R_2} I \end{array}\right\} \qquad (2.7)$$

式（2.7）称为分流公式。显然，并联电阻上的电流分配与电阻成反比。当其中某个电阻比其它电阻小得多时，通过此电阻上电流也比其他电阻上流过的电流大得多。

4. 电阻的混联

电路中既有电阻的串联，又有电阻的并联，这种连接方式称电阻的串并联，又称为电阻的混联。混联电路可以通过电阻的串联、并联来逐步变换，最终可简化为一个等效电阻 R。

有些电阻的混联电路中串并联关系一目了然，但是有些往往不能完全直观地观察出各个元件之间的连接关系。因此，在分析计算等效电路时，要仔细观察，寻找窍门。关键在于识别各电阻的串、并联关系。

下面通过例题掌握这类问题的分析方法。

例 2.2 如图 2—5（a）所示，此电路是一个电阻混联电路，各参数如图中所示，求 a、b 两端的等效电阻。

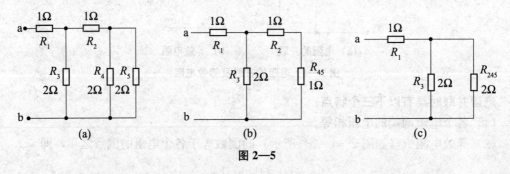

图 2—5

解 首先根据电阻串、并联的特征从电路结构来区分哪些电阻属于串联，哪些属于并联。

如图 2—5 所示，可见 R_4 与 R_5 并联（记 $R_4 /\!/ R_5$），可得

$$R_{45} = R_4 /\!/ R_5 = 1\Omega$$

R_4 与 R_5 并联电路简化后，如图 2—5（b）所示，可见 R_2 与 R_{45} 为串联

$$R_{245} = R_2 + R_{45} = (1+1)\Omega = 2\Omega$$

电路再简化后如图 2—5（c）所示，可见 R_3 与 R_{245} 并联

$$R_{2345} = R_2 /\!/ R_{45} = 1\Omega$$

所以

$$R_{ab} = R_1 + R_{2345} = (1+1)\Omega = 2\Omega$$

例 2.3 已知如图 2—6（a）所示的对称电阻电路。求 a、b 之间的等效电阻 R_{ab}。

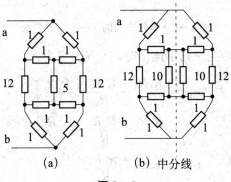

(a)　　　　(b) 中分线

图 2—6

解 因为电路对称，所以可以将 5Ω 电阻分解成两个 10Ω 电阻的并联，从而将原电路分解成对称两部分完成。

因此 a、b 之间的等效电阻 R_{ab} 为

$$R_{ab} = \frac{1}{2}\big[(1+10+1)/\!/12+1+1\big] = 4\Omega$$

2.1.2　电阻的 Y—△等效变换

在分析计算电路时，如果电阻与电阻之间的连接既不是串联也不是并联，那么就不能简单地用一个电阻来等效。可以运用 KCL、KVL、欧姆定律及电路等效的概念，对它们作彼此之间的互换，使变换后的电阻连接方式与电路其他部分的电阻构成串联或并联，从而使电路分析计算简化。这里介绍常见的电阻的 Y—△变换和△—Y 变换，如图 2—7 所示。

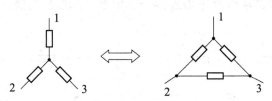

图 2—7　电阻电路的 Y—△等效变换

Y—△变换应满足等效条件：对应端 a、b、c 流入（或流出）的电流 I_a、I_b、I_c 必须保持相等，对应端之间的电压 U_{ab}、U_{bc}、U_{ca} 也必须保持相等，即等效变换后电路各对应端子上的伏安关系 VAR 保持不变。下面省略推导过程，直接给出等效变换公式。

1. 电阻电路的 Y—△等效变换

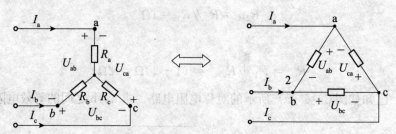

图 2—8 电阻电路的 Y—△等效变换

电阻星形连接等效变换为三角形连接时，变换公式为

$$\left.\begin{aligned}
R_{ab} &= \frac{R_a R_b + R_b R_c + R_c R_a}{R_c} \\[2mm]
R_{bc} &= \frac{R_a R_b + R_b R_c + R_c R_a}{R_a} \\[2mm]
R_{ca} &= \frac{R_a R_b + R_b R_c + R_c R_a}{R_b}
\end{aligned}\right\} \tag{2.8}$$

其通式可记为 $R_\triangle = \dfrac{旁阻积之和}{对阻}$

2. 电阻电路的△—Y 等效变换

电阻三角形连接等效变换为星形连接时，变换公式为

$$\left.\begin{aligned}
R_a &= \frac{R_{ab} R_{ca}}{R_{ab} + R_{bc} + R_{ca}} \\[2mm]
R_b &= \frac{R_{bc} R_{ab}}{R_{ab} + R_{bc} + R_{ca}} \\[2mm]
R_c &= \frac{R_{ca} R_{bc}}{R_{ab} + R_{bc} + R_{ca}}
\end{aligned}\right\} \tag{2.9}$$

其通式可记为 $R_Y = \dfrac{旁阻积}{三个电阻之和}$

星形（Y 形）连接也常称为 T 形连接，三角形（△形）连接也常称为 Π 形连接，如图 2—9 所示

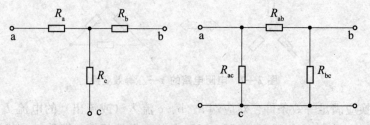

图 2—9 电阻电路的 T 形（Y 形）连接和 Π 形（△形）连接

例 2.4 如图 2—10（a）所示，此电路中，各元件参数如图所示，求 A、B 端之间的等效电阻。

解 图 2—10（a）中 5 个电阻之间非串非并。把图中 CDF 回路（构成△形）变换成 Y 形，根据公式电阻电路的△→Y 等效变换公式可得：

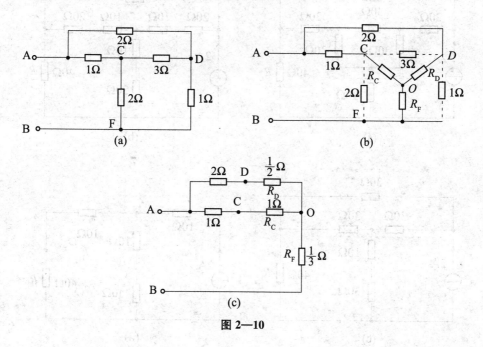

图 2—10

如图 2—10 所示，此电路中 5 个电阻既不是串联也不是并联，这里把图中 CDF 回路（构成△形）变换成 Y 形，根据公式（2.9）可得

$$R_\text{C} = \frac{R_\text{FC}R_\text{CD}}{R_\text{CD}+R_\text{DF}+R_\text{FC}} = \frac{3\times1}{3+1+2}\Omega = 1\Omega$$

$$R_\text{D} = \frac{R_\text{CD}R_\text{DF}}{R_\text{CD}+R_\text{DF}+R_\text{FC}} = \frac{3\times1}{3+1+2}\Omega = \frac{1}{2}\Omega$$

$$R_\text{F} = \frac{R_\text{FC}R_\text{DF}}{R_\text{CD}+R_\text{DF}+R_\text{FC}} = \frac{3\times1}{3+1+2}\Omega = \frac{1}{3}\Omega$$

变换后的电路可画成图 2—10（b），进一步整理为图 2—10（c），这是一个混联电路。所以

$$R_\text{AB} = \left[\frac{\left(2+\frac{1}{2}\right)\times(1+1)}{\left(2+\frac{1}{2}\right)+(1+1)}+\frac{1}{3}\right]\Omega = \frac{5}{9}+\frac{1}{3}\Omega$$

$$= \left(\frac{10}{9}+\frac{3}{9}\right)\Omega = \frac{13}{9}\Omega \approx 1.44\Omega$$

例 2.5 如图 2—11（a）所示，电路中求负载电阻 R_L 消耗的功率。

解 根据（a）图电阻结构特点，将中间 3 个△形连接 30Ω 电阻变换成 Y 形连接，将原图等效变换成（b）图，（b）图可以等效变换成（c）图，（c）图中再将 3 个△形连接 30Ω 电阻变换成 Y 形连接，便可得到（d）图。

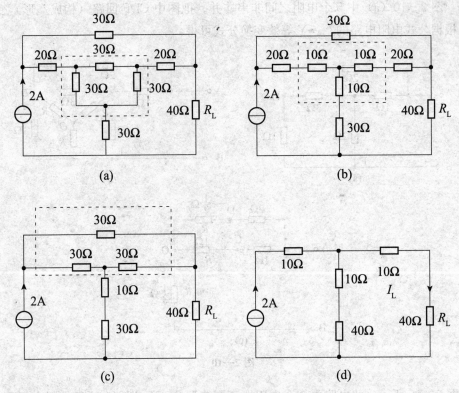

图 2—11

$$R_a = \frac{R_{ab}R_{ca}}{R_{ab}+R_{bc}+R_{ca}} = \frac{30 \times 30}{30+30+30} = 10\Omega$$

$$R_b = \frac{R_{bc}R_{ab}}{R_{ab}+R_{bc}+R_{ca}} = \frac{30 \times 30}{30+30+30} = 10\Omega$$

$$R_c = \frac{R_{ca}R_{bc}}{R_{ab}+R_{bc}+R_{ca}} = \frac{30 \times 30}{30+30+30} = 10\Omega$$

根据（d）图的对称性可以得到电阻 R_L 电流为 $I_L = 1A$。

则负载 R_L 消耗的功率

$$P_L = R_L I_L^2 = 40W$$

➔ 思考与练习题

2.1.1 两个电阻串联，$R_1 : R_2 = 1 : 2$，总电压为 60V，则 U_1 的大小为（　）。

　　a. 10V；　　　　b. 20V；　　　　c. 30V；　　　　d. 40V。

2.1.2 额定电压相同、额定功率不等的两个白炽灯，能否串联使用？

2.1.3 如图 2—12 所示，电路中 $R_1 = 6\Omega$、$R_2 = 8\Omega$、$R_3 = R_4 = 4\Omega$ 电源电压 U_s 为 100V，求电流 I_1、I_2 和 I_3。

2.1.4 如图 2—13 所示，求电路中 U 的值。

2.1.5 如图 2—14 所示，求电路总电阻 R_{12}。

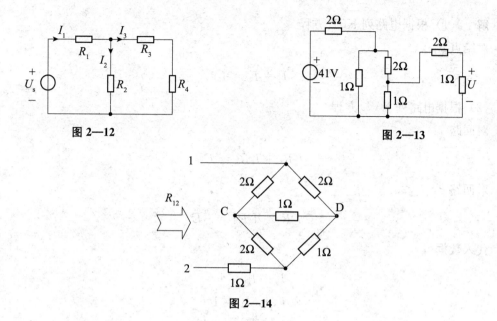

图 2—12

图 2—13

图 2—14

2.1.6　电阻均为 9Ω 的 △ 形电阻网络，若等效为 Y 形网络，各电阻的阻值应为多少？

2.1.7　电桥电路处于不平衡状态时，是复杂电路还是简单电路？当电桥平衡时，它是复杂电路还是简单电路？为什么？

2.2　支路电流法

含有多个回路且不能用电阻串并联等效法化简为单回路的电路，称为复杂电路。在复杂电路的各种分析方法中，支路电流法是最基本的。它是以各支路电流为未知量，应用基尔霍夫电流定律和电压定律、分别求出结点和回路的方程、然后组成方程组、求解出各未知支路电参数的解题方法。

其基本思路是**对于有 n 个结点、b 条支路的电路，只需列出 b 个独立的电路方程，便可以求解出 b 个支路电流变量**。本节重点是如何列出 b 个独立的电路方程。

应用支路电流法解题的一般步骤是：

（1）判断电路支路数 b 及结点数 n，标出各支路电流的参考方向。

（2）任意选定（$n-1$）个结点，依据 KCL 定律，列出独立的结点电流方程。

（3）选定 $b-$（$n-1$）个独立回路，指定回路绕行方向，依据 KVL 和元件伏安特性列出独立回路的电压方程（网孔是独立回路）。

（4）求解上述方程，得到 b 个支路电流。

（5）进一步计算支路电压和其他参数。

例 2.6　如图 2—15 所示电路已知 $E_1 = 140V$，$E_2 = 90V$，$R_1 = 20Ω$，$R_2 = 5Ω$，$R_3 = 6Ω$。求各支路电流。

解 （1）根据电路列 KCL 方程

对结点 a：

$$I_1 + I_2 = I_3$$

（2）根据电路列 KVL 方程

对回路 1：

$$I_1 R_1 + I_3 R_3 = E_1$$

对回路 2：

$$-I_2 R_2 - I_3 R_3 = -E_2$$

代入数据得

$$I_1 + I_2 = I_3$$
$$20I_1 + 6I_3 = 140$$
$$-5I_2 - 6I_3 = -90$$

解方程得

$$I_1 = 4\text{A}$$
$$I_2 = 6\text{A}$$
$$I_3 = 10\text{A}$$

例 2.7 如图 2—16 所示，说明如何运用支路电流法对多支路的电路列方程。

解 电路中，支路数 b=6，结点数 n=4，需列出 6 个独立方程。

其中，对结点列 KCL 方程：

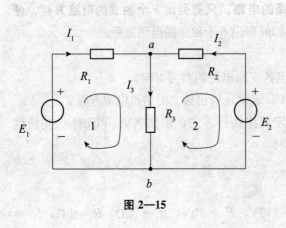

图 2—15

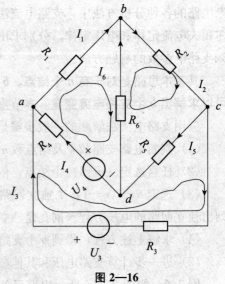

图 2—16

对结点 a 列出

$$I_1 - I_3 - I_4 = 0$$

对结点 b 列出

$$-I_1 + I_2 - I_6 = 0$$

对结点 c 列出

$$-I_2 + I_3 + I_5 = 0$$

对结点 d 列出

$$I_4 - I_5 + I_6 = 0$$

分析上述 4 个方程，发现任意一个都可由其他 3 个方程相加得来，故 KCL 独立方程数为 $n-1=3$ 个。

所谓独立回路，就是网孔。网孔是成组描述的，一组独立回路数为 $m=b-(n-1)$ 个，每个回路彼此至少有一条支路是该组回路中其它回路所没有的，即独有支路，符合此特性的一组回路即独立回路。

根据支路电流法对回路列出一组独立回路方程，方程个数 $m=b-(n-1)=3$ 个。选定回路均为顺时针方向。

对回路 abda

$$I_1 R_1 - I_6 R_6 + I_4 R_4 = U_4$$

对回路 bcdb

$$I_2 R_2 + I_5 R_5 + I_6 R_6 = 0$$

对回路 adca

$$I_3 R_3 - I_4 R_4 - I_5 R_5 = U_3 - U_4$$

上述 6 个方程是独立的，解方程组便可以得出电路各支路电流。

例 2.8 如图 2—17 所示，求电路的各支路电流。

解 该电路含有一条恒流源支路，该支路电流已知，故要列 3 个方程式。

列方程如下

$$I_2 = -6\text{A}$$
$$I_1 + I_3 = I_2$$
$$7I_1 - 7I_3 = 70$$

解得

$$I_1 = 2\text{A}$$
$$I_3 = -8\text{A}$$

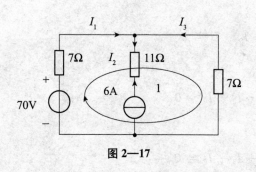

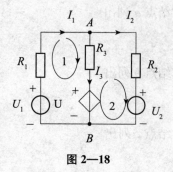

图 2—17　　　　　　　　　　　图 2—18

例 2.9　如图 2—18 所示，求电路的支路电流方程，其中 $U=I_1R_1$。

解　图中电路含有受控源。应用支路电流法时，将其视为电源，并增补控制量方程。

列方程如下

$$I_3 + I_2 = I_1$$
$$I_1R_1 + I_3R_3 = U_1 - U$$
$$I_2R_2 - I_3R_3 = U - U_2$$
$$U = I_1R_1$$

支路电流法的优点是简洁直观，但方程数较多。若手工求解方程只适宜支路数较少的电路，支路数多的电路则需通过计算机编程求解，或者采用其他方法求解。

解出的结果是否正确，有必要时可以进行验算，验算一般可以采用两种方法：一是应用基尔霍夫电压定律，对求解时未用过的回路进行验算；二是用电路中功率平衡关系进行验算。

🡒 思考与练习题

2.2.1　应用支路电流法解题时，所列 KVL 方程是否可以任意选取？

2.2.2　如图 2—19 所示，求电路的支路电流方程，尽可能多列几组不同的方程。

2.2.3　如图 2—20 所示，如何列最少方程数求出三支路电流？

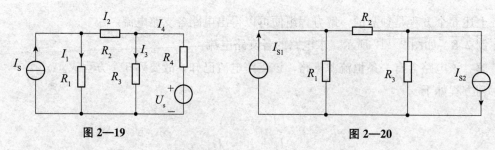

图 2—19　　　　　　　　　　　图 2—20

2.2.4　如图 2—21 所示，求电路的支路电流方程。

2.2.5　如图 2—22 所示，欲求电路各支路电流，需列多少个方程？试列写方程。

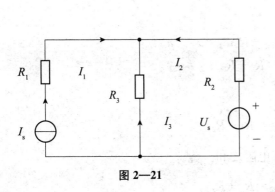

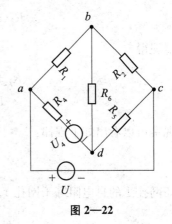

图 2—21   图 2—22

2.3　网孔电流法

网孔电流法是以网孔电流为未知量列写电路方程分析电路的方法。可以假设在每个独立回路中分别存在一个闭合流动的电流，称为网孔电流。

网孔电流法基本思想是：**为减少未知量（方程）的个数，假想每个网孔中有一个网孔电流。各支路电流可用网孔电流的线性组合表示，求通电路的解。**

例如，求图 2—23 中各支路电流大小。

根据电路图设定各支路电流参考方向，同时假设各网孔电流如图 2—23 所示，支路电流可表示为：

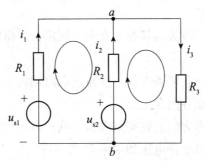

图 2—23　网孔电流法示例

$$i_1 = i_{m1}$$
$$i_3 = i_{m2}$$

方程的列写的方法如下：

网孔 1：

$$R_1 i_{m1} + R_2 (i_{m1} - i_{m2}) - u_{S1} + u_{S2} = 0$$

网孔 2：

$$R_2(i_{m2}-i_{m1})+R_3i_{m2}-u_{S2}=0$$

整理得：

$$(R_1+R_2)i_{m1}-R_2i_{m2}=u_{S1}-u_{S2}$$
$$-R_2i_{m1}+(R_2+R_3)i_{m2}=u_{S2}$$

观察可以看出如下规律：

$$R_{11}=R_1+R_2$$

即网孔 1 的自电阻等于网孔 1 中所有电阻之和。

$$R_{22}=R_2+R_3$$

即网孔 2 的自电阻等于网孔 2 中所有电阻之和。

网孔 1、网孔 2 之间的互电阻。当两个网孔电流流过相关支路方向相同时，互电阻取正号；否则为负号。

$$R_{12}=R_{21}=-R_2$$

网孔 1 中所有电压源电压的代数和。

$$u_{11}=u_{S1}-u_{S2}$$

网孔 2 中所有电压源电压的代数和。

$$u_{12}=u_{S2}$$

当电压源电压方向与该网孔方向一致时，取负号；反之取正号。

网孔分析法的计算步骤如下：

(1) 在电路图上标明网孔电流及其参考方向。规定各回路绕行方向均与对应的网孔电流方向一致。

(2) 用观察法列出全部网孔电流方程，注意自电阻均为正值，互电阻可为负值。

(3) 解联立方程组，求出各网孔电流。

(4) 选定支路电流及参考方向。将支路电流用网孔电流表示，求出各支路电流。

(5) 根据题目要求，计算支路电压和功率等。

例 2.10 如图 2—24 所示，用网孔电流法求电路中各支路电流。

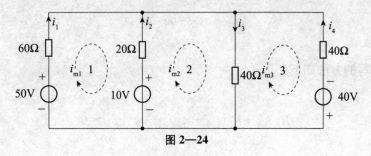

图 2—24

解 （1）如图 2—24 所示，有三个网孔的平面电路，网孔电流的参考方向如图所示，设网孔电流分别为 i_{m1}、i_{m2}、i_{m3}。

（2）列写网孔电流方程

$$R_{11}=60+20=80\Omega; \qquad R_{12}=-20\Omega;$$

$$R_{22}=40+20=60\Omega; \qquad R_{21}=-20\Omega; \qquad R_{23}=-40\Omega$$

$$R_{33}=40+40=80\Omega; \qquad R_{32}=-40\Omega;$$

$$u_{S11}=50-10=40\text{V}; \qquad u_{S22}=10\text{V}; \qquad u_{S33}=40\text{V}$$

各网孔电流方程为：

$$80i_{m1}-20i_{m2}=40\text{V}$$

$$-20i_{m1}+60i_{m2}-40i_{m3}=10\text{V}$$

$$-40i_{m2}+80i_{m3}=40\text{V}$$

联立求解得：

$$i_{m1}=0.786\text{A}; \qquad i_{m2}=1.143\text{A}; \qquad i_{m3}=1.071\text{A}$$

（3）求各支路电流

$$i_1=i_{m1}=0.786\text{A}; \qquad i_2=-i_{m1}+i_{m2}=0.357\text{A}$$

$$i_3=i_{m2}-i_{m3}=0.072\text{A}; \qquad i_4=-i_{m3}=1.071\text{A}$$

思考与练习题

2.3.1　如图 2—25 所示，用网孔分析法求电路各支路电流。

2.3.2　如图 2—26 所示，用网孔电流法求电路各支路电流。

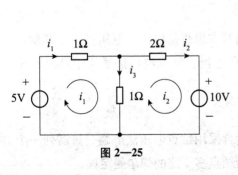

图 2—25

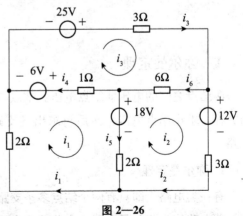

图 2—26

2.3.3　如图 2—27 所示，用网孔电流法求电路中电流源两端的电压 u 和电压源支路中的电流 i。

2.3.4　如图 2—28 所示，用网孔分析法求电路各支路电流。

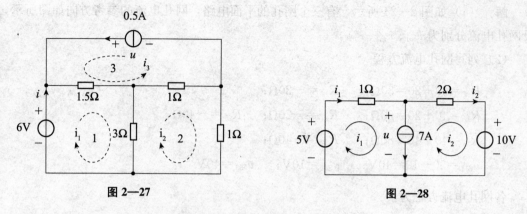

图 2—27   图 2—28

2.3.5　如图 2—29 所示，用网孔分析法求电路的网孔电流。

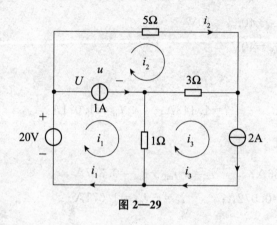

图 2—29

2.4　结点电压法

2.4.1　弥尔曼定理

两结点之间的电压即结点电压。结点电压法的基本思想是以结点电压作为未知量，列出方程，求出结点电压，然后再求出各支路电压和电流。结点电压法适用于结点较少的电路。

1. 弥尔曼定理

有一类电路，即只有两个结点多条支路，最适合采用结点电压法解题。只需列一个方程，该电路称为弥尔曼电路。本节着重介绍适于两结点多支路的弥尔曼定理。

如图 2—30 所示，以此图为例，说明结点电压方程的列写。首先，选定一个结点作为参考结点，图 2—30 选择结点 B 为参考结点，设其电位为 0V。各支路电流方程如下：

$$I_1 - I_2 - I_3 + I_4 = 0 \tag{2.10}$$

其中：

$$I_1 = \frac{U_1 - U_A}{R_1}$$

$$I_2 = \frac{U_A}{R_2}$$

$$I_3 = \frac{U_A - U_2}{R_3} \tag{2.11}$$

$$I_4 = -\frac{U_A}{R_4}$$

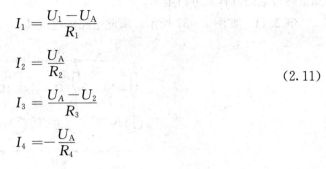

图 2—30 弥尔曼电路示例

将式（2.11）代入式（2.10）中并整理得：

$$\frac{U_1 - U_A}{R_1} - \frac{U_A}{R_2} - \frac{U_A - U_2}{R_3} - \frac{U_A}{R_4} = 0$$

$$\Rightarrow \left(\frac{1}{R_1} + \frac{1}{R_2} + \frac{1}{R_3} + \frac{1}{R_4}\right)U_A = \frac{U_1}{R_1} + \frac{U_2}{R_3} \tag{2.12}$$

式中：

$$G_A = \frac{1}{R_1} + \frac{1}{R_2} + \frac{1}{R_3} + \frac{1}{R_4}$$

是结点 A 连接各支路所有电导之和，称自电导，自电导总为正值。

故结点电压方程可按如下步骤列出：

（1）在两个结点中，选定一个作为参考结点，令其电位为 0V。标定另一个独立结点。

（2）对另一个独立结点，以结点电压为未知量，列写结点电压方程，由于弥尔曼电路只有两个结点，故只需一个方程即可。

自电导×结点电位＝流入该结点的电流源电流之和

式中的电流源或者电流流入结点为正，流出结点为负，而与各支路电流的参考方向无关。

（3）求解上述方程，得到结点电位。

由此可以看出，因选定的未知量是结点电压，KVL 自动满足，不需要再列出 KVL 方程。根据各支路电流可以看成各支路电流的线性组合，便可方便地得到是以结点电压为未知量列写电路方程来分析电路。

例2.11 如图 2—31 所示，求此电路的电流 I。

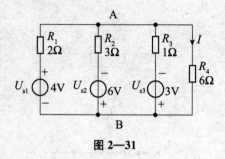

图 2—31

解 令结点 B 为参考结点，列写方程：

$$(\frac{1}{R_1}+\frac{1}{R_2}+\frac{1}{R_3}+\frac{1}{R_4})U_A = \frac{U_{S1}}{R_1}-\frac{U_{S2}}{R_2}+\frac{U_{S3}}{R_3}$$

$$(\frac{1}{2}+\frac{1}{3}+1+\frac{1}{6})\times U_A = \frac{4}{2}-\frac{6}{3}+\frac{3}{1} \Rightarrow U_A = 1.5V \Rightarrow I = \frac{1.5}{6} = 0.25A$$

例2.12 如图 2—32 所示，求电路的结点电压方程。已知 $R_1 = R_2 = R_3 = 6\Omega$，$I_s = 0.3mA$，$U_s = 10V$.

解 选定结点 B 作为参考结点，列方程如下：

$$(\frac{1}{R_1}+\frac{1}{R_2})\times U_A = \frac{U_s}{R_1}+I_s$$

$$1/3\times U_A = 0.6+0.3$$

$$U_A = 2.7V$$

所以：$I_1 = 1.22A$，$I_2 = 0.45A$.

注：此图中，与理想电流源串联的电阻可不加入计算。

例2.13 如图 2—33 所示，用结点电压法求未知电流 I。

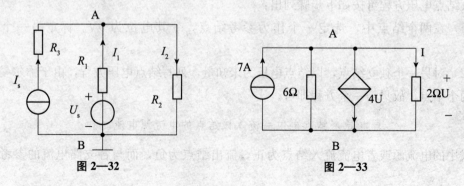

图 2—32   图 2—33

解 选定结点 B 作参考结点，列方程如下：

$$\left(\frac{1}{6}+\frac{1}{2}\right)U_A = 7 - 4U$$

$$U_A = U$$

$$\Rightarrow U = 1.5V \Rightarrow I = \frac{U}{2} = \frac{1.5}{2} = 0.75A$$

*2.4.2 电路具有3个及以上结点的结点电压法

对电路中具有 3 个及以上结点的电路，同样可以用结点电压法进行分析计算，其一般步骤如下：

(1) 选取参考结点。

(2) 建立结点电位方程组。

(3) 求解方程组，即可得出各结点电位值。

(4) 根据各结点电位求出各支路电流等参数。

例 2.14 如图 2—34 所示，用结点电压法求未知电流 I。在电路中，以结点电压作为未知量，对 $n-1$ 个独立结点列写 KCL 方程，从而求出各结点电压继而进一步求解其他电量的电路分析方法，称为结点电压法。

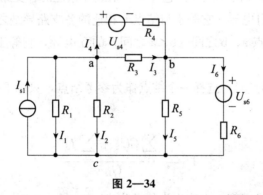

图 2—34

下面以如图 2—34 所示电路为例，推导结点电压方程。假设已知 R_1、R_2、R_3、R_4、R_5、R_6、I_{S1}、U_{S4}、U_{S6}。参考结点，选择各支路电流参考方向如图所示，对独立结点 a、b 列写 KCL 方程，得到：

$$na: I_1 + I_2 + I_3 + I_4 - I_{S1} = 0 \tag{2.13}$$

$$nb: -I_3 - I_4 + I_5 + I_6 = 0 \tag{2.14}$$

其中：

$$I_1 = \frac{U_a}{R_1} = G_1 U_a \tag{2.15}$$

$$I_1 = \frac{U_a}{R_1} = G_1 U_a \tag{2.16}$$

$$I_3 = \frac{U_a - U_b}{R_3} = G_3(U_a - U_b) \tag{2.17}$$

$$I_4 = \frac{U_a - U_b - U_{s4}}{R_4} = G_4(U_a - U_b - U_{S4}) \tag{2.18}$$

$$I_5 = \frac{U_b}{R_5} = G_5 U_b \tag{2.19}$$

$$I_6 = \frac{U_6 - U_{s6}}{R_6} = G_6(U_6 - U_{s6}) \tag{2.20}$$

将式（2.15）～式（2.20）代入式（2.13）、式（2.14）中，整理得到：

$$(G_1 + G_2 + G_3 + G_4)U_a - (G_3 + G_4)U_b = G_4 U_{s4} + I_{s1} \tag{2.21}$$

$$-(G_3 + G_4)U_a + (G_3 + G_4 + G_5 + G_6)U_b = -G_4 U_{s4} + G_6 U_{s6} \tag{2.22}$$

联立求解可得 U_a、U_b，再代入式（2.15）～式（2.20）即得到各支路电流。式 2.21、2.22 可写成如下形式：

$$G_{aa}U_a + G_{ab}U_b = \sum GU_s + \sum I_s \tag{2.23}$$

$$G_{aa}U_a + G_{bb}U_b = \sum_b^a GU_s + \sum_b^a I_S \tag{2.24}$$

式中：G_{aa} 称为结点 a 的自电导，它等于与结点 a 相连的各支路导纳之和，总取正；

G_{bb} 称为结点 b 的自电导，它等于与结点 b 相连的各支路导纳之和，总取正；

G_{ab}（G_{ba}）称为结点 a、b 之间（b、a 之间）的互电导，它等于 a、b 两结点间各支路电导之和，总取负。

当电路只含两个结点时，选择一个结点作为参考结点，只剩下一个独立结点，因而只有一个结点电压方程：

$$U_1 = \frac{\sum\limits_{(1)} GU_s + \sum\limits_{(1)} I_s}{G_{11}} \tag{2.25}$$

式 2.25 就是弥尔曼定理，也称为弥尔曼公式。

例 2.15　如图 2—35 所示，已知 $U_{S1} = 6V$，$U_{S4} = 8V$，$I_{S5} = 3A$，$R_1 = 3\Omega$，$R_2 = 2\Omega$，$R_3 = 6\Omega$，$R_4 = 4\Omega$，$R_5 = 7\Omega$，利用结点法求电路中各支路电流。

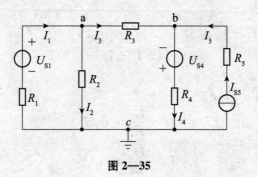

图 2—35

解　以 c 点作为参考结点，对独立结点 a、b 列写结点电压方程：

结点 a：

$$\left(\frac{1}{R_1}+\frac{1}{R_2}+\frac{1}{R_3}\right)U_a-\frac{1}{R_3}U_b=\frac{1}{R_1}=U_{S1}$$

结点 b：

$$\left(\frac{1}{R_3}+\frac{1}{R_4}\right)U_b-\frac{1}{R_3}U_a=-\frac{U_{S4}}{R_4}+I_{S5}$$

代入数据得到：

$$U_a=2.57\text{V}, \quad U_b=3.43\text{V}$$

$$I_1=\frac{U_{S1}-U_a}{R_1}=1.14\text{ A}, \quad I_2=\frac{U_a}{R_2}=1.29\text{A}$$

$$I_3=\frac{U_a-U_b}{R_3}=-0.14\text{ A}, \quad I_4=\frac{U_b+U_{S4}}{R_4}=2.82\text{A}, \quad I_5=I_{S5}=3\text{A}$$

例 2.16 如图 2—36 所示，电路含有两个受控源，电路参数和电源值已在图中注明，求各结点电压。

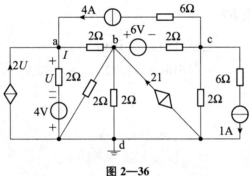

图 2—36

解 以结点 d 作为参考结点，对独立结点 a、b、c 列写结点电压方程：

结点 a：

$$\left(\frac{1}{2}+\frac{1}{2}\right)U_a \frac{1}{2}U_b=\frac{-4}{2}+4+2U$$

结点 b：

$$-\frac{1}{2}U_a+\left(\frac{1}{2}+\frac{1}{2}+\frac{1}{2}+\frac{1}{2}\right)U_b-\frac{1}{2}U_c=2I+\frac{6}{2}$$

结点 c：

$$-\frac{1}{2}U_b+\left(\frac{1}{2}+\frac{1}{2}\right)U_c=-4-\frac{6}{2}-1$$

附加方程：

$$U = U_a + 4, \quad I = \frac{U_a - U_b}{2}$$

联立求解得：

$$U_a = -\frac{54}{7}\text{V}, \quad U_b = -\frac{32}{7}\text{V}, \quad U_c = -\frac{72}{7}\text{V}$$

例 2.17 如图 2—37 所示，用结点电压法求各电阻支路电流。

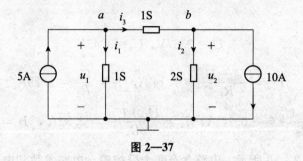

图 2—37

解 如图 2—37 所示，用接地符号标出参考结点，标出两个结点电压 u_1 和 u_2 的参考方向。用观察法列出结点方程：

$$\begin{cases} (1\text{S}+1\text{S})u_1 - (1\text{S})u_2 = 5\text{A} \\ -(1\text{S})u_1 + (1\text{S}+2\text{S})u_2 = -10\text{A} \end{cases}$$

整理得到：

$$\begin{cases} 2u_1 - u_2 = 5\text{V} \\ -u + 3u_2 = -10\text{A} \end{cases}$$

解得各结点电压为：

$$u_1 = 1\text{V} \qquad u_2 = -3\text{V}$$

选定各电阻支路电流参考方向如图所示，可求得：

$$\begin{cases} i_1 = (1\text{S})u_1 = 1\text{A} \\ i_2 = (2\text{S})u_2 = -6\text{A} \\ i_3 = (1\text{S})(u_1 - u_2) = 4\text{A} \end{cases}$$

⊙ **思考与练习题**

2.4.1 结点电压法主要适合于哪种电路分析？

2.4.2 必须设立电路参考点后才能求解电路的方法是（ ）。

　　　a. 支路电流法；　　　　b. 网孔电流法；　　　　c. 结点电压法。

2.4.3 如图 2—38 所示，试用结点电压法求电阻 R_L 上的电压 U。

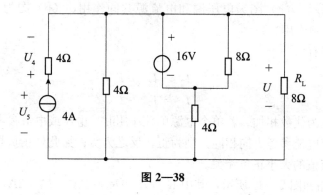

图 2—38

2.5 叠加定理

2.5.1 叠加定理

叠加定理是线性电路的重要定理之一，反映了线性电路的叠加性和比例性。叠加定理是指：**在多个电源同时作用的线性电路中，任一支路的电流或任意两点间的电压，都是各个独立电源单独作用时产生结果的代数和。**

叠加定理解题的基本思路是分解法，步骤如下：

（1）作出各独立电源单独作用时的分电路图，标出各支路电流（电压）的参考方向。不作用的独立电压源视为短路，不作用的独立电流源视为开路。

（2）分别求出各分电路图中的各支路电流（电压）。

（3）对各分电路图中同一支路电流（电压）进行叠加求代数和，参考方向与原图中参考方向相同的为正，反之为负。

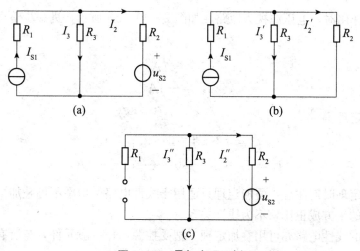

图 2—39 叠加定理示例

如图 2—39 所示，（a）图为电压源和电流源共同作用，（b）图为电流源单独作用，（c）图为电压源单独作用。

根据叠加定理有

$$I_2 = I_2{}' + I_2{}''$$
$$I_3 = I_3{}' + I_3{}''$$

(2.26)

注：叠加时应为代数相加。若单个电源单独作用时，电压或电流参考方向与多个电源共同作用时电压或电流参考方向相同，则为正；反之为负；另此处正负号是所列表达式符号，与电压或电流值的大小正负无关。

例 2.18 电路如图 2—39 所示，其中 $R_1=R_2=R_3=10\Omega$，$I_{S1}=2A$，$U_{S2}=10V$。求图中未知电流 I_2 和 I_3。

解 对（b）图有

$$I_2{}' = I_3{}' = 1A$$

对（c）图有

$$I_2{}'' = -I_3{}'' = -\frac{U_{S2}}{R_2+R_3} = -\frac{10}{10+10} = -0.5A$$

根据叠加定理

$$I_2 = I_2{}' + I_2{}'' = 1 + (-0.5) = 0.5A$$
$$I_3 = I_3{}' + I_3{}'' = 1 + (0.5) = 1.5A$$

例 2.19 如图 2—40（a）所示，求电路中未知电流 I_1 和 I_2。

运用叠加定理时，叠加方式是任意的，可以一次一个独立源单独作用，也可以多个独立源分组作用，这取决于是否使分析计算简便。

解 当电压源作用时，电流源视为开路，如图 2—40（b）所示。

$$I_1{}' = I_2{}' = 0A$$

当电流源作用时，电压源视为短路，如图 2—40（c）所示，进一步整理电路关系如图（d）所示。

$$I_1{}'' = 1A$$
$$I_2{}'' = -1A$$

运用叠加定理得

$$I_1 = I_1{}' + I_1{}'' = 0 + 1 = 1A$$
$$I_2 = I_2{}' + I_2{}'' = 0 + (-1) = -1A$$

使用叠加定理时需注意，叠加定理只适用于线性电路，功率不可叠加。因为功率是和电压（电流）的平方成正比，不为线性关系。

含受控源的线性电路亦可用叠加定理。把受控源当作一般元件，与所有电阻一样不予更动，保留在独立源单独作用下的各分电路中。

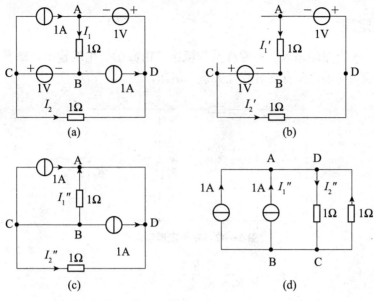

图 2—40

例 2.20 如图 2—41 所示，计算电流 I。

解 对于含受控源电路。因受控源不是独立电源。故除源时受控源应保留在电路中。
20V 电压源单独作用时如图 2—41（b）所示。

$$(2+1)i' + 2i' = 20 \Rightarrow i' = 4\text{A}$$
$$U' = i' + 2i' = 3 \times 4 = 12\text{V}$$

4A 电流源单独作用时如图 2—41（c）所示。

$$2i'' + (4+i'') \times 1 + 2i'' = 0 \Rightarrow i'' = -\frac{4}{5}\text{A}$$

$$U'' = -\left(-\frac{4}{5}\right) \times 2 = \frac{8}{5}\text{V}$$

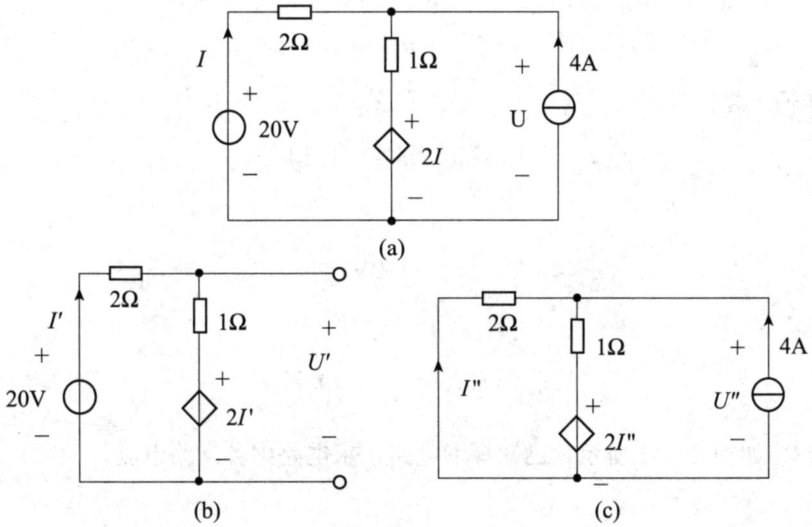

图 2—41

2.5.2　齐性定理

独立源是作为电路的输入，通常称其为激励。由激励产生的输出，通常称其为响应。线性电路中响应与激励之间存在着线性关系。例如，

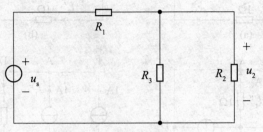

图 2—42　齐性定理示例图

$$u_2 = \frac{R_2 R_3}{R_1 R_2 + R_2 R_3 + R_3 R_1} u_s = K u_s$$

线性电路中，当所有激励（电压源和电流源）都增大或缩小 K 倍，K 为实常数，响应（电压和电流）也将同样增大或缩小 K 倍。

这里所谓的激励是指独立电源，必须全部激励同时增大或缩小 K 倍，否则将导致错误的结果。

（1）当电路中只有一个激励时，响应将与激励成正比。

（2）用齐性定理分析梯形电路特别有效。

例 2.21　如图 2—43 所示梯形电路中，$u_s = 10V$，求输出电压 u_o。

解　先假设输出电压

$$u'_o = 1V$$
$$u'_1 = 1 \times (1+1) = 2V$$
$$i'_1 = 2A \qquad i'_2 = i'_1 + i'_o = 3A$$
$$u'_3 = i'_2 \times 1 + u'_1 = 5V \qquad i'_3 = 5A$$
$$i' = i'_2 + i'_3 = 8A \qquad u'_s = i' \times 1 + u'_3 = 13V$$

输出和输入之比为：

$$K = u'_o / u'_s = 1/13$$

当

$$u_s = 10V$$

时

$$u_o = K u_s = \frac{10}{13} = 0.77V$$

例 2.22　如图 2—44 所示，已知梯形电路，求电路中各支路电流。

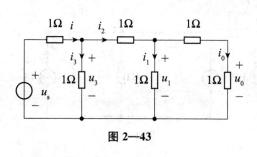

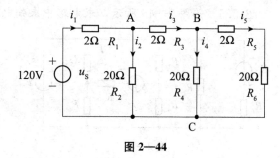

图 2—43   图 2—44

解 设 $i'_5 = 1A$

则 $u'_{AC} = i'_5(R_5 + R_6) = 1 \times (2 + 20) = 22$

$$i'_4 = \frac{u'_{bc}}{R_4} = \frac{22}{20} = 1.1A$$

$$i'_3 = i'_4 + i'_5 = 1.1 + 1 = 2.1A$$

$$u'_{ac} = u'_{ab} + u'_{bc} = 4.2 + 22 = 26.2V$$

$$i'_2 = \frac{u'_{ac}}{R_2} = \frac{26.2}{20} = 1.31A$$

$$i'_1 = i'_2 + i'_3 = 1.31 + 2.1$$
$$= 3.41A$$

$$u'_S = i'_S R_1 + u'_{ac} = 3.41 \times 2 + 26.2 = 30.02V$$

$$\frac{u_S}{u'_S} = \frac{120}{33.02} = 3.63 = K$$

即激励赠加 K 倍，各响应也增加 K 倍：

$$i_1 = Ki'_1 = 3.63 \times 3.41 = 12.38A$$

$$i_2 = Ki'_2 = 3.63 \times 1.31 = 4.76A$$

$$i_3 = Ki'_3 = 3.63 \times 2.1 = 7.62A$$

$$i_4 = Ki'_4 = 3.63 \times 1.1 = 3.99A$$

$$i_5 = Ki'_5 = 3.63 \times 1 = 3.63A$$

此方法也叫做"倒退法"。

➡️ **思考与练习题**

2.5.1　叠加定理能否运用在单电源电路中？能否运用在非线性电路中？

2.5.2　叠加定理不可用来进行功率叠加，为什么？

2.5.3　当电路中含受控源时，运用叠加定理与支路电流法、结点电压法对受控源的处理方式是否一样？

2.5.4　如图 2—45 所示，求流过 R_5 的未知电流 I。已知 $E_1 = 20V$，$E_2 = 10V$，$I_S = 1A$，$R_1 = 5\Omega$，$R_2 = 6\Omega$，$R_3 = 10\Omega$，$R_4 = 5\Omega$，$R_S = 1\Omega$，$R_5 = 8\Omega$，$R_6 = 12\Omega$。

2.5.5 如图 2—46 所示，求电路中未知电压 U。

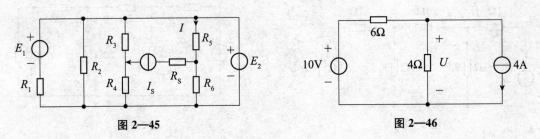

图 2—45   图 2—46

2.5.6 如图 2—47 所示，N 为线性含源电阻网络。当 AB 端用导线连接时，$I_1 = 4A$；当 $U_{AB} = -4V$ 时，$I_1 = -6A$。求当 $U_{AB} = 6V$ 时，求 I_1。

2.5.7 如图 2—48 所示，应用叠加定理求电压 u。

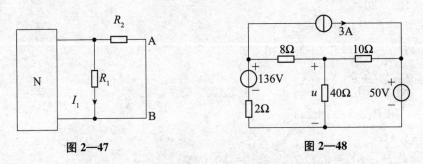

图 2—47   图 2—48

2.6 戴维南定理和诺顿定理

戴维南定理与诺顿定理统称等效电源定理。一个有源单口网络，不论它的繁简程度如何，当与外电路相连时，它就会像电源一样向外电路供给电能，因此，这个有源单口网络可以等效为一个电压源，这个电压源可以用戴维南定理求得；也可以等效为一个电流源，这个电流源可以用诺顿定理求得。

2.6.1 戴维南定理

戴维南定理的内容是：**任何一个线性有源单口网络，对其外部而言，总可以用一个理想电压源和电阻串联的电路模型来等效替代。如图 2—49 所示。其中，理想电压源的电压等于线性有源单口网络的开路电压 u_{oc}，如图 2—49（c）所示；电阻等于有源单口网络变成无源单口网络后的等效电阻 R_0，如图 2—49（d）所示。**

在分析一些复杂电路时，有时并不需要求出全部支路的电流或电压，而只需求解其中某个支路的电流或某个元件上的电压，或者在电路其他参数不变的情况下，某支路的元件参数改变时，应用戴维南定理求解是比较简便的。

例 2.23 电路如图 2—50 所示，已知 $U_{S1} = 10V$，$I_{S2} = 5A$，$R_1 = 6\Omega$，$R_2 = 4\Omega$，用戴

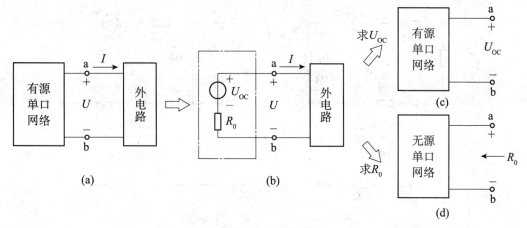

图 2—49 戴维南定理图示

维南定理求 R_2 上的电流 I。

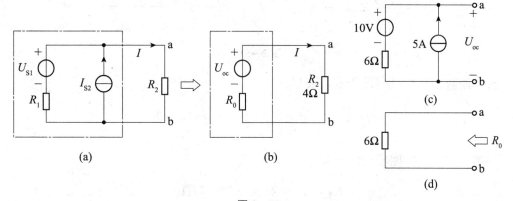

图 2—50

解 图 2—50（a）中 a、b 左侧的单口网络的戴维南等效电路如图 2—50（b）点画线框内的电压源模型所示，求电路参数 U_{OC} 和 R_0。

（1）将图 2—50（a）中的待求支路移开，形成有源单口网络如图 2—50（C）所示，求开路电压 U_{OC}。

$$U_{OC} = U_{S1} + R_1 I_{S2} = (10 + 6 \times 5)V = 40V$$

（2）将有源单口网络除源，构成无源单口网络如图 2—50（d）所示，求等效电阻 R_0。

$$R_0 = R_1 = 6\Omega$$

（3）将 U_{OC} 和 R_0 代入等效电路图 2—50（b），求得

$$I = \frac{U_{OC}}{R_3 + R_0} = \frac{40}{4 + 6}A = 4A$$

例 2.24 用戴维南定理求如图 2—51（a）所示的电路中电压 U_L。

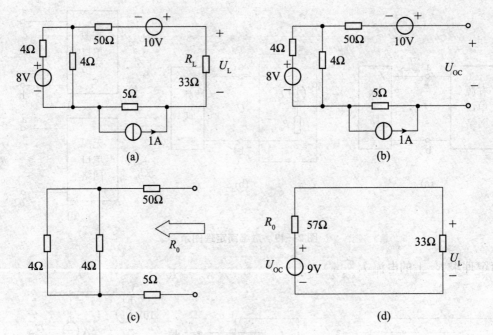

图 2—51

解 如图 2—51（b）图所示，求 U_{OC}。

$$U_{OC} = 10 + \frac{8}{4+4} \times 4 - 5 \times 1 = 9\text{V}$$

如图 2—51（c）图所示，求 R_0。

$$R_0 = 50 + 4//4 + 5 = 57\Omega$$

戴维南等效电路如图 2—51（d）图所示，求 U_L。

$$U_L = \frac{9}{57+33} \times 33 = 3.3\text{V}$$

例 2.25 如图 2—52 所示，用戴维南定理求流过电阻 R_L 电流 I。

解 含受控源二端网络，求等效电阻需用外加电源法或开路短路法。

如图 2—52（b）所示，求 U_{OC}。

$$100I_1 + 50I_1 + 50 \times (4I_1 + I_1) = 40 \Rightarrow I_1 = 0.1\text{A}$$

$$U_{OC} = 100I_1 + 60 = 100 \times 0.1 + 60 = 70\text{V}$$

如图 2—52（c）所示，求 R_{eq}，开路电压 I_1 和短路电流 I_{SC}。

$$I_1 = -\frac{60}{100} = -0.6\text{A}$$

$$(I_1 + I_{SC}) \times 50 + (4I_1 + I_1 + I_{SC}) \times 50 = 60 + 40$$

$$I_{SC} = 2.8\text{A}$$

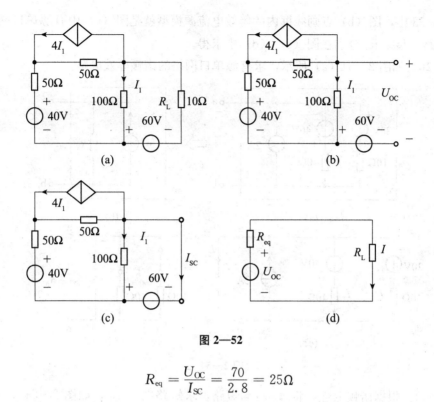

图 2—52

$$R_{eq} = \frac{U_{OC}}{I_{SC}} = \frac{70}{2.8} = 25\Omega$$

如图 2—52 （d） 所示，戴维南等效电路。

$$I = \frac{70}{25 + 5} = \frac{7}{3}A$$

2.6.2 诺顿定理

诺顿定理的内容是：任何一个线性含源二端口网络，对外电路来说，总可以用一个理想电流源和电阻的并联组合来等效替代；此理想电流源的电流等于外电路短路时端口处的短路电流 I_{SC}，而电阻等于将有源单口网络变成无源单口网络的等效电阻 R_0，该电路模型称为诺顿等效电路，如图 2—53 所示。

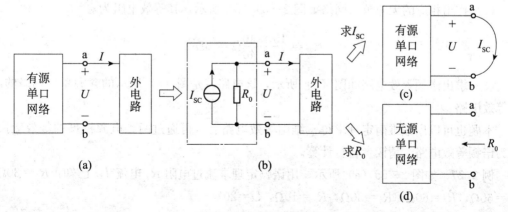

图 2—53 诺顿定理图示

图 2—53 中，图（b）点画线框内的等效电流源模型就是图（a）中有源单口网络的诺顿等效电路，I_{SC}、R_0 分别在图（c）、（d）中求得。

例 2.26 如图 2—54（a）所示，求有源单口网络的诺顿等效电路。

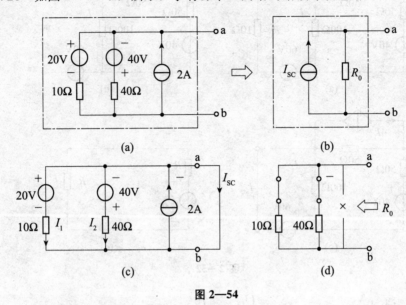

图 2—54

解 （1）根据诺顿定理，将 ab 两端短路，求短路电流 I_{SC}，如图 2—54（c）所示。设电流 I_1 和 I_2 如图所示。因为 $U_{ab}=0$，有

$$\begin{cases} 20+10I_1 = 0 \\ -40+40I_2 = 0 \end{cases}$$

得 $I_1=-2A$，$I_2=1A$

又根据结点 a 的 KCL，有

$$I_1 + I_2 - 2 + I_{SC} = 0$$

$$I_{SC} = -I_1 - I_2 + 2 = [-(-2)-1+2]A = 3A$$

（2）作出相应的无源单口网络如图 2—54（d）所示，其等效电阻为

$$R_0 = \frac{10 \times 40}{10 + 40}\Omega = 8\Omega$$

（3）求出诺顿等效电路如图（b）所示，该电路就是图（a）所示的含源单口网络的诺顿等效电路。

本题也可以用戴维南定理求得戴维南等效电路后，再通过两种电源模型的等效变换，化为诺顿等效电路。请读者自行计算。

例 2.27 如图 2—55（a）所示，用诺顿定理求流过电阻 R_5 电流 I。已知：$R_1=30\Omega$，$R_2=60\Omega$，$R_3=60\Omega$，$R_4=30\Omega$，$R_5=10\Omega$，$U=20V$。

解 如图 2—55（b）所示，求短路电流。

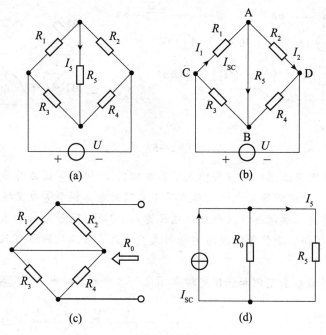

图 2—55

令 $V_D = 0V$，则可得 $V_C = 20V$，$V_A = V_B = 10V$。

$$I_1 = \frac{V_C - V_A}{R_1} = \frac{20 - 10}{30} = \frac{1}{3}A$$

$$I_2 = \frac{V_A - V_D}{R_2} = \frac{10 - 0}{60} = \frac{1}{6}A \Rightarrow I_{SC} = I_1 - I_2 = \frac{1}{6}A$$

如图 2—55（c）所示，求等效电阻。

$$R_{eq} = R_1//R_2 + R_3//R_4 = 30//60 + 60//30 = 40\Omega$$

诺顿戴等效电路，如图 2—55（d）所示。

$$I_5 = I_{SC} \times \frac{R_{eq}}{R_5 + R_{eq}} = \frac{1}{6} \times \frac{40}{10 + 40} = \frac{2}{15}A$$

思考与练习题

2.6.1 如图 2—56 所示，有源单口网络的外特性曲线，试为该网络建立戴维南等效电路。

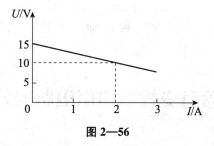

图 2—56

2.6.2 电路如图 2—57 所示，试求它们的戴维南等效电路和诺顿等效电路。

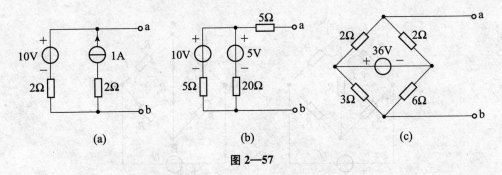

(a)   (b)   (c)

图 2—57

2.6.3　同一个有源二端网络（含独立源和电阻），既可以等效成为戴维南形式也可以等效成为诺顿形式。试说明等效条件（参考第 1 章实际电源模型等效变换处理）。

2.6.4　一个有源二端网络（只含独立电压源），问能否既等效成为戴维南形式又等效成为诺顿形式？若不能，则能等效成为何种形式？若此有源二端网络（只含独立电流源），则又将如何？

2.6.5　分别用戴维南定理和诺顿定理求图 2—58 中的未知电流 I。其中 $R_x = 5.2\Omega$。

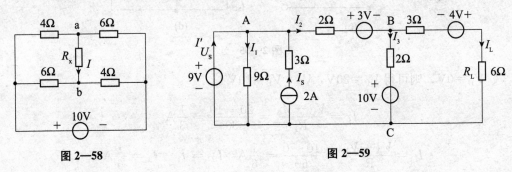

图 2—58   图 2—59

2.6.6　应用戴维南定理计算图 2—59 所示的电路中 R_L 支路上流过的电流 I_L 大小。并计算在 9V 电压源中的电流。

2.6.7　电路如图 2—60 所示，已知 $E = 10V$，$I_S = 1A$，$R_1 = 10\Omega$，$R_2 = R_3 = 5\Omega$，试用诺顿原理求流过 R_2 的电流 I_2 和理想电流源 I_S 两端的电压 U_S。

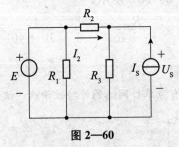

图 2—60

*2.7　含有受控源电阻电路的分析方法

对于含有受控源的线性电路，注意以下几点：首先，电路的基本概念、基本定律、基本分析方法和电路定理均可以用来分析此电路；其次，要注意到受控电压源的电压和受控电流源的电流不是独立的，而是受电路中某支路的电压或电流控制；最后，要看到当控制量存在时，受控源对电路能起激励作用，能对外输出能量。

例 2.28 电路如图 2—61（a）所示，用等效变换法求电流 I。

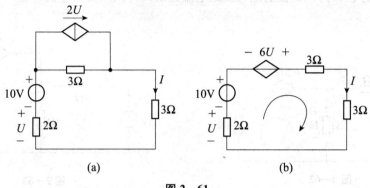

图 2—61

解 用电源等效变换法，将 VCCS 变换为 VCVS，如图 2—61（b）所示，选择回路绕行方向如图所示，列 KVL 方程为

$$-U = 10 - 6U + 3I + 3I = 0$$

另有

$$-U = -2I$$

代入上式，得

$$-(-2I) - 10 - 6 \times (-2I) + 6I = 0$$

即

$$I = 0.5\text{A}$$

对含有受控电路进行等效变换时，应保持控制支路不变，目的在于保持控制变量。

例 2.29 电路如图 2—62 所示，用支路电流法求各支路电流。

解 根据支路电流法，选择两个回路绕行方向如图所示，结点电压方程

$$I_1 - I_2 - I_3 = 0 \tag{2.27}$$

两个回路电压方程

$$2 + 3I_1 + 2I_2 = 0 \tag{2.28}$$

$$-2I_2 + 5U + 4I_3 = 0 \tag{2.29}$$

控制量 U 与所在支路的电流关系作为辅助方程，列出

$$U = 2I_2$$

代入式（2.29）得

$$8I_2 + 4I_3 = 0 \tag{2.30}$$

联立式（2.27）~式（2.30）组成方程组，解得

$$I_1 = -2A, I_2 = 2A, I_3 = -4A$$

应用支路电流法分析含有受控源电路时，可暂时将受控源视为独立源，按照正常方法列出支路电流方程，再找出控制量与支路电流关系式，代入支路电流方程，解方程即得各支路电流。

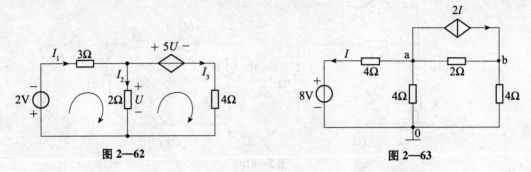

图 2—62   图 2—63

例 2.30 如图 2—63 所示，用结点电压法求电流 I。

解 根据结点电位法，以 0 点为参考结点，设结点电位为 0V，列出结点电位方程为

结点 a：

$$\left[\frac{1}{4} + \frac{1}{4} + \frac{1}{2}\right]V_a - \frac{1}{2}V_b = \frac{8}{4} - 2A$$

结点 b：

$$-\frac{1}{2}V_a + \left[\frac{1}{2} + \frac{1}{4}\right]V_b = 2I$$

控制量 I 与结点电位的关系作为辅助方程，列出

$$V_a = 4I + 8$$

联立上述 3 个方程组成方程组，解得：

$$V_a = 4V, \ V_b = 0V, \ I = -1A$$

应用结点电位法分析含有受控源电路时，可暂时将受控源视为独立电源，按正常方法列出结点电位方程，再找出控制量与结点电位关系式，代入结点电位方程，解方程即得结点电位。根据结点电位与支路电流关系，可求得各支路电流。

例 2.31 电路如图 2—64 所示，已知 $r = 2$，试用叠加定理求电流 i 和电压 u。

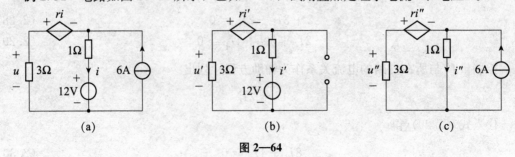

(a)   (b)   (c)

图 2—64

解 画出12V独立电压源和6A独立电流源单独作用的电路，如图2—64（b）和（c）所示（注意在每个电路内均保留受控源，但控制量分别改为分电路中的相应量）。

由图（b）电路，列出KVL方程

$$3i' + 2i' + i' + 12 = 0$$

求得

$$i' = -2A \qquad u' = -3i' = 6V$$

由图（c）电路，列出KVL方程

$$3(i'' - 6) + 2\,i'' + i'' = 0$$
$$i'' = 3A \qquad u'' = 3(6 - i'') = 9V$$

求得

$$i = i' + i'' = 1A \qquad u = u' + u'' = 15V$$

含受控源电路的特点：

（1）受控电压源和电阻串联组合与受控电流源和电阻并联组合之间，像独立源一样可以进行等效变换。但在变换过程中，必须保留控制变量的所在支路。

（2）应用网络方程法分析计算含受控源的电路时，受控源按独立源一样对待和处理，但在网络方程中，要将受控源的控制量用电路变量来表示。即在结点方程中，受控源的控制量用结点电压表示；在网孔方程中，受控源的控制量用网孔电流表示。

（3）用叠加定理求每个独立源单独作用下的响应时，受控源要像电阻那样全部保留。同样，用戴维南定理求网络除源后的等效电阻时，受控源也要全部保留。

（4）含受控源的二端电阻网络，其等效电阻可能为负值，这表明该网络向外部电路发出能量。

➡ 思考与练习题

2.7.1　电路如图2—65所示，能否将受控电流源$2I_1$与5Ω等效变换为一个受控电压源？

2.7.2　电路如图2—66所示，试求电压U与电流I。

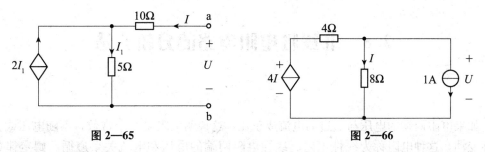

图2—65　　　　　　　　　　　　图2—66

2.7.3　分别用支路电流法、叠加原理和戴维南定理，求图2—67电路中理想电流源的端电压U。

2.7.4　如图2—68所示，求电路中的电压U_2。

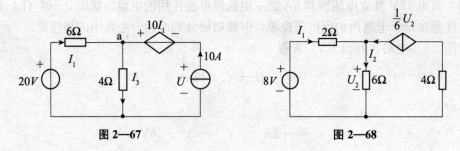

图 2—67　　　　　　　　　　　　图 2—68

2.7.5　如图 2—69 所示电路，负载电阻 R_L 可以任意改变，问 R_L 等于多大时其上可获得最大功率，并求出最大功率 P_{Lmax}。

2.7.6　如图 2—70 所示，试用叠加定理求解电路中的电流 I。

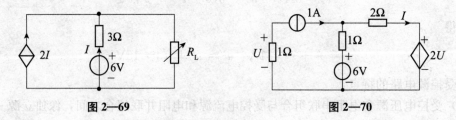

图 2—69　　　　　　　　　　　　图 2—70

2.7.7　在电路等效变换过程中，受控源的处理与独立源有哪些相同？有什么不同？

2.7.8　如图 2—71 所示，试用叠加定理求解电路中的电流 I。

2.7.9　如图 2—72 所示，电路中已知 $\mu=1$，$\alpha=1$，试求网孔电流。

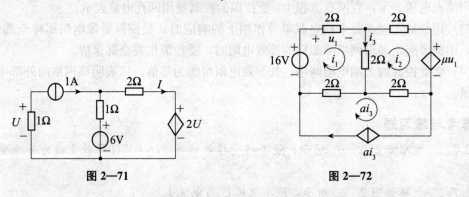

图 2—71　　　　　　　　　　　　图 2—72

2.8　非线性电阻电路的分析方法

如果电阻两端的电压与通过的电流成正比，这说明电阻是一个常数，不随电压或者电流而变动，这种电阻称为线性电阻。线性电阻两端的电压和电流关系遵循欧姆定律如图 2—73 所示。即

$$R = \frac{U}{I}$$

如果电阻值不是常数，而是随着电压或者电流变动，那么，这种电阻就是非线性电阻。非线性电阻两端的电压与通过的电流不成正比，不遵循欧姆定律。电压和电流的关系用关系曲线 $U = f(I)$ 或者 $I = f(U)$ 来表示，是通过实验作出的。

非线性电阻的应用很广，例如，如图 2—74 所示，半导体二极管的伏安特性曲线。如图 2—75 所示，非线性电阻符号。

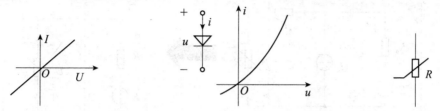

图 2—73　线性电阻的伏安特性曲线　图 2—74　半导体二极管的伏安特性　图 2—75　非线性电阻符号

以图 2—76 为例，说明非线性电阻元件的电阻有两种表示方式，一种称为静态电阻（或称为直流电阻），它由工作点 Q 的电压 U 与电流 I 之比来表示，正比于 $\tan\alpha$，即

$$R = \frac{U}{I} = \tan\alpha$$

另一种称为动态电阻（或称为交流电阻），它等于工作点 Q 附近电压、电流微变量之比的极限，即

$$r = \lim_{\triangle t \to 0} \frac{\Delta U}{\Delta I} = \frac{\mathrm{d}U}{\mathrm{d}I}$$

动态电阻用小写字母 r 来表示，由图 2—76 可见，Q 点的电阻正比于 $\tan\beta$，β 是 Q 点的切线与纵轴的夹角。

由于非线性电阻的阻值不是常数，在分析与计算非线性电阻电路时一般采用图解法。

如图 2—76（a）所示是一非线性电路，线性电阻 R_1 与非线性电阻 R 串联，非线性电阻元件的伏安特性曲线如图 2—76（b）所示。

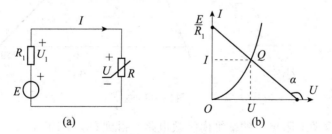

图 2—76　非线性电阻电路及其伏安特性曲线

对图所示电路可以应用基尔霍夫电压定律求出，

$$U = E - U_1 = E - IR_1$$

或

$$I = -\frac{1}{R_1}U + \frac{E}{R_1}$$

该直线方程在横轴上的截距为 U，在纵轴上的截距为 $\dfrac{E}{R_1}$，电路的工作情况由该直线

方程与非线性电阻 R 的伏安特性曲线交点 Q 确定；因为两者的交点即表示了非线性电阻元件 R 上电压与电流的关系，同时也符合电路中电压与电流的关系。

复杂非线性电阻电路的求解方法：将非线性电阻 R 以外的有源二端网络应用戴维南定理化成一个等效电源，再用图解法求非线性元件中的电流及其两端的电压。

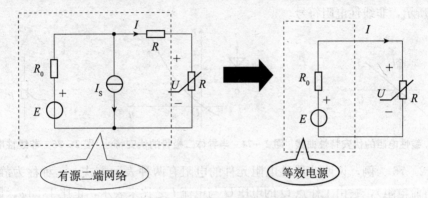

图 2—77　复杂非线性电阻电路及其等效电路

例 2.32　电路如图 2—78（a）所示，已知非线性电阻特性曲线如图 2—78（b）中折线所示，用图解法求电压 u 和电流 i。

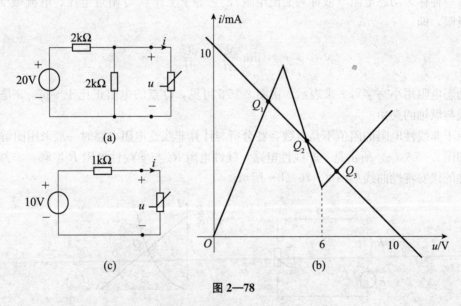

图 2—78

解　求线性含源电阻单口的戴维南等效电路，得到 $U_{OC}=10\text{V}$，$R_O=1\text{k}\Omega$。于是，图 2—78（a）等效变换为图 2—78（c）。在图 2—78（b）的 $u-i$ 平面上，通过（10V，0）和（0，10V/1kΩ）两点作直线，它与非线性特性曲线交于 Q_1、Q_2 和 Q_3 三点。这三点相应的电压 u 和电流 i 分别为

$$Q_1 : U_Q=3\text{V}, \quad I_Q=7\text{mA}$$
$$Q_2 : U_Q=5\text{V}, \quad I_Q=15\text{mA}$$
$$Q_3 : U_Q=6.5\text{V}, \quad I_Q=3.5\text{mA}$$

此例说明非线性电阻电路可以存在多个解答。电路究竟工作于哪个点，与实际电路的具体情况有关。

➡ 思考与练习题

2.8.1 有一个非线性电阻，当其工作电压为 6V 时，电流 I 为 3mA，若电流增量 ΔU 为 0.1V 时，电流增量为 ΔI 为 0.01mA。试求其静态电阻和动态电阻。

2.8.2 据你所知，非线性元件有哪些应用？

2.9 应用举例

2.9.1 电阻器的应用—直流电桥

电阻器是电路元件中应用最广泛的一种，在电子设备中约占元件总数 30% 以上，其质量的好坏对电路工作的稳定性有极大影响。

电阻器主要用途是稳定和调节电路中的电流和电压，其次在电路中还起限流、分流、降压、分压、负载、匹配和检测等作用。如图 2—79 所示，电阻应用于直流电桥的一个例子，惠斯通电桥（又称单臂电桥）是一种可以精确测量电阻的仪器。电阻 R_a，R_b，R_0，R_x 叫做电桥的四个臂，G 为检流计，用以检查它所在的支路有无电流。

经过分析可知，电桥平衡时，四个臂的阻值满足一个简单的关系，$R_a * R_0 = R_b * R_x$，检流计所在支路电流为零，由于三个阻值已知，便可求得第四个电阻。测量时，选择适当的电阻作为 R_a 和 R_b，用一个可变电阻作为 R_0，令被测电阻充当 R_x，调节 R_0 使电桥平衡，而且可利用高灵敏度的检流计来测零，故用电桥测电阻比用欧姆表精确。

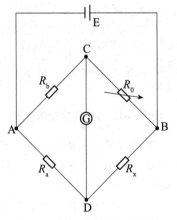

图 2—79 惠斯通电桥工作原理

2.9.2 非线性电阻的应用—白炽灯

实际的白炽灯灯丝也属于非线性电阻，当温度升高时，构成灯丝材料的电阻率逐渐增大，导致其电阻增大。反映白炽灯灯丝的伏安特性图像也为一条曲线，如图2—80（b）所示。

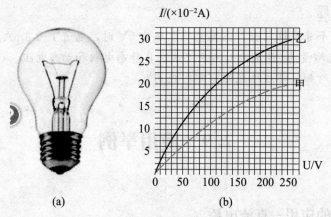

图 2—80　白炽灯及其灯丝的伏安特性图像

技能训练项目

验证戴维南定理

一、实验目的

（1）验证戴维南定理。

（2）了解线性有源二端网络求其等效电阻的方法和步骤。

二、原理说明

（1）戴维南定理是指：任何一个线性有源二端网络，对于外电路而言，总可以用一个理想电压源和电阻的串联形式来代替，理想电压源的电压等于原端口的开路电压 U_{OC}，其电阻（又称等效内阻）等于网络中所有独立源置零时的入端等效电阻 R_{eq}，如图2—81所示。

图 2—81　戴维南定理示意图

　　具体来说，在图2—82（a）中对于 R_3 来讲从 A、B 两端看进去为一线性有源二端网络，如图2—82（a）虚框中所示，将 R_3 开路测得 A、B 端开路电压 U_{OC}，然后再去掉所有的独立源 E_1、E_2 并用短路线来代替，测得等效的内阻 R_{eq}，再将电路接成图2—82（b）的形式，测量流过 R_3 的电流 I_3，并和图2—82（b）中测得的 I_3 比较分析两次测量结果。

　　（2）戴维南等效电路参数理论值的计算：根据图2—82给出的电路计算有源二端网络的开路电压 U_{OC}、短路电流 I_{SC} 及等效电阻 R_O，并记入表2—2中。

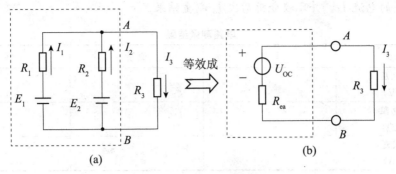

图 2—82　验证戴维南定理原理图

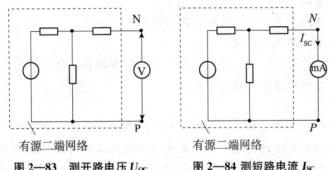

图 2—83　测开路电压 U_{OC}　　　　图 2—84 测短路电流 I_{SC}

　　①开路电压 U_{OC} 可以采用电压表直接测量，如图 2—83 所示。直接用万用表的电压挡测量电路中有源二端网络端口（$N-P$）的开路电压 U_{OC}，见图 2—83，结果记入表 2—1 中。

　　②等效内阻 R_O 的测量可以采用开路电压、短路电流法。当二端网络内部有源时，测量二端网络的短路电流 I_{SC}，电路连接如图 2—84 所示，计算等效电阻 $R_O=U_{OC}/I_{SC}$，结果记入表 2—1 中。

表 2—1　　　　　　　　　开路电压、短路电流及等效电阻 R_O 的实验记录

被测量	理论计算值	实验测量值
开路电压 U_{OC}（V）		
短路电流 I_{SC}（A）		
等效电阻 $R_O=U_{OC}/I_{SC}$（Ω）		

三、实验设备

（1）直流数字电压表、直流数字毫安表。

（2）恒压源（含+6V，+12V，0～30V 可调）。

（3）电阻 $R_1=R_2=R_3=1\mathrm{K}\Omega$。

四、实验内容与步骤

（1）按图 2—78（a）连接好电路。

（2）经检查无误后测量流过 R_3 的电流 I_3。

（3）将 R_3 开路，测 A、B 端开路电压 U_{OC}。

（4）实验分析或者计算等效的内阻 R_{eq}。

（5）根据开路电压 U_{OC} 和等效的内阻 R_{eq}，再将电路接成如图 2—78（b）所示的形式，

测量流过 R_3 的电流 I_3，并比较分析两次 I_3 测量结果。

表 2—2   电路测量结果

被测量	计算	测量	误差
开路电压 U_{OC} (V)			
等效电阻 R_{eq} (kΩ)			
测电流过 I_3 (mA)			

五、实验注意事项

（1）用电流插头测量各支路电流时，应注意仪表的极性。

（2）注意仪表量程的及时更换。

（3）去掉电压源作用时，只能将电压源先从电路中取出，然后再用电线短路，而不能直接将电源短路，这样会造成将电源短路。

六、需回答问题

（1）你是如何通过电流表的串入，测试并理解参考方向这一概念的？

（2）在验证戴维南定理的实验中，如果线性二端网络的内阻和你所用的万用电表内阻接近，还能用实验原理中讲述的方法测量 R_{eq} 吗？又应该如何得到 R_{eq} 的测量值？

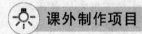 课外制作项目

惠斯通电桥的制作

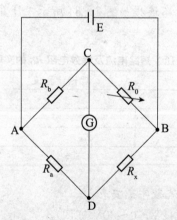

图 2—85   惠斯通电桥原理

一、制作目的

利用惠斯通电桥平衡测量中值电阻（10～100kΩ）。

二、电路原理

如图 2—85 所示，一个通用的惠斯通电桥。电阻 R_a，R_b，R_0，R_x 叫做电桥的四个臂，G 为检流计，用以检查它所在的支路有无电流。当 G 无电流通过时，称电桥达到平衡。平衡时，四个臂的阻值满足一个简单的关系，$R_a * R_0 = R_b * R_x$，这时检流计所在支路电流

为零，由于三个阻值已知，便可求得第四个电阻。

三、制作器材

E 采用直流稳压电源，R_a、R_b、R_x 均采用 0.1 级高精度电阻，R_x 可以采用的滑动变阻器或者电阻箱，R_x 为待测电阻，G 为高精度检流计，通常采用微安表头（量限 $200\mu A$，内阻 700Ω 左右）代替。

四、制作过程

先用 EWB 软件进行仿真，再按照 2—85 图示电路在万能板上焊接好电路。

五、测量步骤

（1）把电阻丝上的滑动触点固定在中间位置。估计电阻平衡时的大致数值，并把电阻箱调至估计值。

（2）接通电源后再接通检流计，判断是否平衡，若不平衡，微调 R_x 的电阻值直到电桥平衡（注意检流计用时必须校准零）。记录，断开电源。

（3）再把待测电阻和电阻箱互易接好，重复测量一次。

（4）两次或者多次测量的平均值为被测电阻的测量结果。

习题 2

2.1 填空题

（1）能用电阻的串并联和欧姆定律可以求解的电路统称为_____电路，若用上述方法不能直接求解的电路，则称为_____电路。

（2）在多个电源共同作用的_____电路中，任一支路的响应均可看成是由各个激励单独作用下在该支路上所产生的响应的_____，称为叠加定理。

（3）具有两个引出端钮的电路称为_____网络，其内部含有电源称为_____网络，内部不包含电源的称为_____网络。

（4）对于具有 n 个结点，b 个支路的电路，可列出_____个独立的 KCL 方程，可列出_____个独立的 KVL 方程。

（5）如图 2—86 所示，电路 ab 端口的等效电阻为_____。

（6）如图 2—87 所示，电路中，电压 u 是_____ V；电流 i 是_____ A。

（7）如图 2—88 所示，电路中，$U_{ab}=$_____ V。

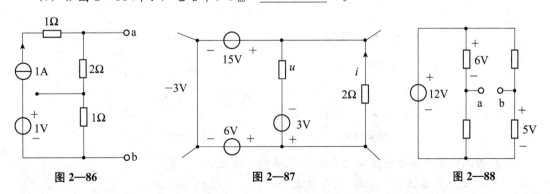

图 2—86   图 2—87   图 2—88

（8）两个电路的等效是指对外部而言，即保证端口的_____关系相同。

（9）诺顿定理指出：一个含有独立源、受控源和电阻的一端口，对外电路来说，可以用一个电流源和一个电导的并联组合进行等效变换，电流源的电流等于一端口的_____电流，电导等于该一端口全部_____置零后的输入电导。

(10) 戴维南定理说明一个线性有源二端网络可等效为_____（开路电压、短路电流）和内阻_____（串联、并联）连接来表示。

(11) 电阻均为9Ω的△电阻网络，若等效为Y型网络，则各电阻的阻值为_____Ω。

(12) 具有两个引出端口的电路称为_____网络，其内部含有电源称为_____网络，内部不包含电源的称为_____网络。

2.2 选择题

(1) 叠加定理只适用于（   ）。

　　a. 交流电路；　　　　b. 直流电路；　　　　c. 线性电路。

(2) 电路中，三个或三个以上的支路相交的点称为（   ）。

　　a. 结点；　　　　b. 结点；　　　　c. 接点；　　　　d. 参考点。

(3) 如图2—89所示，中等效电阻R_{ab}为（   ）。

　　a. 3.5Ω；　　　　b. 4Ω；　　　　c. 2.5Ω；　　　　d. 3Ω。

(4) 如图2—90所示，电路电流I等于（   ）。

　　a. −4 A；　　　　b. 0 A；　　　　c. 4 A；　　　　d. 8A。

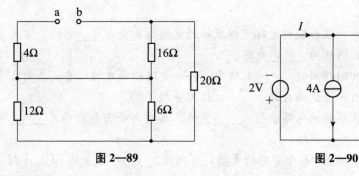
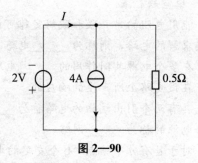

图2—89　　　　　　　　　　　　　　　图2—90

(5) 如图2—91所示，电路中，a、b间的等效电阻R_{ab}为（   ）Ω。

　　a. 9；　　　　b. 4.5；　　　　c. 18；　　　　d. 4。

(6) 如图2—92所示，电路中，开路电压U_{ab}为（   ）V。

　　a. 6；　　　　b. 3；　　　　c. 0；　　　　d. −6。

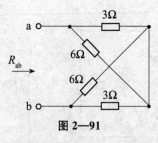
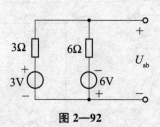

图2—91　　　　　　　　　　　　　　　图2—92

(7) 必须设立电路参考点后才能求解电路的方法是（   ）。

　　a. 支路电流法；　　b. 网孔电流法；　　c. 结点电压法。

2.3 判断题：对的在"（）"中画"√"，错的画"×"。

(1) 用支路电流法分析电路，N条支路也可以列出N个回路电压方程，即可以求出

待求量。（　　）

（2）叠加定理只适合于直流电路的分析。（　　）

（3）网孔电流法只要求出网孔电流，电路最终求解的量就算解出来了。（　　）

（4）网孔电流是为了减少方程式数目而人为假想的绕网孔流动的电流。（　　）

（5）线性电路的电流、电压和功率都可以采用叠加的方法求解。（　　）

（6）叠加定理中要化为几个单电源电路来进行计算时，所谓电压源不作用，就是该电压源处用短路代替；电流源不作用，就是该电流源处用开路代替。（　　）

（7）通常电灯接通的越多，总负载电阻越小。（　　）

（8）结点分析法的互电导符号恒取负。（　　）

（9）网孔是回路，回路不一定是网孔。（　　）

（10）直流电桥可以用来较精确测量直流电阻。（　　）

（11）电路等效变换时，如果一条支路电流为零，则可按短路处理。（　　）

（12）受控源在电路分析中的作用，与独立源完全相同。（　　）

（13）网孔电流是为了减少方程式数目而人为假想的绕网孔流动的电流。（　　）

2.4　如图 2—93 所示电路中，$E=6\text{V}$，$R_1=6\Omega$，$R_2=3\Omega$，$R_3=4\Omega$，$R_4=3\Omega$，$R_5=1\Omega$，试求 I_3 和 I_4。

2.5　有一无源网络如图 2—94 所示，通过实验测得，当 U 是 10V 时，I 是 2A，并已知该网络由四个 3Ω 电阻构成，试问这四个电阻是如何连接的？

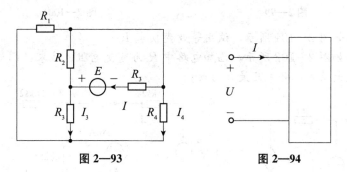

图 2—93　　　　　　　　　　图 2—94

2.6　如图 2—95 所示，$R_1=R_2=R_3=R_4=300\Omega$，$R_5=600\Omega$，试求开关 S 断开和闭合时 a、b 之间的等效电阻。

2.7　如图 2—96 所示电路中，R_{P1} 和 R_{P2} 是同轴电缆，试问当滑动触点 a、b 滑到最左端、最右端和中间位置时，输出电压 U_{ab} 各为多少？

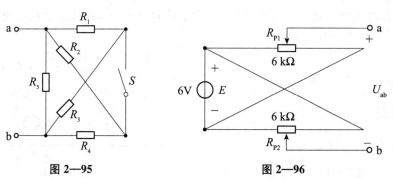

图 2—95　　　　　　　　　　图 2—96

2.8 试用支路电流法和结点电压法求图 2—97 中各支路电流。

2.9 列出图 2—98 所示电路的网孔电流法方程。

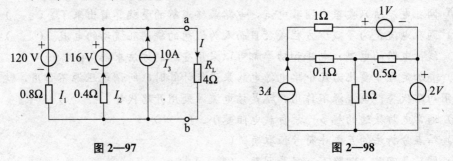

图 2—97   图 2—98

2.10 如图 2—99 所示，试用支路电流法、叠加原理和戴维南定理求理想电流源的端电压 U。

2.11 如图 2—100 所示，求电路中的电压 U_2。

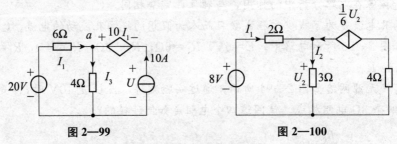

图 2—99   图 2—100

2.12 电路如图 2—101 所示，试用等效变换求 I。

2.13 电路如图 2—102 所示，已知电路中 R 为可变电阻。试求：调节 R 为多少时可从电路中获得最大功率，并求此最大功率。

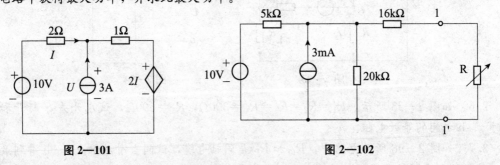

图 2—101   图 2—102

2.14 求解如图 2—103 所示电路的戴维南等效电路。

2.15 应用戴维南定理计算图 2—104 所示的电路中 R_L 支路上流过的电流 I_L 大小。并计算在 9V 电压源中的电流。

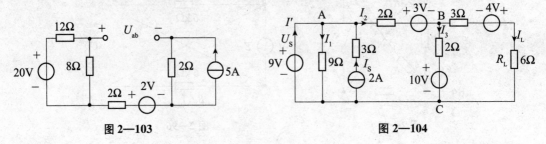

图 2—103   图 2—104

2.16 试求如图 2—105 所示，电路中各支路电流。

2.17 如图 2—106 所示，用叠加定理求下图各支路电流和各元件两端的电压。

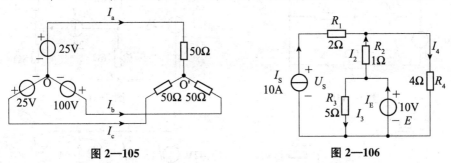

图 2—105   图 2—106

2.18 如图 2—107 所示，(1) 当开关 S 合在 a 点时，求电流 I_1、I_2、I_3；(2) 当开关合在点 b 时，利用 (1) 的结果，用叠加定理，求电流 I_1、I_2、I_3。

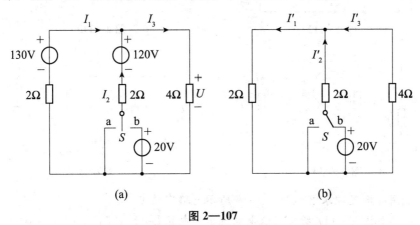

(a)   (b)

图 2—107

2.19 试用戴维南定理求如图 2—108 所示电路中 1Ω 电阻中的电流 I。

2.20 试用戴维南定理求如图 2—109 中 2Ω 电阻中的电流 I。

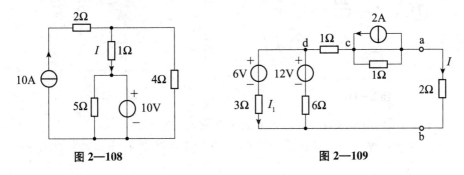

图 2—108   图 2—109

2.21 试用戴维南定理求如图 2—110 电路中的电流 I。

2.22 试用戴维南定理和诺顿定理求如图 2—111 中电阻 R_L 上的电流 I_L。

2.23 电路如图 2—112 所示，试求电压 U?

2.24 试用支路电流法求如图 2—113 所示电路中各支路电流。

2.25 试用支路电流法和结点电压法求如图 2—114 所示电路中各支路电流。

2.26 如图 2—115 所示电路，已知 $U=3V$，求电阻 R 是多少？

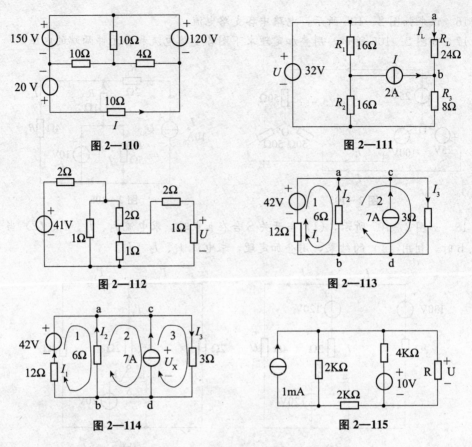

图 2—110

图 2—111

图 2—112

图 2—113

图 2—114

图 2—115

2.27 试用叠加定理求解如图 2—116 所示电路中的电流 I。

2.28 电路如图 2—117 所示,试求电流 I 和电压 U。

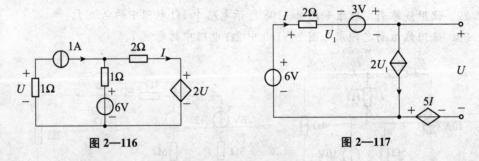

图 2—116

图 2—117

2.29 电路如图 2—118 所示,试求等效电路 R_{ab}。

2.30 试用 △—Y 等效变换法求如图 2—119 所示电路中 a、b 端的等效电阻。

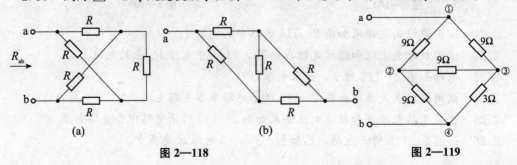

(a)

(b)

图 2—118

图 2—119

2.31 如图 2—120 所示，试用网孔电流法求 5Ω 电阻中的电流 i。

2.32 如图 2—121 所示，试用网孔电流法求电流 I。

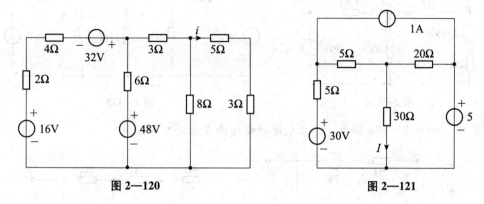

图 2—120   图 2—121

2.33 如图 2—122 所示，列出电路中的结点电压方程。

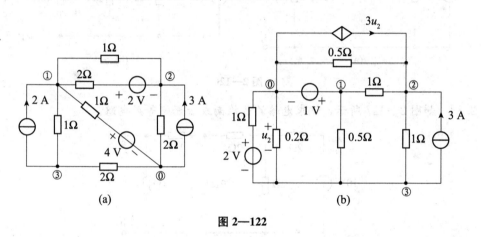

(a)   (b)

图 2—122

2.34 如图 2—123（a）和（b）所示，用结点电压法求出图中各支路电流方程。

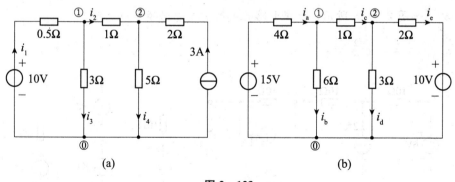

(a)   (b)

图 2—123

2.35 如图 2—124 所示，用叠加定理求电路中电压 U。

2.36 如图 2—125 所示，试用叠加定理求电路中电流 I。

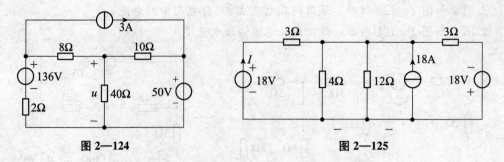

图2—124

图2—125

2.37 如图2—126所示，试求电路的戴维南或者诺顿等效电路。

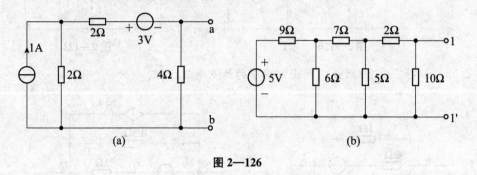

(a)

(b)

图2—126

2.38 如图2—127所示，试求电路的戴维南或者诺顿等效电路。

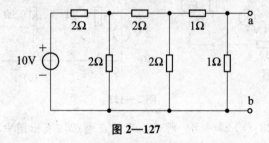

图2—127

2.39 如图2—128所示，试求电路的戴维南或者诺顿等效电路。

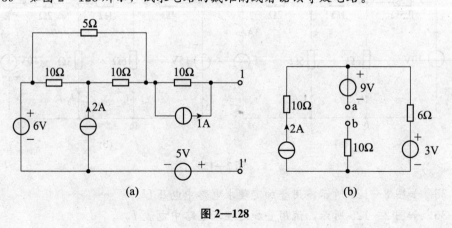

(a)

(b)

图2—128

第 3 章　交流电路的分析

> **内容提要：** 本章介绍交流电路的基本概念，正弦交流电路的相量分析法，三相交流电路的计算及非正弦周期电路的基本分析方法。
>
> **重点：** 正弦量的基本概念，正弦量的相量分析法。相量分析法是分析正弦交流电路的基石，应熟练掌握和运用，为学习后续课程打下坚实的基础。
>
> **难点：** 正弦量的相量表示法的理解，利用相量图法分析计算正弦交流电路，对称三相正弦量初相位角的确定，非正弦周期电路的计算。

3.1　正弦交流电的基本概念

3.1.1　正弦交流电路的概念

正弦交流电路是指电路的各个激励源以及电路中各处的电压或者电流均为同一频率的正弦量的电路，是交流电路的一种最基本形式，电路中电压（或者电流）的**大小**和**方向**随时间作**正弦周期性变化**。

正弦交流电路在能量传输和信号传递上的应用十分广泛。例如，我国在发电、输电、供电和配电的电力系统中，全部使用 50Hz 的正弦交流电源，在稳定运行时，可以应用正弦交流电路构成它们的电路模型，并用正弦交流电路的理论进行分析。

计算正弦交流电路最常用的方法是**相量分析法**。运用这一方法，可以将三角函数形式的电路方程或者方程组变换成相应的复数形式，简化求解的工作，或者借助相量图对电路进行快捷分析。

在讲述正弦交流电路时，我们经常会提到正弦量。随时间按正弦函数规律变化的物理量如电压、电流和电动势等，统称为**正弦量**。正弦量在任一瞬间的数值叫做**瞬时值**，用小写字母表示，如 e，u，i 分别表示电动势、电压和电流的瞬时值。正弦交流电可以用正弦函数表达式来表示，叫做交流电的瞬时值表达式或解析式。

3.1.2 正弦量的三要素

交流电和直流电的区别在于直流电的大小和方向都是固定的，不随时间变化而变化，而交流电的大小和方向都随时间做周期性的变化，如图 3—1 所示，一个正弦电流 i 随着时间变化的曲线图，式（3.1）和式（3.2）分别是正弦交流电压和电流的瞬时值表达式。

$$u = U_m \sin(\omega t + \varphi_u) \tag{3.1}$$

$$i = I_m \sin(\omega t + \varphi_i) \tag{3.2}$$

其中 U_m、I_m 称为正弦量的最大值或幅值；ω 称为角频率；φ_u、φ_i 称为初相位。如果已知幅值，角频率和初相位，则上述正弦量就能唯一地确定，所以称它们为**正弦量的三要素**。

下面以交流电流为例，分别对正弦量三要素及相关量进行讨论。

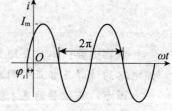

图 3—1 正弦交流电波形图

1. 最大值和有效值

最大值：正弦量在变化过程中所能达到的**最大值**，又称幅值，用 I_m 表示。在波形图上，**最大值位于正弦波的波峰顶端**。

有效值：一个正弦电流 i 和一个直流电流 I 分别通过相同电阻 R，在同一时间 T 内产生的热量相等时，我们称这时的正弦量的电流 i 的有效值和直流电流 I 相等，直流电流为交流电流的有效值。

分别用大写字母 U、I 表示，即 I 称为 i 的有效值，则电流 i 在周期 T 内通过电阻 R 产生的热量为：

$$\int_0^T i^2 R dt = I^2 R T$$

则有：

$$I = \sqrt{\frac{I}{T} \int_0^T i^2 R dt} \tag{3.4}$$

将式（3.2）带入（3.4）式，可以得到：

$$I = \frac{\sqrt{2}}{2} I_m \tag{3.5}$$

即**正弦电流的有效值为其最大值的 $\frac{\sqrt{2}}{2}$ 倍**。

在交流电的测量中通常以有效值为标准，例如，使用万用表的交流电压挡测量市电电压时得到的就是其有效值。如图 3—2 所示，几种交流电压和电流测量仪器，它们所测的均为有效值。我国的市电采用 220V 有效值的正弦交流电，部分国家采用 110V、230V 等有效值的市电，所以我们在国外旅行时通常需要了解该国的市电标准，采取相应的应对措施。对于电气设备的绝缘耐压、器件的击穿电压等指标，则往往是指相应交流电的最大值。

图 3—2　几种交流电压电流测量仪表

另外，**峰—峰值**在描述交流信号时，对于正弦量通常是指正弦量的最大值与最小值（最小值位于正弦波的波谷底端）之差，即为最大值的两倍。

2. 角频率、频率和周期

角频率：角频率用 ω 表示，反映正弦量变化的快慢，与周期有关。在正弦量变化过程中，一个周期代表角度变化了 2π，所以角频率 $\omega = 2\pi/T$。角频率的单位是弧度/秒（rad/s）。

周期：正弦量是周期量，完整变化一次（即一周）所需的时间称为周期，用 T 表示，国际单位为秒（s）。在实际计算中，周期也经常使用毫秒（ms）等作为单位。

频率：正弦量在一秒内重复的次数称为频率，用 f 表示，单位为赫兹（Hz）。

我国电力工业的标准频率为 50Hz，称为工频，周期为 0.02s，和世界上大多数国家的相同，少部分国家的工频为 60Hz。声音信号的频率范围为 20Hz～20kHz，中波广播频段为 535 kHz ～1 605kHz，调频广播和电视广播的频率通常以 MHz 计。

频率与周期互为倒数关系，即 $f = 1/T$。

根据上述定义，三者之间有如下关系：

$$\omega = 2\pi/T = 2\pi f \tag{3.6}$$

3. 相位、初相位和相位差

相位：正弦量的表达式 $i = I_\text{m}\sin(\omega t + \varphi_\text{i})$ 中，$(\omega t + \varphi_\text{i})$ 称为正弦量的相位（角）。在交流电中，相位是随时间不断变化的。

初相位：当 $t = 0$ 时，$(\omega t + \varphi_\text{i}) = \varphi_\text{i}$，称初相位，即 φ_i 是 $t = 0$ 时的相位角。通常规定初相位的绝对值不超过 π。

相位差：同频率的两个正弦量的相位之差称为相位差，为其初相位之差。如：

$$u = U_\text{m}\sin(\omega t + \varphi_\text{u})$$
$$i = I_\text{m}\sin(\omega t + \varphi_\text{i})$$

则 u 和 i 的相位差为

$$\varphi = (\omega t + \varphi_\text{u}) - (\omega t + \varphi_\text{i}) = \varphi_\text{u} - \varphi_\text{i} \tag{3.7}$$

同样，通常规定相位差的绝对值不超过 π。

根据相位差的大小，有下面几种特殊情况：

（1）当 $\varphi = 0$ 时，称 u 与 i 同相，波形如图 3—3（a）所示。

（2）当 $\varphi > 0$ 时，称 u 在相位上比 i 超前 φ 角，或称 i 比 u 滞后 φ 角，波形如图 3—3

（b）所示。

（3）当 $\varphi = 90°$ 或者 $\varphi = -90°$ 时，称 u 与 i 正交，波形如图 3—3（c）所示。

（4）当 $\varphi = 180°$ 或者 $\varphi = -180°$ 时，称 u 与 i 反相，波形如图 3—3（d）所示。

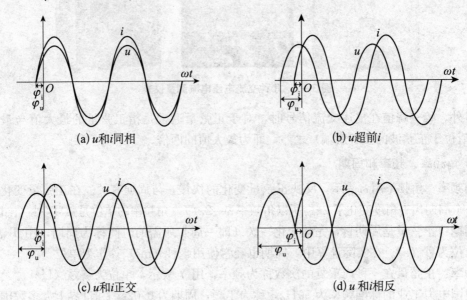

(a) u 和 i 同相   (b) u 超前 i

(c) u 和 i 正交   (d) u 和 i 相反

图 3—3　两个同频率的正弦交流电之间的相位差

例 3.1　已知正弦量的解析式为 $i = 10\sin(628t + 270°)\text{A}$，试求正弦量的最大值、有效值、频率、周期、角频率、初相位以及当 $t = 0.05\text{s}$ 时的瞬时值。

解

$$i = 10\sin(628t + 270°) = 10\sin(628t - 90°)\text{A}$$

$$I_\text{m} = 10\text{A}, \quad I = I_\text{m}/\sqrt{2} = 10/\sqrt{2} = 7.07\text{A}$$

$$\omega = 628\text{rad/s}, \quad \varphi_\text{i} = -90°$$

$$f = \omega/2\pi = 628/2\pi = 100\text{Hz}$$

$$T = 1/f = 0.01\text{s} = 10\text{ms}$$

所以最大值为 10A，有效值为 7.07A，频率为 100Hz，周期为 10ms，角频率为 628rad/s。

将 $t = 0.05\text{s}$ 代入 $i = 10\sin(628t - 90°)\text{A}$ 得：

$$i = 10\sin(628 \times 0.05 - 90°)\text{A} = -10\text{A}$$

即 $t = 0.05\text{s}$ 时的瞬时值为 -10A。

例 3.2　已知两个正弦量 $i_1 = 10\sin(\omega t + 150°)\text{A}$ 和 $i_2 = 5\sin(\omega t - 150°)\text{A}$，试哪个超前？超前多少度？并画出波形图。

解　i_1 和 i_2 的初相位之差为 $= 150° - (-150°) = 300°$，相位差为 $300° - 360° = -60°$，即实际为 i_2 超前 i_1 60°。波形如图 3—4 所示。

例 3.3　有一频率为 50Hz 的正弦电压 u，波形如图 3—5 所示，试写出其解析式。

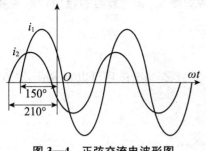

图 3—4 正弦交流电波形图

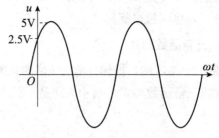

图 3—5 正弦交流电波形图

解 由图 3—4 可知，$U_m = 5V$ $f = 50Hz$

$$\omega = 2\pi f = 2\pi \times 50 = 314 rad/s$$

假设初相位为 φ_u，则解析式：

$$u = 5\sin(314t + \varphi_u)V$$

由图 3—4 可知，当 $t = 0$ 时，$u = 2.5$，即 $2.5 = 5\sin\varphi_u$

则 $\sin\varphi_u = 0.5$，$\varphi_u = 30°$

故 $u = 5\sin(314t + 30°)V$

➡ 思考与练习题

3.1.1 我国单相市电的解析式如何表示？

3.1.2 同一电阻分别接到最大值为 15V 的交流电和 10V 的直流电，同样的时间内哪种发热量大？

3.1.3 有效值为 220V 的交流电和 220V 的直流电接上同一电阻后，电阻上的发热效果是否相同？

3.2 正弦量的相量表示法

3.2.1 复数的表示形式及运算

复数是指能写成 $a + jb$ 形式的数，这里 a 和 b 均为实数，分别为复数的实部和虚部，j 是虚数单位（$j = \sqrt{-1}$）。当 $b = 0$ 时此复数即为实数，当 $a = 0$ 时此复数为虚数，因此实数只是复数的一部分。复数有多种形式的表示方法，如代数形式、相量形式、三角函数形式和指数形式等。

1. 代数形式

复数 $Z = a + jb$，这样的表示形式称为复数的代数形式。

2. 向量形式

复数 $Z = a + jb$ 与坐标平面上的点有着一一对应的关系，因此在复平面上，复数与从原点指向点的向量也构成一一对应关系，这样我们就可以用复平面上从原点出发的向量来

表示复数，即复数 $Z = |Z| \angle \varphi$，其中 $|Z|$ 为**复数的模长**，φ 为**复数的幅角**，称为复数的**向量形式**，也叫**极坐标形式**。

3. 三角函数形式

如图 3—6 所示，根据直角三角形的几何关系，复数 $Z = a + jb$ 还可以表示成 $Z = r\cos\varphi + jr\sin\varphi$ 的三角函数形式，其中 r 即是 $|Z|$。

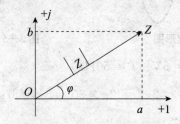

图 3—6 复数的相量表示图

根据直角三角形的几何关系，复数三种表示形式有如下联系：

$$|Z| = \sqrt{a^2 + b^2} \tag{3.8}$$

$$\tan\varphi = \frac{b}{a} \tag{3.9}$$

$$a = |Z|\cos\varphi \tag{3.10}$$

$$b = |Z|\sin\varphi \tag{3.11}$$

根据上述四个式子，可以将复数在三种表示形式之间进行转换。

例 3.4 写出下列复数的代数形式：（1）$18\angle 30°$。（2）$-8\angle 180°$。（3）$18\angle -45°$。（4）$-40\angle -30°$。（5）$18\angle 90°$。

解 （1）$18\angle 30° = 18\cos 30° + j18\sin 30° = 15.59 + j9$

（2）$-8\angle 180° = -(8\cos 180° + j18\sin 180°) = 8$

（3）$18\angle -45° = 18\cos(-45°) + j18\sin(-45°) = 12.73 - j12.73$

（4）$-40\angle -30° = -4\cos(-30°) - j4\sin(-30°) = -3.46 + j2$

（5）$18\angle 90° = 18\cos 90° + j18\sin 90° = j18$

例 3.5 写出下列复数的极坐标形式：（1）$5 + j5$。（2）$2 - j2$。（3）$-5 + j5$。（4）$-15 - j20$。（5）$j5$。（6）-10。

解 （1）$5 + j5 = \sqrt{5^2 + 5^2} \angle ac\tan\dfrac{5}{5} = 5\sqrt{2}\angle 45°$

（2）$2 - j2 = \sqrt{2^2 + 2^2} \angle ac\tan\dfrac{-2}{2} = 2\sqrt{2}\angle -45°$

（3）$-5 + j5 = \sqrt{5^2 + 5^2} \angle ac\tan\dfrac{5}{-5} = 5\sqrt{2}\angle(-45° + 180) = 5\sqrt{2}\angle 135°$

（4）$-15 - j20 = \sqrt{15^2 + 20^2} \angle ac\tan\dfrac{-20}{-15} = 25\angle(53.13° - 180) = 25\angle -126.87°$

（5）$j5 = 5\angle 90°$

(6) $-10 = 10\angle 180°$

4. 复数的运算

当代数形式的复数进行加减运算时，实部和虚部分别进行加减运算。当极坐标形式的复数进行乘除运算时，模长进行相应的乘除运算，幅角进行相应的加减运算。为了将两个复数进行加减乘除运算，可以对复数的表示形式进行适当的转换以方便运算。

例3.6 已知复数 $A = 53 + j25$，$B = 22 - j33$，分别求 $A+B$，AB，A/B。

解 $A + B = 53 + j25 + 22 - j33 = 75 - j8$

$AB = (53 + j25)(22 - j33) = 58.6\angle 25.25° \times 39.66\angle -56.31° = 2324.08\angle -31.06°$

$A/B = (53 + j25)/(22 - j33) = \dfrac{58.6\angle 25.25°}{39.66\angle -56.31°} = 1.48\angle 81.56°$

3.2.2 正弦量的相量表示法

当正弦量的三要素确定后，正弦量就可以用类似 $i = I_m \sin(\omega t + \varphi_i)$ 的形式表示，同时也可以画出其波形。在对正弦量进行分析时，为了分析和计算的方便，我们经常用复数来简单表示此正弦量，通常称为相量。由于交流电中电压和电流均为同一频率，所以在实际表示时常常忽略掉三要素中的角频率，所以对于 $i = I_m \sin(\omega t + \varphi_i)$ 对应的最大值相量为：

$$\dot{I}_m = I_m\angle \varphi_i \tag{3.12}$$

习惯上我们通常使用有效值相量，即 $i = I_m \sin(\omega t + \varphi_i)$ 对应的有效值相量为：

$$\dot{I} = I\angle \varphi_i \tag{3.13}$$

显然，**正弦量的解析式和相量之间有着对应关系，但是不能划等号**，在之后的计算中，我们经常会在它们之间进行转换。只有同频率正弦量的相量才可以互相进行运算，其相量图画在同一个复平面上才具有意义。将相量画在同一个复平面上，我们称之为相量图，相量图记录了所有相量的相位关系等。

例3.7 已知正弦交流电压 u 和电流 i 分别为：

$$u = 311\sin(\omega t + 60°)\text{V}$$
$$i = 10\sin(\omega t - 30°)\text{A}$$

写出对应的相量并画出相量图。

解 u 对应的相量为：$\dot{U} = \dfrac{311}{\sqrt{2}}\angle 60° = 220\angle 60°\text{V}$

i 对应的相量为：$\dot{I} = \dfrac{10}{\sqrt{2}}\angle -30° = 5\sqrt{2}\angle -30°\text{A}$

相量图如图 3—7 所示。

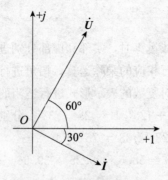

图 3—7　复数的相量表示图

例 3.8　写出下列相量对应的正弦量的解析式：

$$\dot{U} = 220\angle 10°\text{V}, f = 50\text{Hz}$$

$$\dot{I} = 10\angle -135°\text{A}, f = 60\text{kHz}$$

解　　　　$f = 50\text{Hz}$ 时 $\omega = 2\pi \times 50 = 314\text{rad/s}$

　　　　　　$f = 60\text{Hz}$ 时 $\omega = 2\pi \times 60 = 377\text{rad/s}$

对应的正弦量解析式为：

$$u = 220\sqrt{2}\sin(314t + 10°)\text{V}$$

$$i = 10\sqrt{2}\sin(377t - 135°)\text{A}$$

例 3.9　已知两个交流电流解析式如下，试利用相量计算 $i_1 + i_2$ 和 $i_1 - i_2$。

$$i_1 = 15\sin(\omega t + 15°)\text{A}$$

$$i_2 = 10\sin(\omega t - 45°)\text{A}$$

解　　　$\dot{I}_1 = \dfrac{15}{\sqrt{2}}\angle 15° = 10.25 + j2.75, \dot{I}_2 = \dfrac{10}{\sqrt{2}}\angle -45° = 5 - j5$

则 $\dot{I}_1 + \dot{I}_2 = 10.25 + j2.75 + 5 - j5 = 15.25 - j2.25 = 15.42\angle -8.39°\text{A}$

　　$\dot{I}_1 - \dot{I}_2 = 10.25 + j2.75 - 5 + j5 = 5.25 + j7.75 = 9.36\angle 55.89°\text{A}$

即 $i_1 + i_2 = 15.42\sqrt{2}\sin(\omega t - 8.39°) = 21.81\sin(\omega t - 8.39°)\text{A}$

　　$i_1 - i_2 = 9.36\sqrt{2}\sin(\omega t + 55.89°) = 13.24\sin(\omega t + 55.89°)\text{A}$

🔵 思考与练习题

3.2.1　相量在分析交流电路中有什么作用？

3.2.2　不同频率的正弦量的相量是否可以画在同一相量图中？

3.2.3　例 3.9 中如不使用相量，是否也能用三角函数求出？

3.3　单一理想元件正弦交流电路的分析

在正弦交流电路中，比较常用的有电阻、电感和电容三种元件，本节学习这三种基本元件的基本规律，为后续多个元件的组合电路的学习打下基础。

3.3.1　理想电阻元件的交流电路

如图 3—8 所示，纯电阻的交流电路及标准电阻实物图，其电压和电流瞬时值与直流电路一样符合欧姆定律。

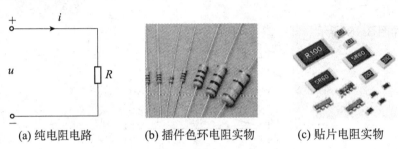

(a) 纯电阻电路　　　　(b) 插件色环电阻实物　　　　(c) 贴片电阻实物

图 3--8　纯电阻电路和标准电阻实物图

在关联参考方向下，其**电压和电流关系**如下：

设：$u = U_m\sin(\omega t + \varphi)$，则

$$i = \frac{u}{R} = \frac{U_m\sin(\omega t + \varphi)}{R} = \frac{U_m}{R}\sin(\omega t + \varphi) = I_m\sin(\omega t + \varphi)$$

有效值关系：

$$I_m = \frac{U_m}{R}$$

得

$$I = \frac{U}{R} \tag{3.14}$$

相量关系：

$$\dot{U} = U\angle\varphi$$
$$\dot{I} = I\angle\varphi$$
$$\dot{I} = \frac{U}{R} \tag{3.15}$$

显然，电阻上电压电流有效值、电压和电流相量均符合欧姆定律的形式，而且电阻上的电压和电流总是同相位。

有功功率：电阻在一个周期消耗的功率。

$$P = UI = I^2R = \frac{U^2}{R} \tag{3.16}$$

103

例 3.10 已知电阻 $R=10\Omega$，将交流电压 $u=150\sin(3140t+15°)$V 加在电阻其两端，求：(1) 电流 i 和 I 以及 $\dot{I}$。(2) 电阻上消耗的功率。(3) 画出相量图。

解 (1) $i=u/R=\dfrac{150\sin(3140t+15°)}{10}=15\sin(3140t+15°)$A

$$I=15/\sqrt{2}=\frac{15\sqrt{2}}{2}\text{A}$$

$$\dot{I}=\frac{15}{\sqrt{2}}\angle 15°\text{A}$$

(2) 电阻上消耗的功率：$P=I^2R=\left(\dfrac{15\sqrt{2}}{2}\right)^2 10=1\,125$W

(3) $\dot{U}=\dfrac{150}{\sqrt{2}}\angle 15°$V

相量图如图 3—9 所示。

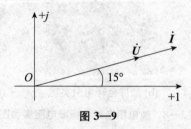

图 3—9

3.3.2 理想电感元件的交流电路

通常直流电阻很小的电感线圈我们按纯电感来考虑，如图 3—10 所示，纯电感电路和几种电感实物图。

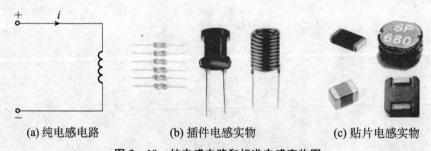

(a) 纯电感电路   (b) 插件电感实物   (c) 贴片电感实物

图 3—10 纯电感电路和标准电感实物图

当电压和电流为关联参考方向时，**电感上的电压和电流关系为：**

$$u=L\frac{\mathrm{d}i}{\mathrm{d}t} \tag{3.17}$$

1. 电压电流的关系

设 $i=I_\mathrm{m}\sin(\omega t+\varphi_\mathrm{i})$，则

$$u = L\frac{\mathrm{d}i}{\mathrm{d}t} = \omega LI_{\mathrm{m}}\cos(\omega t + \varphi_{\mathrm{i}}) = \omega LI_{\mathrm{m}}\sin(\omega t + \varphi_{\mathrm{i}} + \pi/2)$$

而

$$u = U_{\mathrm{m}}\sin(\omega t + \varphi_{\mathrm{u}})$$

所以

$$U_{\mathrm{m}} = I_{\mathrm{m}}\omega L \qquad\qquad (3.18)$$

$$U = I\omega L \qquad\qquad (3.19)$$

且有

$$\varphi_{\mathrm{u}} = \varphi_{\mathrm{i}} + \pi/2 \qquad\qquad (3.20)$$

显然，**电感上的电压比电流超前 π/2**，电压有效值是电流有效值的 ωL 倍，我们把 ωL 也叫感抗，用 X_{L} 表示，即感抗 $X_{\mathrm{L}} = \omega L$ ，所以

电感上电压和电流相量关系为：$\dot{I} = \dfrac{\dot{U}}{j\omega L}$ ，或者说 $\dot{I} = \dfrac{\dot{U}}{jX_{\mathrm{L}}}$ 。

2. 交流电路中的电感元件特点

综上分析可知，交流电路中的电感元件有如下特点：

(1) 电压和电流有效值关系为 $U = I\omega L$ 。

(2) 在关联参考方向下，电压超前电流 90°。

(3) 电路的频率越高，电感的感抗越大，其对交流电流的阻碍作用越大。

3. 功率

(1) 瞬时功率。为方便分析，假设电感上电流的初相位为 0°，则：

$$i = I_{\mathrm{m}}\sin(\omega t)$$
$$u = U_{\mathrm{m}}\sin(\omega t + \pi/2)$$
$$p = ui = U_{\mathrm{m}}\sin(\omega t + \pi/2)\times I_{\mathrm{m}}\sin(\omega t) \qquad (3.21)$$
$$= 2UI\sin(\omega t)\cos(\omega t) = UI\sin(2\omega t)$$

即：

$$p = UI\sin(2\omega t)$$

式 (3.21) 表明，电感上的瞬时功率也是个正弦量，但是角频率为 2ω ，电感在正半周吸收能量，负半周释放其吸收的能量，由于正负半周波形相同，其吸收和放出的能量相等，所以电感并不消耗能量，其上的有功功率为零。

(2) 无功功率。我们把电感上瞬时功率的最大值称为电感的无功功率，用 Q_{L} 表示，所以有：

$$Q_{\mathrm{L}} = UI = \frac{U^2}{\omega L} = I^2\omega L \qquad\qquad (3.22)$$

电感上的无功功率反映了电感与外界之间交换能量的多少，并不是无用的功率。变压器、电动机、互感器等设备之所以能工作，也是因为具有无功功率。无功功率具有功率的

单位，但是为了跟有功功率相区别，我们把无功功率的单位定义为乏（Var）。

例 3.11 已知一电感 $L=10\mathrm{mH}$，将交流电压 $u=311\sin(314t+30°)\mathrm{V}$ 加在其两端，求（1）感抗 X_{L}、电流 i、I 以及 $\dot{I}$ 。（2）电感的无功功率。（3）画出相量图。

解 （1）$X_{\mathrm{L}}=\omega L=314\times10\times10^{-3}=3.14\Omega$

$$I=\frac{U}{X_{\mathrm{L}}}=\frac{311/\sqrt{2}}{3.14}=70\mathrm{A}$$

$$\dot{I}=70\angle(30°-90°)=70\angle-60°\mathrm{A}$$

$$i=70\sqrt{2}\sin(314t-60°)\mathrm{A}$$

（2）$Q_{\mathrm{L}}=UI=\frac{311}{\sqrt{2}}\times70=15\ 393.71\mathrm{Var}$

（3）$\dot{U}=\frac{311}{\sqrt{2}}\angle30°\mathrm{V}$，相量图如图 3—11 所示。

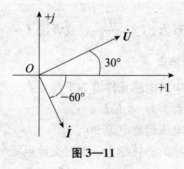

图 3—11

3.3.3 理想电容元件的交流电路

电容器是除了电阻以外用得最多的元件，如图 3—12 所示，纯电容电路和几种电容实物图。

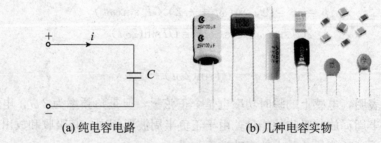

(a) 纯电容电路　　　　　(b) 几种电容实物

图 3—12　纯电容电路和几种电容实物图

在纯电容的正弦交流电路中，当电压和电流为关联参考方向时，**电容上的电压和电流关系为：**

$$i=C\frac{\mathrm{d}u}{\mathrm{d}t} \tag{3.23}$$

1. 电压电流的关系

设 $u = U_m \sin(\omega t + \varphi_u)$，则

$$i = C\frac{\mathrm{d}u}{\mathrm{d}t} = \omega C U_m \cos(\omega t + \varphi_u) = \omega C U_m \sin(\omega t + \varphi_u + \pi/2)$$

而

$$i = I_m \sin(\omega t + \varphi_i)$$

所以

$$I_m = U_m \omega C \tag{3.24}$$

$$I = U\omega C \tag{3.25}$$

$$U = I\frac{1}{\omega C}$$

且有

$$\varphi_i = \varphi_u + \pi/2 \tag{3.26}$$

式（3.26）与（3.25）表明，电容上的电流比电压超前 $\pi/2$，电压有效值是电流有效值的 $\frac{1}{\omega C}$ 倍，我们把 $\frac{1}{\omega C}$ 也叫容抗，用 X_C 表示，即容抗 $X_C = \frac{1}{\omega C}$。所以：

电容上电压和电流相量关系为：$\dot{I} = \dfrac{\dot{U}}{1/j\omega C}$，或者说 $\dot{I} = \dfrac{\dot{U}}{-jX_C}$。

2. 交流电路中的电容元件特点

通过上述分析可知，交流电路中的电容元件有如下特点：

（1）电压和电流有效值关系为 $U = I\dfrac{1}{\omega C}$。

（2）在关联参考方向下，**电流超前电压 90°**。

（3）电路的频率越高，电容的容抗越大，其对交流电流的阻碍作用越小。

3. 功率

（1）瞬时功率。为方便分析，假设电容上电压的初相位为 0°，则

$$u = U_m \sin(\omega t)，i = I_m \sin(\omega t + \pi/2)$$
$$p = ui = U_m \sin(\omega t) \times I_m \sin(\omega t + \pi/2)$$
$$= 2UI\sin(\omega t)\cos(\omega t) = UI\sin 2\omega t$$

即

$$p = UI\sin(2\omega t) \tag{3.27}$$

式（3.27）表明，电容上的瞬时功率也是个正弦量，但是角频率为 2ω，电容在正半周吸收能量，负半周释放其吸收的能量，由于正负半周波形相同，其吸收和放出的能量相

等，所以电同也不消耗能量，其上的有功功率为零。

（2）无功功率。我们把电容上瞬时功率的最大值称为电容的无功功率，用 Q_C 表示，所以有

$$Q_C = UI = U^2 \omega C = I^2 \frac{1}{\omega C} \tag{3.28}$$

电容上的无功功率反映了电容充电和放电时与外界之间交换能量的规模，单位为乏（Var）。

例 3.12 已知一电容 $C = 10\text{uF}$，将交流电压 $u = 22\sqrt{2}\sin(314t - 45°)\text{V}$ 加在其两端，求 （1）容抗 X_C、电流 i、I 以及 $\dot{I}$。（2）电容的无功功率。（3）画出相量图。

解 （1）$X_C = \dfrac{1}{\omega C} = \dfrac{1}{314 \times 10 \times 10^{-6}} = 318.47\Omega$

$$I = \frac{U}{X_C} = \frac{22}{318.47} = 0.067\text{A}$$

$$\dot{I} = 0.067\angle(-45° + 90°) = 0.067\angle 45°\text{A}$$

$$i = 0.067\sqrt{2}\sin(\omega t + 45°) = 0.098\sin(\omega t + 45°)\text{A}$$

（2）$Q_L = UI = 22 \times 0.067 = 1.47\text{Var}$

（3）$\dot{U} = 22\angle -45°\text{V}$，相量图如图 3—13 所示。

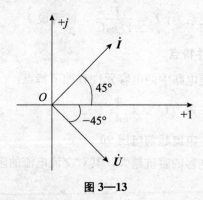

图 3—13

⊙ **思考与练习题**

3.3.1　直流电路中为何电感相当于导线，电容相当于断路？

3.3.2　当频率增加，电容的容抗和电感的感抗分别如何变化？

3.3.3　电容串联和并联后的总容量如何变化？

3.3.4　电感串联和并联后的总电感量如何变化？

3.3.5　电感上的电压和电流的相位关系如何？

3.3.6　电容上的电压和电流的相位关系如何？

3.4　串联正弦交流电路的分析

在正弦量使用相量进行表示后，在直流电路中广泛使用的基尔霍夫定律、欧姆定律等都可以用于正弦交流电路。本节针对电阻 R、电感 L 和电容 C 组成的串联电路进行分析。

3.4.1　电压与电流的关系

如图 3—14 所示，RLC 串联电路，设电路中的电流 $i = I_m\sin\omega t$，则对应的相量为 $\dot{I} = I\angle 0°$，根据欧姆定律，电阻、电感和电容上的电压相量分别为：

$$\dot{U}_R = \dot{I}R$$

$$\dot{U}_L = j\omega L\dot{I}$$

$$\dot{U}_C = -j\dot{I}\,\frac{1}{\omega C}$$

其相量形式的电路图如图 3—15 所示，其 KVL 可表示为：

$$\dot{U} = \dot{U}_R + \dot{U}_L + \dot{U}_C = \dot{I}(R + j\omega L - j\,\frac{1}{\omega C}) = \dot{I}Z \tag{3.29}$$

所以 $Z = R + j\omega L - j\,\dfrac{1}{\omega C} = R + j(X_L - X_C)$，称为**复阻抗**，它为电压和电流相量之比，其实部为电阻 R，虚部为感抗和容抗的差。

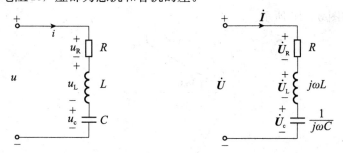

图 3—14　RLC 串联电路　　　　图 3—15　RLC 串联电路的相量形式

由于 $Z = R + j(X_L - X_C)$ 为复数，也可以表示成极坐标形式 $Z = |Z|\angle\varphi$，其中复阻抗的模长 $|Z|$ 又称为**阻抗**，φ 为复阻抗的**幅角**，也称为**阻抗角**，在关联参考方向下，为电压超前电流的角度。

根据 $Z = R + j(X_L - X_C)$，当感抗大于容抗时，虚部为正，电路相当于一个电阻 R 和一个感抗为 $X_L - X_C$ 的电感串联，称为**感性电路**；当容抗大于感抗时，虚部为负，电路相当于一个电阻 R 和一个容抗为 $X_C - X_L$ 的电容串联，称为**容性电路**；当感抗正好和容抗相等时 $Z = R$，称为串联谐振，其很多独特的性质在后续章节中专门讨论。

例 3.13　电路如图 3—16 所示，已知电容 C＝10uF，L＝10mH，R＝10Ω。将交流电压 $u = 22\sqrt{2}\sin(1000t - 45°)$V 加在其两端，求：

(1) 容抗 X_C、感抗 X_L 和电路的复阻抗 Z。

(2) 电流 i、I 以及 $\dot{I}$，以及 R、L 和 C 上的电压。

(3) 画出电压相量图。

解 (1) $X_C = \dfrac{1}{\omega C} = \dfrac{1}{1\,000 \times 10 \times 10^{-6}} = 100\,\Omega$

$$X_L = \omega L = 1\,000 \times 10 \times 10^{-3} = 10\,\Omega$$

$$Z = R - jX_C + jX_L = 10 - j100 + j10 = 10 - j90$$

(2) 由 $u = 22\sqrt{2}\sin(1000t - 45°)\,\mathrm{V}$

得

$$\dot{U} = 22\angle -45°\,\mathrm{V}$$

$$\dot{I} = \frac{\dot{U}}{Z} = \frac{22\angle -45°}{10 - j90} = \frac{22\angle -45°}{90.55\angle -83.67°} = 0.24\angle 38.67°\,\mathrm{A}$$

则

$$I = 0.24\,\mathrm{A}$$

因为 $i = 0.24\sqrt{2}\sin(1\,000t + 38.67°) = 0.34\sin(1\,000t + 38.67°)\,\mathrm{A}$
故 R、L 和 C 上的电压分别为：

$$U_R = I \times R = 0.24 \times 10 = 2.4\,\mathrm{V}$$

$$U_L = I \times X_L = 0.24 \times 10 = 2.4\,\mathrm{V}$$

$$U_C = I \times X_C = 0.24 \times 100 = 24\,\mathrm{V}$$

(3) 相量图如图 3—16 所示。

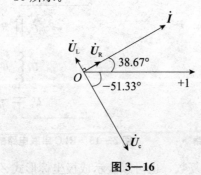

图 3—16

在分析 RLC 串联电路时，明确其上的电流相量相同，电感和电容上的电压相量方向相反，并且均与电阻上的电压相量垂直。如果没有指定参考相量，可以指定电流相量为参考相量以方便计算。

3.4.2 RLC 串联正弦交流电路的功率和功率因数

RLC 串联电路中，电阻为耗能元件，电感和电容均为储能元件，所以电路既有有功功率，又有无功功率。

1. 有功功率

RLC 串联电路中的有功功率就是电阻上消耗的功率，即：

$$P = U_R I$$

$$P = U_R I = UI \frac{R}{|Z|} = UI\cos\varphi \qquad (3.30)$$

公式 $P = UI\cos\varphi$ 为 RLC 串联电路的有功功率公式，它也适用于其他形式的正弦交流电路，具有普遍意义，也就是只要知道电路的阻抗角就可以通过测得的电压和电流计算出有功功率。

2. 无功功率

电路中的电感和电容均为储能元件，它们不消耗能量，但是与外界进行着周期性的能量交换，也就是不断地进行储能和放能。由于电容和电感的复阻抗的幅角相差 $180°$，所以当电感吸收能量时电容释放能量，反之电感释放能量时电容吸收能量，也可以理解成电感和电容先交换一部分能量，差额再与电源进行能量交换。所以 RLC 串联电路和电源进行能量交换的最大值，即**电路的无功功率就是电感和电容无功功率的差值**，即：

$$Q = Q_L - Q_C = U_L I - U_C I = UI \frac{\omega L - \dfrac{1}{\omega C}}{|Z|} = UI\sin\varphi \qquad (3.31)$$

公式 $Q = UI\sin\varphi$ 为 RLC 串联电路的无功功率公式，它也适用于其他形式的正弦交流电路，具有普遍意义 。

3. 视在功率

电路中的总电压有效值和总电流有效值的乘积称为**视在功率**，用符号 S 表示，它的单位为伏安（V.A）。视在功率表示电源提供的总功率，交流设备的容量，如通常所说的电力变压器的容量就是指的视在功率：

$$S = UI \qquad (3.32)$$

4. 功率因数

为了表示电源功率被利用的程度，我们把**有功功率和视在功率的比值称为功率因数**，用 $\cos\varphi$ 表示，则有：

$$\cos\varphi = \frac{P}{S} \qquad (3.33)$$

同时，可以得到下面两个式子：

$$\cos\varphi = \frac{UI\cos\varphi}{UI} = \frac{U\cos\varphi}{U} = \frac{U \dfrac{R}{|Z|}}{U} = \frac{U_R}{U} \qquad (3.34)$$

$$\cos\varphi = \frac{I^2 R}{UI} = \frac{R}{\dfrac{U}{I}} = \frac{R}{|Z|} \qquad (3.35)$$

式（3.34）和（3.35）分别表明，在串联电路中功率因数等于电阻上的电压比总电压，同时功率因数也为电阻和总阻抗之比。上述式子虽然是根据 RLC 串联电路得出的，它也等效适用于其他形式的正弦交流电路。

例 3.14　如图 3—17 所示，已知电压有效值为 50V，求电路的有功功率、无功功率和功率因数。

解　由题意知

$$I = \frac{U}{|Z|} = \frac{50}{|40 + j20 - j50|} = 1A$$

故有功功率 $P = I^2 \times R = 1^2 \times 40 = 40W$

功率因数 $\cos\varphi = \frac{R}{|Z|} = \frac{40}{|40 + j20 - j50|} = \frac{40}{50} = 0.8$

无功功率 $Q = UI\sin\varphi = 50\sqrt{1 - 0.8^2} = 30\text{var}$

例 3.15　如图 3—18 所示，已知电压表读数为 30V，求电流表读数、视在功率、有功功率和功率因数。

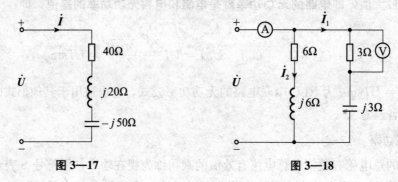

图 3—17　　　　　　　　　　　　图 3—18

解　设 3Ω 电阻上的电压相量为零相量，则

$$\dot{I}_1 = \frac{30}{3}\angle 0° = 10A$$

$$\dot{I}_2 = \frac{\dot{I}_1 \times (3 - j3)}{6 + j6} = \frac{10 \times (3 - j3)}{6 + j6} = -j5A$$

$$\dot{I} = \dot{I}_1 + \dot{I}_2 = (10 - j5)A$$

$$I = \sqrt{10^2 + 5^2} = 11.2A$$

$$U = 10 \times |3 - j3| = 30\sqrt{2}\,V$$

视在功率 $S = UI = 11.2 \times 30\sqrt{2} = 475.18\text{VA}$

有功功率 $P = I_1^2 \times 3 + I_2^2 \times 6 = 10^2 \times 3 + 5^2 \times 6 = 450W$

功率因数 $\cos\varphi = \frac{P}{S} = \frac{450}{475.18} = 0.95$

功率因数的计算方法较多，本题还可以根据计算复阻抗 Z 来得到功率因数，方法如下：

$$Z = (3-j3)//(6+j6) = \frac{6}{5}(3-j) = \frac{18}{5} - j\frac{6}{5}$$

$$\cos\varphi = \frac{\dfrac{18}{5}}{\sqrt{\left(\dfrac{18}{5}\right)^2 + \left(\dfrac{6}{5}\right)^2}} = \frac{3}{\sqrt{10}} = 0.95$$

⟶ 思考与练习题

3.4.1 功率因数有哪些计算公式，它们分别代表什么意义？

3.4.2 无功功率是否是无用的功率？

3.5 复阻抗的串联、并联及混联

复阻抗的串联、并联与混联与直流电路的电阻的串联、并联与混联计算方法相同。

3.5.1 复阻抗的串联

如图 3—19 所示，对于 N 个复阻抗串联而成的电路，其总复阻抗为各个复阻抗之和，即

$$Z = Z_1 + Z_2 + \cdots + Z_N \tag{3.36}$$

这里复阻抗串联分压公式仍然成立，但是均为相量形式，如下：

$$\dot{U}_1 = \dot{U}\frac{Z_1}{Z}$$

$$\dot{U}_2 = \dot{U}\frac{Z_2}{Z}$$

$$\cdots$$

$$\dot{U}_N = \dot{U}\frac{Z_N}{Z}$$

例 3.16   如图 3—20 所示，已知电源电压为 220V，频率为 50Hz，求电路的复阻抗 Z 以及电感上的电压。

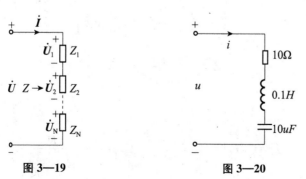

图 3—19   图 3—20

解 由题意知

$$Z = R + j\omega L + \frac{1}{j\omega C}$$

$$= 10 + j2\pi \times 50 \times 0.1 + \frac{1}{j2\pi \times 50 \times 10 \times 10^{-6}}$$

$$= 10 + j31.4159 - j318.3099 = 10 - j286.89$$

$$U_L = |\dot{U}_L| = \left| \dot{U} \times \frac{j\omega L}{Z} \right| = U \times \frac{\omega L}{|Z|} = 220 \times \frac{2\pi \times 50 \times 0.1}{\sqrt{10^2 + 286.89^2}} = 24.08\text{V}$$

3.5.2 复阻抗的并联

如图 3—21 所示，对于 N 个复阻抗并联而成的电路，其总复阻抗的倒数为各个复阻抗的倒数之和，即

$$\frac{1}{Z} = \frac{1}{Z_1} + \frac{1}{Z_2} + \cdots \frac{1}{Z_N} \tag{3.37}$$

当两个复阻抗 Z_1 和 Z_2 并联时，相量形式的并联分流公式如下：

$$\dot{I}_1 = \dot{I} \frac{Z_2}{Z}$$

$$\dot{I}_2 = \dot{I} \frac{Z_1}{Z}$$

例 3.17 如图 3—22 所示，已知电源电流为 10A，求电路的复阻抗 Z 以及电容上的电流。

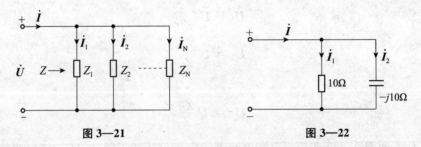

图 3—21   图 3—22

解 由题意知

$$\frac{1}{Z} = \frac{1}{R} + j\omega C = \frac{1}{10} + j\frac{1}{10}$$

$$Z = \frac{1}{\frac{1}{10} + j\frac{1}{10}} = 5 - j5$$

电容上的电流

$$I_2 = |\dot{I}_2| = \left| \dot{I} \times \frac{R}{R + \frac{1}{j\omega C}} \right| = I \frac{R}{\left| R + \frac{1}{j\omega C} \right|}$$

$$= 10 \times \frac{10}{|10 - j10|} = 5\sqrt{2}\,\text{A}$$

3.5.3 复阻抗的混联

复阻抗的混联与电阻的混联类似，不同之处是复阻抗的表示方法为复数，下面以例子来说明。

例 3.18 如图 3—23 所示，已知 $\omega = 1\,000\,\text{rad/s}$，求电路的复阻抗 Z。

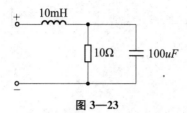

图 3—23

解 电路实际为电阻和电容并联后再跟电感串联，所以：

$$Z = j\omega L + R // \frac{1}{j\omega C}$$

$$= j1\,000 \times 10 \times 10^{-3} + 10 // \frac{1}{j1\,000 \times 100 \times 10^{-6}}$$

$$= j10 + 10 // (-j10)$$

$$= j10 + 5 - j5$$

$$= (5 + j5)\,\Omega$$

3.5.4 相量图求解法

很多正弦交流电路问题的求解使用常规的解析式、波形图、相量表示等可能较为复杂，有时计算也很困难，最关键的是不够直观。利用相量图图解法分析起来较为快捷方便，这样既避免了繁琐易出错的运算、又提高了解题的速度，并可加深对正弦交流电路中的基本概念和规律的理解。

相量图求解法是借助电压和电流的相量图可把各相量的大小及相位关系在复平面上清晰地表达出来，有利于搞清已知量和未知量大小及相位关系，更快更准地进行未知量的计算，通常可以利用平行四边形等几何法则来求解。

例 3.19 电路如图 3—24 所示，已知电压 $U = 20\text{V}$，求电路的总电流 I。

解 由题意知

$$I_1 = 20/10 = 2\text{A}$$
$$I_2 = 20/20 = 1\text{A}$$
$$I_3 = 20/20 = 1\text{A}$$

以电压相量为参考相量，画出各电流相量图，如图 3—25 所示。
可以非常方便地利用几何关系得到：

$$I = 1.414\text{A}$$

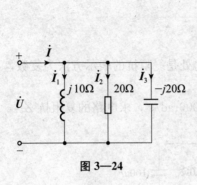

图 3—24

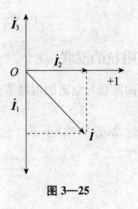

图 3—25

⇒ 思考与练习题

3.5.1 复阻抗串联后总的复阻抗如何计算？

3.5.2 复阻抗并联后总的复阻抗如何计算？

3.5.3 在相量图求解法中为了方便计算应怎样选择参考相量？

3.6 功率因数的提高

3.6.1 提高功率因数的意义

常用电气设备中白炽灯、电阻、电热器等电阻性设备，其功率因数接近于 1，其他如电动机、变压器、电线以及电气仪表的功率因数均小于 1。如交流异步电动机，在空载时的功率因数通常只有 0.2~0.3；在轻载时约为 0.5；在额定负载时大约在 0.7~0.89；不带电容器的日光灯的功率因数为 0.45~0.6。

负载的功率因数低，会引起一些不良后果，主要表现有两个方面：

(1) **供电和用电设备不能被充分利用**。电力系统内的发电机和变压器等设备都有额定电压和额定电流指标，不允许长时间超过指标运行。由于 $P = UI\cos\varphi$，所以在额定电压和电流下，功率因数低将会造成设备有功功率的输出较少。

(2) **电能不能被充分利用**。功率因数低将导致电能损耗增大和供电质量降低，尽管电度表的计量通常并不针对无功功率，但是对输电和配电线路来说，线路上的损耗也属于有功功率。由于线路都有一定的电阻，根据 $P = I^2R$，线路中的损耗只与电流大小的平方成正比，当输送同样大小的功率时，功率因数 $\cos\varphi$ 越低，输电线路中的电流 $I = \dfrac{P}{U\cos\varphi}$ 就越大，线路上的损耗也就越大。另外，当功率因数降低，线路电流增大时，也会造成线路中电压降增大，这将导致线路末端的实际电压降低，可能导致末端用户设备欠压而不能工作。若要满足末端用户电压要求，则线路始端的电压就需要升高，从而会使整个线路的供电质量和效率降低。

从以上两方面来看，提高功率因数是非常必要的，它不但可以提高电力系统和用户设备的利用率，做到在同样发电设备容量下，提高发电和供电能力，而且可以减小电能损耗和提高用电质量和安全性。带有节能性能的电子产品已受到我国政府和组织的推广，一些国家的政府和能源组织也发布相关政策和规范来限定用电设备的功率因数。如美国能源之星就强制要求商业照明产品功率因数大于 0.9，家用的大于 0.7。

3.6.2 提高功率因数的方法

电力系统使用的变压器由线圈和铁芯组成，是感性负载，工业中大量使用的电动机也是由线圈绕制而成，也是感性负载，所以电力系统中负载大部分是感性的。其总电流将滞后总电压一个角度，将一个电容器与感性负载并联，则电容器的电流将抵消掉一部分电感电流，从而使总电流减小，功率因数将得到提高，所以**在感性负载两端并联一定大小的电容器**是提供功率因数的常规方法。下面通过相量图，说明感性负载并联电容器提高功率因数的原理。

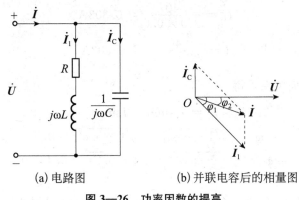

(a) 电路图   (b) 并联电容后的相量图

图 3—26   功率因数的提高

如图 3—26 所示，为了提高感性负载（以电阻 R 和电感 L 串联的形式表示）的功率因数，在感性负载两端并联了一个电容器 C，并联电容前后负载电流 I_1 并不变化，但由于 $\dot{I}_C$ 方向与 $\dot{U}$ 方向垂直，所以并联电容后的总电流比并联前的小了很多，即提高了功率因数。在相量图中也能看到，并联电容后 $\dot{I}$ 与 $\dot{U}$ 的夹角 φ_2 比并联电容前 $\dot{I}_1$ 与 $\dot{U}$ 的夹角 φ_1 小了，也就是 $\cos\varphi_2 > \cos\varphi_1$，也就是功率因数提高了。这里并联前后由于电源电压没有变化，感性负载的工作状态并没有发生任何变化，感性负载的功率因数并没有发生变化，但是感性负载与电容并联的整个装置的功率因数相比之前降低了很多。

图 3—26 中，当电路的 ω、R 和 L 确定后，负载的阻抗角 φ_1 也就确定了，其功率因数 $\cos\varphi_1$ 也确定了，当并联了一个电容 C 后，复阻抗变化为 φ_2。所以电容 C 与有功功率 P、ω、φ_1、φ_2 之间有一定的关系，可以根据相量图的几何关系推导出来，见例 3.20。

例 3.20   有一不带电容器的日光灯的功率为 40W，功率因数为 0.6，工作在单相市电下，若要提高功率因数到 0.9，试求需要并联的电容 C 的大小，以及并联前后电路的总电流。

解   相量图如图 3—27 所示，

$$\cos\varphi_1 = 0.6$$
$$\cos\varphi_2 = 0.9$$
$$P = UI_1\cos\varphi_1 = UI\cos\varphi_2$$

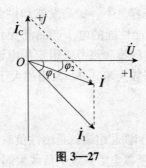

图 3—27

由

$$40 = 220 \times I_1 \times 0.6 = 220 \times I \times 0.9$$

得

$$I_1 = \frac{40}{220 \times 0.6} = 0.303\text{A}$$

$$I = \frac{40}{220 \times 0.9} = 0.202\text{A}$$

根据相量图的几何关系可得：

$$I_C = I_1 \sin\varphi_1 - I\sin\varphi_2$$

$$\sin\varphi_1 = \sqrt{1 - \cos\alpha_1^2} = \sqrt{1 - 0.6^2} = 0.8$$

$$\sin\varphi_2 = \sqrt{1 - \cos\alpha_2^2} = \sqrt{1 - 0.9^2} = 0.435\ 9$$

故

$$I_C = 0.303 \times 0.8 - 0.202 \times 0.435\ 9 = 0.154\ 4\text{A}$$

而

$$I_C = \frac{U}{\dfrac{1}{\omega C}} = U\omega C$$

$$C = \frac{I_C}{U2\pi f} = \frac{0.154\ 4}{220 \times 2 \times 3.14 \times 50} = 2.2\text{uF}$$

思考与练习题

3.6.1 提高功率因数有什么意义？

3.6.2 对于感性负载通常如何提高功率因数？

3.6.3 对于例题 3.20，并联电容 C 有个公式为 $C = \dfrac{P}{U^2\omega}(\tan\varphi_1 - \tan\varphi_2)$，请试着推导它？

3.7 RLC 电路中的谐振

3.7.1 串联谐振

在电阻 R、电感 L 及电容 C 所组成的串联电路内，当容抗 X_C 与感抗 X_L 相等（即 X_C

$=X_{L}$）时，串联电路端口处的电压 u 与电流 i 的相位相同，我们把这种现象叫串联谐振。

1. 串联谐振发生的条件

由串联谐振时，电压 u 与电流 i 的相位相同可知串联谐振发生的条件为网络复阻抗的虚部为 0。串联谐振电路如图 3—28 所示。

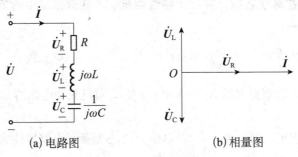

(a) 电路图　　　　　　(b) 相量图

图 3—28　串联谐振电路

串联电路的复阻抗 $Z = R + j\omega L + \dfrac{1}{j\omega C}$ ，令其虚部为 0，则

$$j\omega L + \frac{1}{j\omega C} = 0$$

由上式得出串联谐振发生时的角频率和频率分别为：

$$\omega_0 = \frac{1}{\sqrt{LC}}$$

$$f_0 = \frac{\omega_0}{2\pi} = \frac{1}{2\pi\sqrt{LC}} \tag{3.38}$$

上式中的 f_0 又称为**谐振频率**，可见谐振频率只和电路中的 L 和 C 有关，和电路的外接电压等均无关，又称为电路的固有频率，当 L 和 C 确定后，这一频率就确定了。如改变电源的频率，使得它和固有频率相同，电路就会发生谐振。

例 3.21　某串联电路如图 3—29 所示，电容为可调电容，请问若电源频率为 1MHz 时，是否可以调节 C 来发生谐振？并求电路的谐振频率范围？

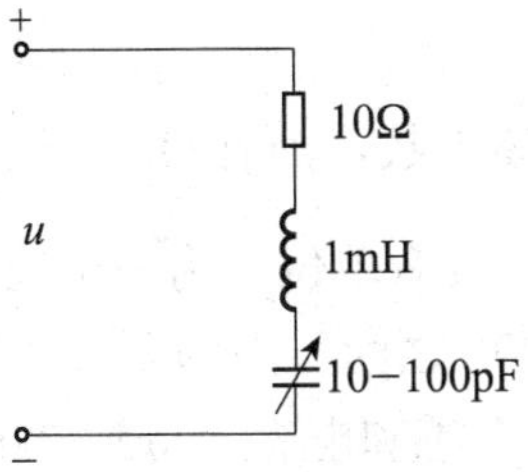

10Ω

1mH

10-100pF

u

图 3—29

解　根据 $f_0 = \dfrac{1}{2\pi\sqrt{LC}}$ ，可得谐振频率范围为：

$$\frac{1}{2\pi\sqrt{1\times 10^{-3}\times 100\times 10^{-12}}} \text{ 到 } \frac{1}{2\pi\sqrt{1\times 10^{-3}\times 10\times 10^{-12}}} \text{ 之间}$$

即 50 329 Hz 到 1 591 549Hz 之间，很显然频率 1MHz 正好落在范围内，所以调节电容 C 可以发生谐振。

2. 串联谐振的特点

(1) **谐振时，感抗等于容抗，并等于特性阻抗。** 串联谐振发生的条件为网络复阻抗的虚部为 0，即

$$j\omega_0 L + \frac{1}{j\omega_0 C} = 0 \text{ 或 } \omega_0 L = \frac{1}{\omega_0 C} \text{ 或 } X_L = X_C$$

由于 $\omega_0 = \frac{1}{\sqrt{LC}}$，所以此时的 $X_L = X_C = \sqrt{\frac{L}{C}}$，可见只和电路的 L、C 值有关，我们又叫它特性阻抗，用 ρ 表示，即 $\rho = \sqrt{\frac{L}{C}}$，单位为 Ω，ρ 是衡量电路特性的一个重要参数。

(2) **谐振时，阻抗最小，电流最大。** 由于串联电路的复阻抗 $Z = R + j\omega L + \frac{1}{j\omega C}$，所以

$$|Z| = \sqrt{R^2 + \left(\omega L - \frac{1}{\omega C}\right)^2}$$

很显然当谐振时，$|Z| = \sqrt{R^2} = R$，即此时阻抗为最小。根据欧姆定律，谐振时电流 $I = U/R$，为最大。

(3) **谐振时，电感与电容上的电压大小相等、相位相反，大小为电源电压的 Q 倍。** 如图 3—28 所示，我们计算电容、电感上的电压有效值为

$$U_C = I \times \frac{1}{\omega_0 C} = I \times \rho = U \times \frac{\rho}{R}$$

$$U_L = I \times \omega_0 L = I \times \rho = \frac{U}{R} \times \rho = U \times \frac{\rho}{R}$$

可见

$$U_L = U_C = U \times \frac{\rho}{R}$$

我们将 $Q = \frac{\rho}{R}$ 称为电路的品质因数，则有 $U_L = U_C = UQ$，由于 $\rho = \sqrt{\frac{L}{C}}$，所以 Q 只和电路的 R、L、C 三个值有关，没有单位，为一个纯数。

实际电路的 Q 值一般在 50—200 之间，因为 $U_L = U_C = UQ$，所以即使电源电压不高，仍然可以通过谐振的方式使通电感和电容上得到高出电源很多倍的高压，所以串联谐振也称为电压谐振。

这一特点在实际中有着广泛的应用，特别有利于产生高压，比如在无线电接收上，通过电压谐振可以使信号电压升高很多，方便进行处理。

但是在电力系统中，又需要竟可能避免发生电压谐振，因为谐振产生的高压可能会把

电容击穿，造成设备故障或损坏。

同时由于串联谐振可能会产生很高的电压，所以在设计电路时，要考虑电容的耐压是否满足实际产生的电压。

例 3.22 在某 RLC 串联电路中，已知 $R = 10\Omega, L = 1\text{mH}, C = 10\text{nF}$，电源电压为 10V。求（1）谐振频率和角频率。（2）特性阻抗和品质因数。（3）谐振时各元件上的电压。

解 由题意知

$$(1) \quad f_0 = \frac{1}{2\pi\sqrt{LC}} = \frac{1}{2\pi\sqrt{10^{-3}\times 10\times 10^{-9}}} = 50.33\text{kHz}$$

$$\omega_0 = \frac{1}{\sqrt{LC}} = \frac{1}{\sqrt{10^{-3}\times 10\times 10^{-9}}} = 316\ 227\text{rad/s}$$

$$(2) \quad \rho = \sqrt{\frac{L}{C}} = \sqrt{\frac{10^{-3}}{10\times 10^{-9}}} = 316\Omega$$

$$Q = \frac{\rho}{R} = \frac{316}{10} = 31.6$$

$$(3) \quad U_L = U_C = UQ = 10\times 31.6 = 316\text{V}$$

$$U_R = U = 10\text{V}$$

3.7.2 并联谐振

串联谐振电路的阻抗最低，所以当信号源内阻较大时，相当于电阻 R 实际增大了很多，品质因数大为降低，影响了电路的选择性，这时可以考虑采用并联谐振电路。

在工程上最常用的并联谐振电路为线圈与电容器并联的电路，由于实际的线圈等效于电阻 R 和电感 L 的串联形式，所以电路图如图 3—30 所示。

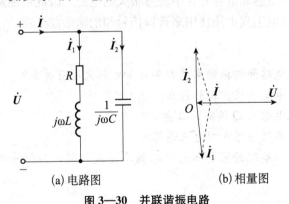

(a) 电路图　　　　　(b) 相量图

图 3—30　并联谐振电路

1. 并联谐振发生的条件

由于在高频电路中，电感线圈的电阻 R 总是远小于电感的感抗的，我们可以用下面的方法计算出谐振频率：

电路的复导纳为

$$Y = \frac{1}{R + j\omega L} + j\omega C$$

Y 的虚部约为

$$\frac{1}{j\omega L}+j\omega C$$

当发生谐振时，Y 的虚部为 0，即

$$\frac{1}{j\omega L}+j\omega C=0$$

则谐振的条件也为

$$\frac{1}{\omega L}=\omega C$$

谐振角频率

$$\omega_0=\frac{1}{\sqrt{LC}}$$

谐振频率为：

$$f_0=\frac{1}{2\pi\sqrt{LC}} \tag{3.39}$$

2. 并联谐振的特点

（1）电路中的电流很小，呈现高阻抗。

（2）电路中电感和电容电流近似相等，且都是总电流的 Q 倍。

并联谐振中的电源无需提供无功功率，只提供电阻所消耗的有功功率，谐振时，电路的总电流是最小的，而支路电流往往远大于电路中的总电流，因此，并联谐振也叫电流谐振。

发生并联谐振时，电感和电容元件中流过很大的电流，因此可能造成电气设备或者熔断器烧毁，但是在无线电工程中往往用来选择信号和消除杂波干扰。

➡ **思考与练习题**

3.7.1 串联谐振电路的谐振频率是否和外加电压大小有关系？

3.7.2 串联谐振电路特性阻抗和什么有关？

3.7.3 串联谐振电路的 Q 值有什么意义？

3.7.4 为什么说串联谐振也叫电压谐振？

3.7.5 并联谐振和串联谐振电路的谐振频率公式相同，为何一个叫电压谐振，一个叫电流谐振？

3.8 三相交流电路

3.8.1 三相交流电动势的产生

在日常生活和工厂生产中常用单相交流电和三相交流电，单相交流电是取了三相交流电中的一相，经常用于照明电路和小功率用电。对于大功率的用电，如电动机、大型电炉等，大都使用三相交流电源。在三相交流电源电路中同时有三个电动势在起作用。这三个电动势的幅度相等、频率相同，相互间有 120° 的相位差，称之为三相对称电动势，简称三相电动势。将三相电动势的电源根据需要与负载按一定方式连接起来，就组成了完整的三相交流电路。

我们将三相分别称为 U 相、V 相和 W 相，三相对称电动势的解析式可以表示为

$$u_{\mathrm{U}} = U_{\mathrm{m}}\sin\omega t$$
$$u_{\mathrm{V}} = U_{\mathrm{m}}\sin(\omega t - 120°)$$
$$u_{\mathrm{W}} = U_{\mathrm{m}}\sin(\omega t + 120°)$$

三相对称电动势也可用相量表示为

$$\dot{U}_{\mathrm{U}} = U\angle 0°$$
$$\dot{U}_{\mathrm{V}} = U\angle -120°$$
$$\dot{U}_{\mathrm{W}} = U\angle 120°$$

三相对称电源的电路图、波形图和相量图分别如图 3—31 所示。

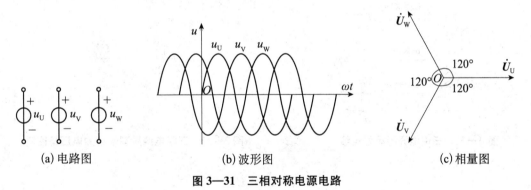

| (a) 电路图 | (b) 波形图 | (c) 相量图 |

图 3—31   三相对称电源电路

由解析式、波形图、相量图及相关计算可知：

$$u_{\mathrm{U}} + u_{\mathrm{V}} + u_{\mathrm{W}} = 0 \tag{3.40}$$

$$\dot{U}_{\mathrm{U}} + \dot{U}_{\mathrm{V}} + \dot{U}_{\mathrm{W}} = 0 \tag{3.41}$$

即**三相对称电源电压瞬时值之和恒为零**，这是三相对称电源的特点，也适用于其他的三相对称正弦量。

三相对称电源的三相电压频率相同、振幅相等，但相位分别相差 120°，表明了各相电压到达峰值的时间不同，这种先后次序我们成为**相序**。通常三相对称电源到达峰值的顺序为 u_{U}、u_{V}、u_{W}，我们称之为**正序**，在变电站等地方，母线上一般涂有黄、绿和红三种颜色分别来表示 U 相、V 相和 W 相。对于三相交流电动机，改变其电源的相序就可以改变电动机的运转方向，即正转和反转。

3.8.2 三相电源的连接方法

如图 3—31（a）所示，三相发电机所输出的三相电压，每一相都可以单独连接负载使用，单独使用时每相需要两根线，这样共需要六根线，因此很不经济而不被采用。在实际应用中，通常将三相电源接成星形或者三角形，分别只需要四根线和三根线。

1. 三相电源的星形连接

将三相电源中每一相的末端接在一起形成一个中性点，并再从每相电源的始端（U_1、V_1、W_1）引出一根端线的连接方式称为三相电源的星形连接。如图 3—32 所示，最常见的三相电源连接方式，如我国的三相四线制供电系统。

由三个始端引出的三根线称为端线（俗称火线），从中性点引出的线称为中性线（或者中线，俗称零线）。每相电源的电压称为电源的相电压，也就是端线与中线之间的电压，可用符 U_U、U_V、U_W 表示。任意两根端线之间的电压称为电源的线电压，分别用 U_{UV}、U_{VW}、U_{WU} 表示，如 U_{UV} 表示端线 U 到端线 V 之间的电压。下面分析三相电源星形连接时线电压和相电压之间的关系。

如图 3—33 所示，根据基尔霍夫定律的相量形式得

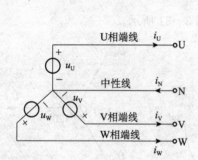

图 3—32　三相电源的星型连结

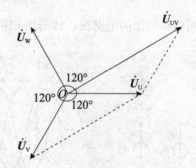

图 3—33　三相电源星型连结的电压量图

$$\dot{U}_{UV} = \dot{U}_U - \dot{U}_V$$

$$\dot{U}_{VW} = \dot{U}_V - \dot{U}_W$$

$$\dot{U}_{WU} = \dot{U}_W - \dot{U}_U$$

又由于

$$\dot{U}_U = U_P \angle 0°$$

$$\dot{U}_V = U_P \angle -120°$$

$$\dot{U}_W = U_P \angle 120°$$

计算可得

$$\dot{U}_{UV} = \dot{U}_U - \dot{U}_V = U_P \angle 0° - U_P \angle -120° = \sqrt{3} U_P \angle 30°$$

$$\dot{U}_{VW} = \dot{U}_V - \dot{U}_W = U_P \angle -120° - U_P \angle 120° = \sqrt{3} U_P \angle -90°$$

$$\dot{U}_{WU}=\dot{U}_W-\dot{U}_U=U_P\angle120°-U_P\angle0°=\sqrt{3}U_P\angle150°$$

如图 3—33 所示，给出了 $\dot{U}_{UV}$ 和 $\dot{U}_U$ 及 $\dot{U}_V$ 之间的关系，其他线电压相量也可类似产生，由图 3—33 及上述公式可知在三相电源星形连接中有如下关系。

（1）线电压分别比相电压超前 30°角。

（2）线电压有效值为相电压有效值的 $\sqrt{3}$ 倍。

当三相电源有效值相等，相位彼此相差 120°时称之为对称电源。根据相量图可以判断

$$\dot{U}_U+\dot{U}_V+\dot{U}_W=0 \tag{3.42}$$

$$\dot{U}_{UV}+\dot{U}_{VW}+\dot{U}_{WU}=0 \tag{3.43}$$

所以三相电源星形连接并引出中线实际可以提供两套三相对称电源，一套为对称的相电压，一套为对称的线电压，我国的低压供电系统就是采用这种三相四线制，且线电压为 380V，相电压为 220V。

通过端线的电流通常称为电源的线电流，分别用 i_U、i_V、i_W 表示，参考方向通常定义为指向负载侧，通过电源内部的电流称为电源的相电流，当三相电源星形连接时，这两个电流是相等的。另外通过中线的电流用 i_N 表示，方向分别如图 3—32 所示，根据基尔霍夫电流定律：

$$\dot{I}_U+\dot{I}_V+\dot{I}_W=\dot{I}_N \tag{3.44}$$

2. 三相电源的三角形连接

将三相电源中的每一相的末端与后续相的始端相连，然后再从 3 个连接点引出端线的连接方式称为三相电源的三角形连接，如图 3—34 所示。

如图 3—34 所示，三相电源三角形连接时，电源各线电压就是对应的相电压，即

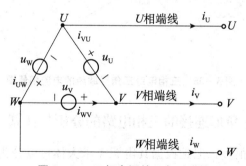

图 3—34 三相电源的三角形联结

$$\dot{U}_{UV}=\dot{U}_U$$

$$\dot{U}_{VW}=\dot{U}_V$$

$$\dot{U}_{WU}=\dot{U}_W$$

根据基尔霍夫电压定律

$$u_U + u_V + u_W = 0$$

$$\dot{U}_U + \dot{U}_V + \dot{U}_W = 0$$

所以三相对称电源三角形连接时，必须三个电源首尾相接，任何一相接反都将导致很高的环路电流，而电源的内阻往往较小，很容易烧毁电源。

如图 3—34 所示，根据定义，i_{VU}、i_{UW} 和 i_{WV} 为相电流，i_U、i_V 和 i_W 为线电流，根据基尔霍夫电流定律有

$$i_U = i_{VU} - i_{UW}$$

$$i_V = i_{WV} - i_{VU}$$

$$i_W = i_{UW} - i_{WV}$$

用相量形式表示为

$$\dot{I}_U = \dot{I}_{VU} - \dot{I}_{UW}$$

$$\dot{I}_V = \dot{I}_{WV} - \dot{I}_{VU}$$

$$\dot{I}_W = \dot{I}_{UW} - \dot{I}_{WV}$$

根据上述公式可知，对于对称电源，当三相负载对称时，三个相电流为对称的正弦量，三个线电流也为对称的正弦量，根据电流相量图的几何关系可知，此时线电流的有效值是相电流有效值的 $\sqrt{3}$ 倍，其电流相量图如图 3—35 所示。

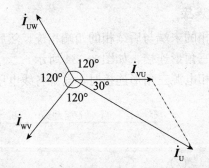

图 3—35　三相电源三角形联结的电流相量图

3.8.3　负载星形和三角形连接的三相电路的分析与计算

交流电气设备种类很多，但是根据其电源需求大体可以分为单相负载和三相负载两类。单相负载只需接单相电源即可工作，我们日常生活中所使用的电器几乎都是单相负载，如：电视机、洗衣机、冰箱、电脑、空调等。三相负载必须接三相电源才能正常工作，如工厂、企业、建筑施工现场等使用的大功率设备多为三相负载，如三相电动机等。

三相负载又根据负载的复阻抗是否完全相同分为三相对称负载和三相不对称负载，如三相电动机就为三相对称负载。

与三相电源类似，三相负载也分为星形连接和三角形连接两种连接方式。每相负载上

面的电压称为负载的相电压，每相负载的电流称为负载的相电流。负载的线电压与相电压的关系、线电流与相电流的关系跟三角形电源一致，这里不再推导。

在三相供电系统由三相电源和三相负载组成，电源和负载都有三角形和星形两种连接方式，所以系统共有星形—星形、三角形—三角形、三角形—星形、星形—三角形四种连接方式。

例 3.23 某对称三相电源和三相负载均为星形连接方式，其中相电压为 220V，每相负载的阻抗均为（10＋j10）Ω。求（1）线电压、线电流以及相电压、相电流。（2）负载的相电压、相电流。（3）画出电流相量图。

解 根据题意画出电路图，如图 3—36 所示，电源的相电压为 220V，且为三相对称电源和对称负载，所以线电压为 $220\sqrt{3}=380V$。线电流和相电流相等，根据欧姆定律，计算为

$$\frac{220}{|10+j10|}=\frac{220}{|10\sqrt{2}|}=11\sqrt{2}\,A$$

由于是星形—星形的连接方式，所以负载的相电压和相电流与电源的完全相同。

相电压为 220V，相电流为 $11\sqrt{2}\,A$。根据欧姆定律

$$\dot{I}_U=\frac{\dot{U}_U}{Z}=\frac{220}{10+j10}=11\sqrt{2}\angle-45°A$$

$$\dot{I}_V=\frac{\dot{U}_V}{Z}=\frac{220\angle-120°}{10+j10}=11\sqrt{2}\angle-165°A$$

$$\dot{I}_W=\frac{\dot{U}_W}{Z}=\frac{220\angle120°}{10+j10}=11\sqrt{2}\angle75°A$$

由于是对称电源和负载，所以中线电流为 0，即 $\dot{I}_N=0A$，通过公式 $\dot{I}_N=\dot{I}_U+\dot{I}_V+\dot{I}_W$ 计算也可以验证中线电流为 0，电流相量图如图 3—37 所示。

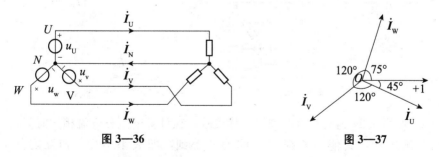

图 3—36　　　　　　　　　　　　　图 3—37

例 3.23 为典型的三相四线制电路，通过以上分析和计算可以得出。

（1）三相四线制电路的电源总是对称的，即使负载不对称，负载上的相电压也是对称的，可以很方便地变换负载和使用各相电压。这就是低电压供电系统采用三相四线制的原因。

（2）中性线是保证负载不对称时，相电压仍然对称的关键，连接不对称负载时不能断开，因此在中性线上不允许装熔断器或者开关，由于中性线可能还会有较高的电流，必要

时还必须使用电阻较低的导线。

（3）对于对称的负载，中性线上电流为零，可以断开或者不设置中性线；对于不对称的负载，中性线上的电流很可能不为零，一旦断开负载上的电压将不再对称，导致有的负载相电压过高，有的负载相电压过低。

例 3.24 某三相电源系统如图 3—38 所示，已知线电压为 38V，负载的复阻抗均为 $(3+j4)\Omega$。求（1）电源相电压和相电流、负载的相电压和相电流。（2）画出负载相电压的相量图。

解 根据题意，电源系统为星形—三角形连接方式。因线电压为 38V，所以

（1）电源相电压为 $\dfrac{38}{\sqrt{2}} = 22V$，负载的相电压为电源线电压，即 38V。

则负载的相电流为 $\dfrac{38}{|3+j4|} = 7.6A$。

因为电源和负载都是对称的，所以电源的相电流为负载的相电流的 $\sqrt{3}$ 倍，即 $7.6 \times \sqrt{3} = 13.16A$。

（2）设 U_U 为零相量，则 $\dot{U}_U = 22V$，$\dot{U}_V = 22\angle -120°V$，则有

$$\dot{U}_{UV} = \dot{U}_U - \dot{U}_V = 22 - 22\angle -120° = 22\sqrt{3}\angle 30°V$$

所以有

$$\dot{I}_{UV} = \frac{\dot{U}_{UV}}{Z} = \frac{22\sqrt{3}\angle 30°}{3+j4} = 7.6\angle -23.13°A$$

$$\dot{I}_{VW} = 7.6\angle (-23.13° - 120°)A = 7.6\angle -143.13°A$$

$$\dot{I}_{WU} = 7.6\angle (-23.13° + 120°)A = 7.6\angle 96.87°A$$

相量图如图 3—39 所示。

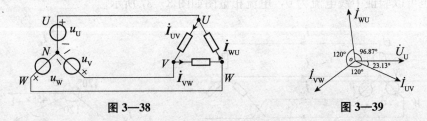

图 3—38　　　　　　　　　　图 3—39

例 3.23 和例 3.24 为对称电源连接对称负载，在计算电压和电流相量时只需要计算 U 相或者第一顺序相，其他两相根据对称关系得到，即大小不变，相互之间的角度相差 120°。

目前三相电源一般是对称电源，但是三相负载不一定都是对称负载，所以对于不对称的三相负载的计算，需要分别对每一相进行计算。

例 3.25 某三相四线制供电电路，如图 3—40 所示，已知电源相电压为 220V。求各相负载电流及中线电流并画出电流相量图。

解 设 U 相电压相量 $\dot{U}_U$ 为参考相量，则

$$\dot{U}_U = 220V$$

$$\dot{U}_V = 220\angle -120°V$$

$$\dot{U}_W = 220\angle 120°V$$

根据欧姆定律分别计算电流相量如下

$$\dot{I}_U = \frac{\dot{U}_U}{5} = \frac{220}{5} = 44A$$

$$\dot{I}_V = \frac{\dot{U}_V}{5+j5} = \frac{220\angle -120°}{5+j5} = 31.11\angle -165°A$$

$$\dot{I}_W = \frac{\dot{U}_W}{5-j5} = \frac{220\angle 120°}{5-j5} = 31.11\angle 165°A$$

中线电流

$$\dot{I}_N = \dot{I}_U + \dot{I}_V + \dot{I}_W$$
$$= 44 + 31.11\angle -165° + 31.11\angle 165°A$$
$$= -16.10A$$

电流相量图如图 3—41 所示。

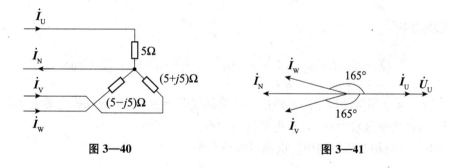

图 3—40   图 3—41

3.8.5 三相电路的功率

1. 有功功率

在三相电路中的负载无论是星形连接或三角形连接，**负载消耗的总有功功率为各相负载有功功率之和**：

$$P = P_U + P_V + P_W$$
$$= U_U I_U \cos\varphi_U + U_V I_V \cos\varphi_V + U_W I_W \cos\varphi_W$$

如果负载为对称负载，则：

$$P = 3U_P I_P \cos\varphi = \sqrt{3} U_L I_L \cos\varphi \qquad (3.45)$$

式（3.45）中，φ 为相电压 U_P 和相电流 I_P 之间的相位差，$\cos\varphi$ 为功率因数，U_L 和 I_L 为线电压和线电流。

2. 无功功率

三相电路总的无功功率也为各相无功功率之和，即

$$Q = Q_U + Q_V + Q_W$$
$$= U_U I_U \sin\varphi_U + U_V I_V \sin\varphi_V + U_W I_W \sin\varphi_W$$

在三相对称电路中，总无功功率为

$$Q = 3U_P I_P \sin\varphi = \sqrt{3} U_L I_L \sin\varphi \qquad (3.46)$$

3. 视在功率

在三相对称电路中，视在功率为

$$S = \sqrt{P^2 + Q^2} = 3U_P I_P = \sqrt{3} U_L I_L \qquad (3.47)$$

例 3.26 某三相四线制供电电路中每相负载 $Z = 10\angle 30°$，已知负载相电压为 22V。求负载上的有功功率和无功功率。

解 由于是三相对称电路中，总有功功率为

$$P = 3U_P I_P \cos\varphi = 3U_P \frac{U_P}{|Z|} \cos\varphi = 3\frac{U_P{}^2}{|Z|} \cos\varphi = 3\frac{22^2}{10} \cos 30° = 125.75\text{W}$$

总无功功率为

$$Q = 3U_P I_P \sin\varphi = 3\frac{U_P{}^2}{|Z|} \sin\varphi = 3\frac{22^2}{10} \sin 30° = 72.6\text{Var}$$

例 3.27 某三相电动机采用三角形连接接到线电压为 400V 的三相电源上工作，测得线电流为 5A，功率因数为 0.6，求电动机的功率。

解 由于是三相对称电路中，电动机的功率为

$$P = 3U_P I_P \cos\varphi = \sqrt{3} U_L I_L \cos\varphi = \sqrt{3} \times 400 \times 15 \times 0.6 = 6\,235.38\text{W}$$

➲ 思考与练习题

3.8.1 什么叫三相四线制？

3.8.2 为何三相四线制中，中线上不能安装熔断器？

3.8.3 星形连接的三相对称电源中，线电压是相电压的多少倍？为什么？

3.8.4 三角形连接的三相对称负载中，线电流是相电流的多少倍？为什么？

3.8.5 三相电源系统中三相负载分别是一个电阻、一个电容、一个电感，总有功功率是否跟电容和电感有关？

*3.9 三相电力系统

3.9.1 发电、输电和配电概况

我国的电力系统是指由发电厂、电力网和终端用户组成的一个整体，其中发电厂产生的电能，电力网将电能传输和分配到用户。

发电厂也是一个将其他能量转换成电能的转换机构，根据能量来源的不同，又可以分为水力、火力、核能、太阳能、风能等发电厂。

输电实现的是电能的传输，由于输电容量巨大，输电距离遥远，为了提高输电效率，尽少避免输电线路上的电力损耗，通常需要采用高压输电，其理论依据如下：

对于需要传输的一定功率 P，根据 $P = UI$ 可知，当增大电压 U，同样的功率 P 就可以使用更小的电流 I 来传输，而对于输电线路来说其电阻 R 总是一定的，根据输电线上的功率损耗公式 $P_s = I^2 R$ 可知，I 越小，功率损耗越小。所以要想降低损耗，就必须降低输电电流 I，那就必须增加输电电压 U。所以在进行高压输电线路两端通常有变电站进行电压变换。

利用电力变压器将发电机发出的电能升压后，再经控制设备接入输电线路进行远距离传输，这个过程叫输电。按输电线路的结构，输电线路分为架空输电线路和电缆线路。架空输电线路架设在地面之上的高空，电缆线路主要是使用电力电缆，敷设在地下，如城市管道、海底等。架空线路架设简单及维修方便，成本也较低，缺点是容易受到气象和环境等的影响而引起故障、占用土地和空间、造成电磁干扰等。电缆线路没有上述缺点，但造价很高，发现故障及检修维护等均不方便，主要用于架空线路架设有困难的地区，如城市、海域等。目前远距离输电采用架空线路输电是最主要的方式。

按照输送电流的性质，输电分为交流输电和直流输电两种。人们对电能的应用和认识首先从直流开始的，19 世纪 80 年代首先成功地实现了直流输电。但由于直流输电的电压受限于当时的技术条件，输电能力和效益均很低。19 世纪末，直流输电逐步被交流输电所代替，所以交流输电是目前普遍使用的输电方式，其频率一般为 50Hz（或 60Hz）。20 世纪 60 年代以来，随着电力电子技术的进步，直流输电又有新发展，与交流输电相配合，组成交直流混合的电力系统，不少规模很大的直流输电工程正在规划和建设中。

高压输电线路根据电压高低通常分为高压、超高压和特高压三种。通常将 35kV ～ 220kV 的输电线路称为高压线路（HV），330kV ～ 750kV 之间的称为超高压线路（EHV），750kV 以上的称为特高压线路（UHV）。

从发电厂到用户的送电，如图 3—42 所示。

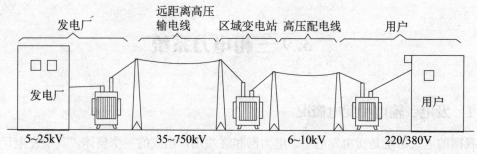

图3—42　从发电厂到用户的送电示意图

3.9.2　安全用电技术

电能是一种方便、洁净的能源，它的广泛使用有力地推动了人类社会的高速发展，也给人类创造了巨大的财富，改善了人类的生活。但是电的危害也随时存在，主要表现在触电、过压损坏用电设备、漏电短路酿成火灾等三个方面。

1. 人体触电

一般环境下允许持续接触的"安全特低电压"是36V，电压加在人体上，将会产生电流，人体的个体差异导致每个人的电阻不同，电流也不同。当1mA左右的工频电流通过人体时，会产生麻刺等不舒服的感觉；当此电流为10～30mA时，会产生身体麻痹、剧痛、肌肉痉挛、血压升高、呼吸困难等症状，但通常短时间不会有生命危险；电流达到50mA以上，就会引起心室颤动、呼吸麻痹而有生命危险；100mA以上的电流，足以使人致死。

人站在地面或其他接地物体上，身体某一部位触及三相供电系统的任何一相将会引起触电，称为单相触电。如图3—43所示，分为如下三种情况。

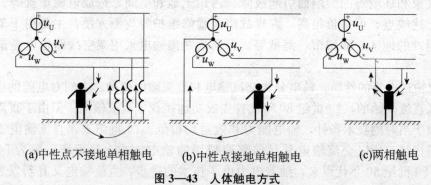

(a)中性点不接地单相触电　　(b)中性点接地单相触电　　(c)两相触电

图3—43　人体触电方式

（1）中性点不接地单相触电。此时，人体所承受的是线电压，则通过人体的电流为

$$I = \frac{\sqrt{3}U_\mathrm{P}}{R_1 + \dfrac{R_2}{3}} \tag{3.48}$$

假设R_1为人体电阻，R_2为线路的绝缘电阻，U_P为相电压。

（2）中性点接地单相触电。此时，人体所承受的是相电压，则通过人体的电流为

$$I = \frac{U_P}{R_1} \qquad\qquad (3.49)$$

在触电事故中，单相触电发生的比例较大，电气设备的某相导线或绕组绝缘破损使设备外壳带电很容易引起单相触电。

（3）两相触电。此时，人体所承受的是线电压，则通过人体的电流为

$$I = \frac{\sqrt{3}U_P}{R_1} \qquad\qquad (3.50)$$

可见两相触电的电流最大，两相触电的情况在一般生产活动中并不多见，但是最为危险，很容易造成死亡。

另外，当高压线断落触地，都会发生电流流向大地。电流以入地点为中心，同时向四外扩散，在地面上形成圆形的电位梯度，如图3—44所示。入地点的电位最高，自入地点向外电位依距离降落。

沿任一半径，在地面上每一跨步距离上都有相应的电位差，称为跨步电压。根据测定，距离入地点20米范围内，这个电位差都比较明显存在，而且距离入地点越近，电位差越大。人的两足由于承受跨步电压而发生触电的现象，称为跨步电压触电。

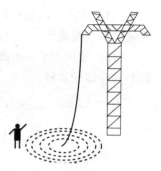

图3—44 跨步电压触电

2. 安全用电的注意事项

随着生活水平的不断提高，生活中用电的地方越来越多了。因此，我们有必要掌握以下最基本的安全用电常识。

⑴ 认识了解电源总开关的位置和关断方法，学会在紧急情况下关断总电源。

（2）不用手或导电体去接触和探试带电的电源插座内部金属部件。

（3）不用湿手触摸电器，不用湿布擦拭电器。

（4）电器使用完毕后通常应拔掉电源插头。插拔电源插头时应捏住塑料绝缘头，而不要用力拉拽电线，以防止电线的绝缘层受损而造成漏电触电。当电线的绝缘皮破损或者剥落，要及时更换新线或用绝缘胶布包好。

（5）发现有人触电要先关断电源，或者用木棍等绝缘物将触电者与带电体分开，不能用手去直接救人。

3. 安全用电常识

（1）电源线的截面面积应满足负荷要求，避免过负荷使用，破旧老化的电源线应及时更换，以免发生意外。

（2）入户电源总保险容量与各分路保险应配置合理，使之能起到对家用电器和漏电等保护作用。

（3）接临时电源要用合格的电源线、电源插头、插座。损坏的不能使用，电源线接头要用胶布包好。

（4）低压线路与高压输电线路应保持足够的安全距离（10kV 及以下 0.7 米；35kV，1 米；110kV，1.5 米；220kV，3 米；500kV，5 米）。

（5）严禁私自从公用线路上接线。

（6）线路接头应确保接触良好，连接可靠。

（7）房间装修，隐藏在墙内的电源线（俗称暗线）要放在专用阻燃护套内。

（8）使用电动工具如手电钻等，须戴绝缘手套，穿绝缘胶鞋。

（9）遇有家用电器着火，应先切断电源再救火。

（10）家用电器接线必须确保正确，有疑问应先咨询专业人员。

（11）家庭用电应装设带有过电压保护的漏电保护器，以保证使用家用电器时的人身安全。

（12）家用电器在使用时，应有良好的外壳接地，室内要设有公用地线，并接地良好。

（13）湿手不能触摸带电的家用电器，湿布擦拭家用电器应先断开电源插头。

（14）家用电热设备，暖气设备一定要远离煤气罐、煤气管道等燃气设施，发现煤气漏气时先开窗通风，千万不能拉合电源开关，否则可能点燃煤气甚至发生爆炸。

（15）使用电炉、电熨斗、电烙铁等电热器件，必须远离易燃物品，用完后应切断电源自然冷却后收藏。

*3.10 非正弦周期电路的分析与计算

3.10.1 非正弦周期电路

前面几节是关于正弦稳态电路的分析，主要介绍了线性电路在一个正弦量的作用或多个同频率正弦量共同作用下，电路各部分的电压、电流情况，它们都是同频率的正弦量。但在实际工程中还存在着按非正弦规律进行周期变化的电源和信号，其中的电流（或电压）是时间的非正弦函数，称之为非正弦周期电流（或电压）。在非正弦周期电源或信号作用下的线性电路，称为非正弦周期电路。本节主要讨论在非正弦周期电压、电流激励的作用下，线性电路的分析方法。

如图3—45所示，非正弦周期波形都是工程中常见的例子。

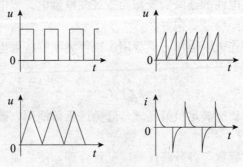

图3—45 几种常见的非正弦波

3.10.2 非正弦周期量的有效值和平均功率

1. 非正弦周期量的有效值

任意周期量的有效值公式为

$$F = \sqrt{\frac{1}{T} \int_0^T \left[f(t) \right]^2 \mathrm{d}t}$$

在进行非正弦周期量的有效值计算时，常规的计算方法是先将非正弦周期量 $f(t)$ 展开成一个收敛的傅里叶级数。

$$f(t) = A_0 + \sum_{k=1}^{\infty} A_{km} \cos(k\omega t + \theta_k) \tag{3.51}$$

带入有效值公式，计算出有效值。如一非正弦的周期电流 i 可以分解为傅里叶级数

$$i = I_0 + \sum_{k=1}^{\infty} I_{km} \cos(k\omega t + \theta_k)$$

则其有效值 I 为

$$I = \sqrt{\frac{1}{T} \int_0^T \left[I_0 + \sum_{k=1}^{\infty} I_{km} \cos(k\omega t + \theta_k) \right]^2 \mathrm{d}t} \tag{3.52}$$

再通过高等代数方法计算出结果。

上述方法比较复杂，对于一些常见的非正弦周期信号，可以使用其他简单的方法求取其有效值和平均功率。

例 3.28 某脉冲电压，最高为 5V，最低为 0V，占空比为 30%，求其有效值，当此脉冲接到 5Ω 电阻上时，求电阻上的平均功率。

解 假设信号的周期为 T，所接电阻阻值为 R，则电压在一个周期 T 在电阻上所产生的热量为

$$Q = \frac{U_{max}^2}{R} \times (T \times 30\%) = \frac{U^2}{R} \times T$$

即

$$\frac{5^2}{R} \times (T \times 30\%) = \frac{U^2}{R} \times T$$

故

$$U = \sqrt{5^2 \times 30\%} = 2.74\text{V}$$

当接 5Ω 电阻时，电阻上的平均功率为

$$P = \frac{U^2}{R} = \frac{2.74^2}{5} = 1.5\text{W}$$

上述方法不需要使用繁琐的傅里叶展开和进行积分计算，适用于所有的脉冲信号计算。

2. 非正弦周期量的平均功率

非正弦周期量的平均功率仍定义为

$$P = \frac{1}{T} \int_0^T p \, \mathrm{d}t$$

如图 3—46 所示，设一无源二端网络的端口电压、电流取关联参考方向，则其吸收的瞬时功率为

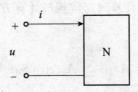

图3—46 无源二端电路

$$p = ui = \left[U_0 + \sum_{k=1}^{\infty} U_{km}\cos(k\omega t + \theta_{uk}) \right] \times \left[I_0 + \sum_{k=1}^{\infty} I_{km}\cos(k\omega t + \theta_{ik}) \right]$$

根据三角函数积分的特点，上式中不同频率正弦电压与电流乘积的积分为零，同频率正弦电压、电流乘积的积分不为零，其第 k 次为

$$P_k = U_{km}I_{km}\cos(\theta_{uk} - \theta_{ik}) = U_k I_k \cos\varphi_k$$

而且直流分量电压、电流乘积的积分项为 $U_0 I_0$，所以平均功率 P 为

$$P = U_0 I_0 + U_1 I_1 \cos\varphi_1 + U_2 I_2 \cos\varphi_2 + \cdots + U_k I_k \cos\varphi_k + \cdots \tag{3.53}$$

式 (3.53) 中

$$U_k = \frac{U_{km}}{\sqrt{2}}, \ I_k = \frac{I_{km}}{\sqrt{2}}, \ \varphi_k = \theta_{uk} - \theta_{ik}, k = 1, 2, 3, \cdots$$

即非正弦周期电路的平均功率等于恒定分量产生的功率和各次谐波分量产生的平均功率之和。

例 3.29 某单口网络的端口电压和电流分别为

$$u = 5 + 5\cos(t + 30°) + 4\cos(2t + 60°) + 3\cos(3t + 45°) \text{ V},$$

$i = 2 + 2\cos(t - 60°) + 1.5\cos(2t + 30°) \text{ A}$，$u$，$i$ 为关联参考方向，求单口网络吸收的平均功率。

解 根据式 (3.53) 得

$$P_0 = 5 \times 2 = 10 \text{ W}$$

$$P_1 = \frac{5}{\sqrt{2}} \times \frac{2}{\sqrt{2}}\cos(30° + 60°) = 0 \text{ W}$$

$$P_2 = \frac{4}{\sqrt{2}} \times \frac{1.5}{\sqrt{2}}\cos(60° - 30°) = 2.60 \text{ W}, P_3 = 0 \text{ W}$$

所以 $\quad\quad P = P_0 + P_1 + P_2 + P_3 = 12.60 \text{ W}$

➡ **思考与练习题**

3.10.1 傅里叶级数一般包含哪三种分量？

3.10.2 非正弦周期信号的有效值公式如何表示？

3.10.3 非正弦周期信号分析法可分为哪三步？

3.10.4 占空比为 50% 的 5V 脉冲波的有效值是否为 2.5V？为什么？

3.11 应用举例

3.11.1 LED 小夜灯电路

市面上有一种用于夜间照明的白光 LED 小夜灯电路，电路如图 3—47 所示，下面利用本章的正弦量的相量分析法来说明其工作原理。

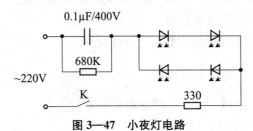

图 3—47 小夜灯电路

本电路中 0.1uF 电容的容抗在 50Hz 下约为 31.83kΩ，所以 330Ω 的电阻可以忽略不计，白光二极管正向压降为 4V，相对于 220V 也可以忽略不计。

$$\dot{I} = \frac{220 - 4 \times 2}{680 \times 10^3} + \frac{220 - 4 \times 2}{\frac{1}{j2\pi \times 50 \times 0.1 \times 10^{-6}}} = 3.12 \times 10^{-4} + j6.66 \times 10^{-3}$$

$$I = |3.12 \times 10^{-4} + j6.66 \times 10^{-3}| = \sqrt{(3.12 \times 10^{-4})^2 + (6.66 \times 10^{-3})^2} = 6.7 \text{mA}$$

通常小功率的白光 LED 的电流为 5～20mA，所以本电路可以正常工作。本电路中的两个电阻对总电流的影响并不大，其主要作用是保护，防止开关机瞬间高压和大电流损坏 LED。利用两组 LED 反向并联的目的是考虑到 220V 的正半周和负半周均能有 LED 被点亮。

 技能训练项目

技能训练项目一 RLC 串联谐振电路

一、实验目的

（1）加深理解串联谐振电路谐振时的特性，Q 值的意义和测试方法。

（2）熟悉测量电路频率特性的方法。

二、实验器材

（1）示波器（1 台）。

（2）函数信号发生器（1 台）。

（3）固定电阻（1 个）。

（4）固定电容（1 个）。

（5）固定电感（1 个）。

三、实验步骤

（1）按图 3—48 连接电路。

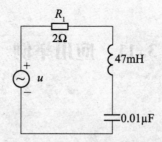

图3—48 串联谐振电路接线图

(2) 调节信号发生器的频率，使 R_1 两端的电压达到最大值。

(3) 测出此时的频率，即谐振频率。

(4) 测量此时电感和电容两端的电压，求得 Q 值。

四、实验报告

(1) 实验过程总结。

(2) 实验结果分析，Q 值的大小与哪些因数有关？

(3) 计算值 Q 值和实际 Q 值进行比较。

技能训练项目二　日光灯电路及功率因数的研究

一、实验目的

(1) 熟悉日光灯电路的原理。

(2) 学习使用二表法测量交流电路的参数。

(3) 功率因数的意义和测试方法。

(4) 提高功率因数的方法。

二、实验器材

(1) 日光灯管（1支）。

(2) 镇流器（1个）。

(3) 启辉器（1个）。

(4) 固定电容（1个）。

(5) 交流电压表（1个）。

(6) 交流电流表（1个）。

三、实验步骤

(1) 按图3—49实线部分连接电路。

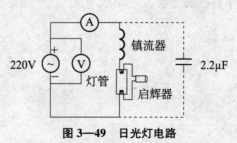

图3—49　日光灯电路

(2) 接通电源，并测量电源电压和电流。

(3) 断开电源，按图并联电容器（虚线部分）。

(4) 接通电源，并测量电源电压和电流。

(5) 重复 2~4 步过程，观察灯管亮度是否改变。

表 3—1　　　　　　　　　　　　实验数据表

	电源电压 U	电源电流 I	灯管功率 P （见灯管标签）	功率因数 （根据 $\cos\theta = \dfrac{P}{UI}$ 计算）
并联电容前				
并联电容后				

四、实验报告

(1) 实验过程总结。

(2) 计算并联电容前后的功率因数，并进行比较。

(3) 分析为何增加电容器会使功率因数有所提高？

(4) 提高功率因数的意义

 课外制作项目

LED 小夜灯电路制作

一、制作要求

按图 3—51 的电路图五个常用元件（可参照图 3—50 的实物图样购买）制作一个实用的 LED 小夜灯，领会电容在交流电路中的作用。

其中电容必须使用耐压在 400V 以上的 CBB 电容，电阻可以使用 1/4W 金属膜电阻，LED 使用直径 5mm 的白光发光二极管。

图 3—50　元件实物图示

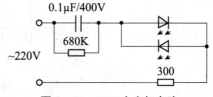

图 3—51　LED 小夜灯电路

二、制作过程

按图 3—51 连接电路，接入 220V 交流电，观察白光 LED 的发光。

习题 3

3.1　填空题

(1) 正弦量的三要素分别是_____、_____和_____。

(2) 市电工频为 50Hz，其周期为_____，角频率为_____。

(3) 交流电 $i = 25\sin\left(10\pi t + \dfrac{\pi}{2}\right)\text{A}$，则其对应的最大值为_____，有效值为_____，角频率为_____，初相位为_____，在 $t=100\text{ms}$ 时刻的相位角为_____。

(4) 电压相量 $\dot{V} = 20\angle-45°\text{V}$ ，已知频率为 50Hz，则对应的电压解析式 $v=$ _____
_____。

(5) 交流电 $i = 10\sin(314t+90°)\text{A}$ ，则其对应的相量 $\dot{I} =$ _____

(6) 两个电感 L_1 和 L_2 串联后的等值电感为_____，并联后的等值电感为_____。

(7) 两个电容 C_1 和 C_2 串联后的等值电容为_____，并联后的等值电容为_____。

(8) 在频率为 50Hz 电路中，10uF 电容的容抗为_____，10mH 电感的感抗为_____。

(9) 通常情况下电容的_____不能突变，电感的_____不能突变。

(10) 在三相四线制供电系统中，已知单相电压有效值为 220V，则线电压有效值为_____，线电压有效值为_____，线电压最大值为_____。

3.2 选择题

(1) 已知交变电流的瞬时值的表达式是 $i = 50\sin(50\pi)t\,\text{A}$ ，从 $t=0$ 到第一次出现最大值的时间是（　　）。

a. 0.02 秒；　　　b. 1/200 秒；　　　c. 1/150 秒；　　　d. 1/100 秒。

(2) 下面关于交流电的几种说法中正确的是（　　）。

a. 使用交流电的电气设备上所标的电压电流值是指峰值；

b. 交流电流表和交流电压表测得的值是电路的瞬时值；

c. 交流的有效值等于跟交流电有相同热效应的直流电的值；

d. 通常所说的市电电压是 220 伏，指的是峰值。

(3) 如图 3—52 所示，是一个交变电流 i 随时间 t 变化的曲线，则此交变电流的有效值是（　　）。

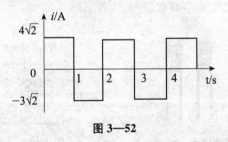

图 3—52

a. $5\sqrt{2}$ A；　　　　b. 5A；　　　　c. $3.5\sqrt{2}$ A；　　　　d. 3.5A。

(4) 有"220V/100W"和"220V/25W"白炽灯两盏，串联后接入 220V 交流电源，其亮度情况是（　　）。

a. 25W 灯泡最亮；　　b. 100W 灯泡最亮；　　c. 两只灯泡一样亮；　　d. 都不亮。

(5) 有关供电线路的功率因数，下列说法正确的是（　　）。

a. 可提高电源设备的利用率并减小输电线路中的功率损耗；

b. 可以大幅度的节省电能；

c. 减少了用电设备的无功功率，提高了电源设备的容量；

d. 可以在感性负载两端并联电容器来提高功率因数。

(6) 已知 $i_1 = 10\sin(\omega t+150°)\text{A}$ 和 $i_2 = 100\sin(\omega t-150°)\text{A}$ ，有关相位的说法正确

的是（ ）。

a. 相位差无法比较；   b. I_1 滞后 I_2 60°；   c. I_1 超前 I_2 60°；   d. 同相。

(7) 在 RL 串联的交流电路中，$U_R=16V$，$U_L=12V$，则总电压为（ ）。

a. 20V；   b. 28V；   c. 不一定；   d. 4V。

(8) RLC 串联电路的频率大于谐振频率时，电路性质呈（ ）。

a. 感性；   b. 阻性；   c. 容性；   d. 不确定。

(9) 串联正弦交流电路的视在功率表征了该电路的（ ）。

a. 电路中总电压有效值与电流有效值的乘积；

b. 平均功率；

c. 瞬时功率最大值；

d. 瞬时功率的平均值。

(10) 正弦交流电路中的电压表，测量的是电路的（ ）。

a. 电压瞬时值；   b. 电压有效值；   c. 电压平均值；   d. 电压最大值。

(11) 有效值相量只能表示交流电的有效值和（ ）。

a. 初相位；   b. 频率；   c. 相位；   d. 周期。

3.3　把下列代数形式的复数转换成极坐标形式

(1) $30+j40$ (2) $30-j40$ (3) $-30+j40$ (4) $-30-j40$

3.4　把下列极坐标形式的复数转换成代数形式

(1) $10\angle 30°$ (2) $10\angle -30°$ (3) $10\angle 60°$ (4) $10\angle -45°$

3.5　计算下列复数，并将结果转换成代数形式

(1) $(50+j60)(20+j30)$ (2) $\dfrac{6\angle -30°}{5+j6}$

(3) $\dfrac{8+j9}{2+j6}$ (4) $10\angle -45°+15\angle -30°$

3.6　某交流电流的曲线如图 3—53 所示，求曲线的频率、初相角、最大值，并写出其瞬时值表达式。

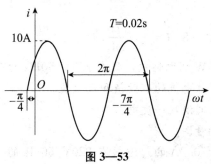

图 3—53

3.7　已知交流电压和电流的解析式为 $u=20\sin(\omega t-160°)V$，$i_1=10\sin(\omega t-45°)A$，$i_2=4\sin(\omega t+70°)A$。在保持它们的相位差不变的情况下，将电压的初相位改为 0°，重新写出它们的解析式。

3.8　一个正弦电压的初相位 $\varphi=45°$，$t=\dfrac{T}{4}$ 时，$v(t)=0.5V$，试求该电压的最大值。

3.9　周期性交流电压的波形分别如图 3—54 所示，它们的有效值与最大值有什么关系？

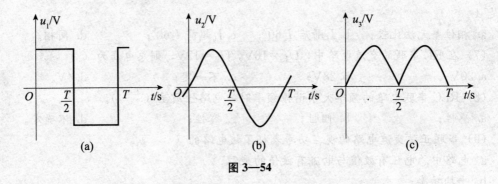

图 3—54

3.10 已知 $i = 1.414\cos(314t + 45°)\text{A}$，则与它对应的相量 $\dot{I}$ 为多少？

如已知向量 $\dot{U} = 10\angle 30°\text{V}$，电路的频率为 50Hz，求对应的电压解析式。

3.11 已知 $i_1 = 50\sqrt{2}\sin(\omega t + 30°)\text{A}, i_2 = 100\sqrt{2}\sin(\omega t - 60°)\text{A}$，求：(1) $\dot{I}_1$、$\dot{I}_2$。
(2) $\dot{I}_1 + \dot{I}_2$。(3) $i_1 + i_2$。(4) 画出对应的相量图。

3.12 已知 $u_1 = 22\sin(\omega t + 30°)\text{V}, u_2 = 22\sin(\omega t + 150°)\text{V}, u_3 = 22\sin(\omega t - 90°)\text{V}$，求：

(1) $\dot{U}_1, \dot{U}_2, \dot{U}_3$。(2) $\dot{U}_1 + \dot{U}_2 + \dot{U}_3$。(3) $u_1 + u_2 + u_3$。(4) 画出对应的相量图。

3.13 已知 $i_1 = 10\sin(\omega t + 30°)\text{A}, i_2 = 5\sin(\omega t - 30°)\text{A}$，分别利用三角函数和相量法
计算 $i_1 + i_2$，试比较哪种方法最方便？

3.14 已知 $u_1 = 2\sqrt{2}\cos(\omega t + 30°)\text{ V}, u_2 = 3\sqrt{2}\sin(\omega t + 60°)\text{ V}$，试作 u_1 和 u_2 的相量
图，并求：$u_1 + u_2$ 和 $u_1 - u_2$。

3.15 用下列各式表示 RC 串联电路中的电压、电流，哪些是对的，哪些是错的？

(1) $I = \dfrac{U}{|Z|}$ 　　　　 (2) $\dot{U} = \dot{U}_R + \dot{U}_C$ 　　　　 (3) $\dot{I} = \dfrac{\dot{U}}{R - j\omega C}$

(4) $i = \dfrac{u}{|Z|}$ 　　　　 (5) $U = U_R + U_C$ 　　　　 (6) $I = \dfrac{U}{R + X_C}$

(7) $\dot{I} = j\dfrac{\dot{U}}{\omega C}$ 　　　　 (8) $\dot{I} = -j\dfrac{\dot{U}}{\omega C}$

3.16 有一个 220V/40W 的电烙铁，接在 220V/50Hz 的交流电源上。求：

(1) 绘出电路图，并计算电流的有效值和最大值。

(2) 计算电烙铁多长时间消耗一度电？

(3) 画出电压、电流相量图。

3.17 为了使一个 48V/0.2A 的灯泡接在 220V/50Hz 的交流电源上能正常工作，可
以串上一个电容器限流，问应串联多大的电容才能达到目的？如果串上一个电感限流呢？

3.18 一个电感线圈接到电压为 120V 的直流电源上，测通电流为 10A；接到频率为
50Hz 电压为 220V 的交流电源上，测通电流为 15A，求线圈的电阻和电感。

3.19 日光灯电路可以看成是一个 RL 串联电路，若已知灯管为 400Ω，镇流器感抗
为 300Ω。求：(1) 电路中的总阻抗、电流。(2) 各元件两端的电压电流与端电压的相位
关系，并画出电压、电流的相量图。

3.20 把 10Ω 的电阻、10mH 的电感和 10uF 的电容分别接在 10V 的交流电源上，试分别计算电源电流并画出电压电流相量图。

3.21 有一线圈，接在电压为 24V 的直流电源上，测通电流为 8A。然后再将这个线圈改接到电压为 24V、频率为 50Hz 的交流电源上，测得的电流为 4.8A。试问线圈的电阻及电感各为多少？

3.22 如图 3—55 所示正弦交流电路，已标明支路电流表的读数，试用相量图求总电流表的读数。

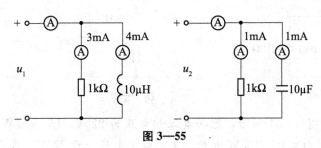

图 3—55

3.23 如图 3—56 所示电路中，已知 $u = 100\sin(314t + 30°)$ V，$i = 20\sin(314t + 20°)$ A，$i_2 = 10\sin(314t + 85°)$ A，试求：i_1、Z_1、Z_2 并说明 Z_1、Z_2 的性质，绘出相量图。

3.24 如图 3—57 所示电路中，已知 $U = 10$V，$R_1 = 10Ω$，$R_2 = 5Ω$，$X_L = 5\sqrt{3}$ Ω，求：(1) 电流 I，并画出电压电流相量图。(2) 计算电路的有功功率 P 和功率因数 $\cos\varphi$。

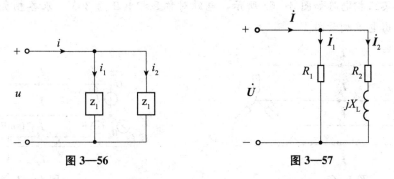

图 3—56   图 3—57

3.25 已知某交流电路，电源电压 $u = 10\sin(314t)$ V，电路中的电流 $i = 2\sin(314t - 60°)$ A，求电路的功率因数、有功功率、无功功率和视在功率。

3.26 已知正弦交流电压有效值为 50V，频率为 50Hz，加在 10Ω 电阻、470uF 电容和 10mH 电感组成的串联电路上，求电路的有功功率，无功功率，视在功率和功率因数。

3.27 已知电路如 3—58 所示，当接到有效值为 50V、频率为 50Hz 的交流电压上时，求：图 (1) 总复阻抗图。(2) 总电流图。(3) 功率因数图。(4) 电阻上的电压。

3.28 某 220V50Hz 正弦交流电路中有一个电动机（感性负载）的有功功率为 1kW，功率因数为 0.6，如要将功率因数提高到 0.9，需要并联多大的电容？

3.29 某 RLC 串联电路中，已知 $R = 3Ω$，$L = 90uH$，$C = 0.1uF$，所加正弦交流电源电压为 10V。求：(1) 谐振频率。(2) 特性阻抗和品质因数。(3) 谐振时各元件上的电压。(4) 谐振时电路的有功功率。

3.30 如图 3—59 所示，某线圈（等效于电感量和直流电阻串联）与电容并联后接在一个电压为10V的交流电源上，求（1）发生并联谐振的频率。（2）谐振时各支路电流和总电流。

3.31 某串联电路如图3—60所示，已知 $u = 2\sin(\omega t + 30°)$ V，$i = 20\sin(\omega t + 30°)$ mA，求：（1）电阻R。（2）电路的频率。（3）电感和电容上的电压。

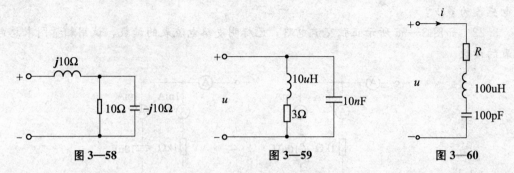

图3—58　　　　　　　图3—59　　　　　　　图3—60

3.32 电路如图3—61所示，已知电源相电压为220V，U、V、W相的负载分别为40W电烙铁、20W白炽灯、100W电炉，负载额定电压均为220V。求各相负载电流及中线电流并画出电流相量图，若中线断裂将有什么危险？

3.33 如图3—61所示，若将U、V、W相的负载均以100Ω电阻和10uF电容串联替代，电路的频率为50Hz，求：（1）线电压。（2）各相负载电流。（3）中线电流。（4）总有功功率。

3.34 某三相电路如图3—62所示，电源对称且相电压为30V，求各相负载电流和中线电流并画出电流相量图。

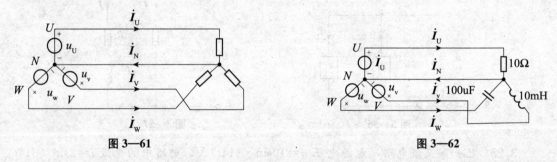

图3—61　　　　　　　　　　　　　图3—62

3.35 某对称三相电路如图3—63所示，已知，电源相电压为220V，对称三角形负载的每相阻抗均为 $10\angle 30° \Omega$，求每相负载的相电压及每相负载的有功功率和无功功率，电路的总功率因数。

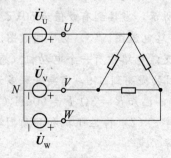

图3—63

3.36 某脉冲电压，最高为5V，最低为0V，当此脉冲接到10Ω电阻上时其发热情况和接到3V直流电源上相同，求此脉冲的占空比。

3.37 如图3—64所示求各非正弦周期电压的有效值。

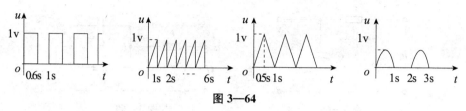

图 3—64

3.38 某单口网络的端口电压和电流分别为

$$u = 4 + 3\cos(t + 45°) + 5\cos(2t + 30°) + 2\cos(3t + 15°) \text{ V},$$

$i = 3 + 3\cos(t - 45°) + 2\cos(2t + 15°) \text{ A}$，$u$，$i$ 为关联参考方向，求单口网络吸收的平均功率。

3.39 如图3—65所示，正弦交流电路中，已知 $u_1 = 220\sqrt{2} \sin(314t) \text{ V}$，$u_2 = 220\sqrt{2} \sin(314t - 45°) \text{ V}$，试用相量表示法求电压 u_a 和 u_b。

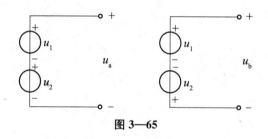

图 3—65

3.40 如图3—66中，电流表 A_1 和 A_2 的读数分别为 $I_1 = 4A$，$I_2 = 3A$。(1) 设 $Z_1 = R$，$Z_2 = -jX_C$，则电流表 A_0 的读数应为多少？(2) 设 $Z_1 = R$，问 Z_2 为何种参数才能使电流表 A_0 的读数最大？此读数应为多少？(3) 设 $Z_1 = -jX_L$，问 Z_2 为何种参数才能使电流表 A_0 的读数最小？此读数应为多少？

3.41 如图3—67中，$I_1 = 5A$，$I_2 = 5\sqrt{2}A$，$U = 200V$，$R = 5\Omega$，$R_2 = X_L$，试求 I，X_C，X_L 及 R_2。

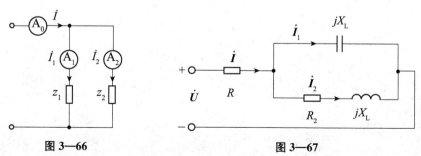

图 3—66   图 3—67

3.42 如图3—68所示，一移相电路。已知 $R = 200\Omega$，输入信号频率为 $500Hz$。如果输出电压 u_2 与输入电压 u_1 间的相位差为 $45°$，试求电容值。

3.43 如图 3—69 所示，交流电路中，已知 $U_{ab}=U_{bc}$，$R=100\Omega$，$X_C=\dfrac{1}{\omega C}=100\Omega$，$Z_{ab}=R'+jX_L$。试求 $\dot{U}$ 和 $\dot{I}$ 同相时 Z_{ab} 等于多少？

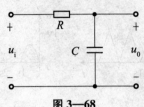

图 3—68

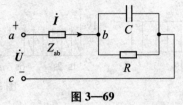

图 3—69

第4章 电路的暂态分析

内容提要：本章主要介绍动态电路的基本概念，并介绍了 RC、RL 电路的时域分析过程和方法，及求解一阶电路的三要素法。

重点：用经典法和三要素法求解 RC、RL 一阶电路。

难点：应用换路定律画初始电路，用经典法求解一阶电路。

4.1 电路稳态和暂态的基本概念

若电路中涉及的元件都是电阻特性时，电源一旦接通或断开，电压电流马上发生跳变，电路在此瞬间直到下一次结构或参数变化，保持同一状态不再改变，这种状态称为稳定状态，即稳态。

当电路中含有储能元件如电感、电容元件，且电路结构或参数改变时，由于它们的记忆惯性，储能元件的能量不能突变，也即电容电压和电感电流不能跃变，其值与初始值有关，电路需逐渐稳定，从旧的稳定状态达到新的稳定状态需要持续一段时间，即存在一个暂态的过程，这种过渡过程定义为动态过程。而电路结构或参数的突然改变，如电闸的开、关，称为换路，一般默认在 $t=0$ 时刻发生。

开关 S 在 $t=0$ 时刻闭合，假设电容元件 C 原来没有能量储存，现分析如图 4—1 所示的电路在换路前后的状态。

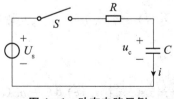

图 4—1 动态电路示例

换路前：$t<0$，S 断开，$u_c=0$，电路处于旧的稳定状态。

换路中：$t=0$，S 动作，$u_c(0)=0$，$i(0)=\dfrac{U_S-u_C(0)}{R}=\dfrac{U_S}{R}$。

换路后：$t>0$，S 闭合，电容 C 逐渐充电，$u_c(t)$ 随着时间逐渐增大，$i(t)=\dfrac{U_S-u_C(t)}{R}$ 则逐渐减小，直到 $U_c(t)=U_s$，即 $i(t)=0$，电路达到新的稳定状态。

思考与练习题

4.1.1 稳态与暂态的区别有哪些？

4.1.2 换路过程中各元器件的状态都是如何改变？

4.2 换路定律及初始值的确定

4.2.1 换路定律

由 4.1 节可知，将直流源通过开关 S 连接到 RC 串联电路上，由于储能元件的记忆特性，电容充放电过程需要一段时间，两端电压 u_c 从 0 增加，最终将等于电源电压 U_s，其中，动态过程中电路各处的电压和电流，称为动态响应，$u_c(t)$ 由 0 逐渐增加到 U_s 的过程称为该电路的动态过程，$t=0$ 时刻的变化为**换路**。

同时，为了更好的分析动态电路的变化，一般用 $t=0_-$ 表示换路前最后一瞬间，$t=0_+$ 表示换路后最初一瞬间，并将电路动态过程起始时刻（即 $t=0_+$ 时刻）的电压、电流值，称为动态电路的**初始条件**，其中，电容电压和电感电流描述了电路的初始状态，称为独立初始值。需要注意的是，$t=0_-$ 和 $t=0_+$ 之间是无穷趋近，没有间隔的。

所谓经典法是通过基尔霍夫电压、电流定律（KVL、KCL）和元件电压与电流关系（VCR）建立以时间为自变量的线性常微分方程，并根据电路的初始条件确定方程中的积分常数，从而求解方程中的变量，获通电路的电压、电流值。

电容 C 指的是在一定的电位差下储存的电荷量，即 $C=\dfrac{q}{u_C}$，根据电容特性可知，在有限的电容电流下，电容电量不能跳变。

因此，在任意时间 t，电荷与电流的关系为

$$q(t)=q(t_0)+\int_{t_0}^{t}i_C(\xi)\,\mathrm{d}\xi$$

电容电压则为

$$u_C(t)=\frac{q(t)}{C}=\frac{q(t_0)}{C}+\frac{1}{C}\int_{t_0}^{t}i_C(\xi)\,\mathrm{d}\xi=u_C(t_0)+\frac{1}{C}\int_{t_0}^{t}i_C(\xi)\,\mathrm{d}\xi$$

其中 q、i_C 和 u_C 分别为电容的电荷量、电流和电压。为研究换路前后的变化，令上式中的 $t_0=0_-$，$t=0_+$，则

$$q(0_+) = q(0_-) + \int_{0_-}^{0_+} i_C(\xi) d\xi$$

$$u_C(0_+) = u_C(0_-) + \frac{1}{C} \int_{0_-}^{0_+} i_C(\xi) d\xi \tag{4.1}$$

由于在换路前后，$t=0_-$ 和 $t=0_+$ 之间无穷趋近，没有时间间隔的，而且电流 i_C 为有限值，故积分 $\int_{0_-}^{0_+} i_C(\xi) d\xi = 0$。故得

$$q(0_+) = q(0_-)$$

$$u_C(0_+) = u_C(0_-) \tag{4.2}$$

式 (4.2) 表明电容电荷 (电压) 在电容电流有限的情况下，完全遵循了电荷守恒定理，即电容电荷值 (电压) 在换路前后不产生跳变。

同样的，电感 L 指的是电流改变时，因电磁感应而产生抵抗电流改变的电动势。在一定的电感电压下，电感电流不能跳变。因此，在任一时刻 t，线性电感的磁通链、电流与电压的关系为

$$\Psi_L(t) = \Psi_L(t_0) + \int_{t_0}^{t} u_L(\xi) d\xi$$

$$i_L(t) = i_L(t_0) + \frac{1}{L} \int_{t_0}^{t} u_L(\xi) d\xi$$

其中 Ψ_L、i_L 和 u_L 分别为电感的磁通链、电流和电压。为研究换路前后的变化，令上式中的 $t_0 = 0_-, t = 0_+$，则得

$$\Psi_L(0_+) = \Psi_L(0_-) + \int_{0_-}^{0_+} u_L(\xi) d\xi$$

$$i_L(0_+) = i_L(0_-) + \frac{1}{L} \int_{0_-}^{0_+} u_L(\xi) d\xi \tag{4.3}$$

由于在换路前后，$t=0_-$ 和 $t=0_+$ 之间无穷趋近，没有间隔的，而且电压 $u_L(\xi)$ 为有限值，故积分 $\int_{0_-}^{0_+} u_L(\xi) d\xi = 0$。故得

$$\Psi_L(0_+) = \Psi_L(0_-)$$

$$i_L(0_+) = i_L(0_-) \tag{4.4}$$

式 (4.4) 表明电感磁通链 (电流) 在电感电压有限的情况下，完全遵循了磁通链守恒定理，即电感磁通链 (电流) 在换路前后不产生跳变。

换路前后，若电容电压和电感电流有限时，换路瞬间电容电压和电感电流不能跃变，这种现象称为**换路定律**。该定律也可以从能量角度来证明：

由于电场能量 $W_e = 0.5Cu_C^2$，电磁能量 $W_m = 0.5Li_L^2$，且物体所具有的能量不能跃变，故

$$W_{e0_+} = 0.5Cu_C^2(0_+) \quad W_{m0_+} = 0.5Li_L^2(0_+) \quad W_{e0_+} = W_{e0_-}$$

$$W_{e0_-} = 0.5Cu_C^2(0_-)' W_{m0_-} = 0.5Li_L^2(0_-)' W_{m0_+} = W_{m0_-}$$

因此

$$u_C(0_+) = u_C(0_-)$$

$$i_L(0_+) = i_L(0_-)$$

从以上的证明过程中我们可以看出，换路定律成立的前提条件是电容电压和电感电流在换路前后保持有限值。

4.2.2 初始值的确定

由上节的推导可知，换路定律可用于换路瞬间以确定动态过程中的初始值 u_C 和 i_L。

例 4.1 如图 4—2 所示，动态电路中 U_S 为直流电压源大小。当各元件电压和电流稳定不变时，开关 S 断开。试求 $u_C(0_+)$，$i_C(0_+)$ 和 $u_R(0_+)$。

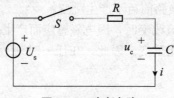

图 4—2 动态电路

解 由题意可知，令 $t = 0_-$，即开关断开前瞬间，由于电路已经稳定，故有

$$\left(\frac{\mathrm{d}u_C}{\mathrm{d}t}\right)_0 = 0$$

由电容特性可得，电容电流 $i_C = C\dfrac{\mathrm{d}u_C}{\mathrm{d}t} = 0$，相当于电路开路。故

$$u_C(0_-) = U_S$$

由于换路瞬间断开开关 S，电容电压 u_C 保持不变，所以 $u_C(0_+) = u_C(0_-)$。为求得 $t = 0_+$ 时的初始值，我们将 $u_C(0_+)$ 等效为电压源，由此可知

$$i_C(0_+) = \frac{u_C - U_S}{R} = 0$$

$$u_R = Ri_C(0_+) = 0$$

根据例 4.1，我们可以得到确定电路初始值的一般步骤：

(1) 依据换路前的电路稳态，求得 $u_C(0_-)$ 与 $i_L(0_-)$。

(2) 根据换路定则，求得 $u_C(0_+)$ 与 $i_L(0_+)$。

(3) 结合刚得到的初始值 $u_C(0_+)$ 与 $i_L(0_+)$，依据戴维南定理或诺顿定理，并将 $u_C(0_+)$ 和 $i_L(0_+)$ 分别用电压源和电流源代替，画出 $t = 0_+$ 时刻的等效电路，再将该等效电路按直流电路方式求得所需变量的大小。

在以上步骤中，我们采用时域分析中的经典法，得到了以时间为自变量的线性常微分方程，由于上例中只包含了一个动态元件（电容），而其他的线性电阻电路又可依据等效电路定理用电压源与电阻的串联组合、电流源与电阻的并联组合来代替，得到的方程是一阶线性微分方程，因此，我们将该动态电路称为一阶线性电路。当动态元件有两个，所得

150

方程为二阶微分方程时，则称该动态电路为二阶线性电路，以此类推，当电路包含两个以上动态元件，得到的是高阶微分方程时，该动态电路则为高阶线性电路。本章中只详细讲述一阶线性电路的求解。

➡ 思考与练习题

4.2.1 换路定律的前提条件和使用范围是什么？

4.2.2 假设换路前电路已处于稳态，试确定如图 4—3 所示电路中的各电流初始值。

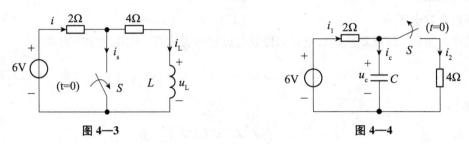

图 4—3　　　　　　　　　　　图 4—4

4.2.3 如图 4—4 所示的电路中，各电阻值已标明，换路前电路已处于稳态，试求在开关 S 断开瞬间的初始电压 u_C 和电流 i_C，i_1，i_2。

4.3 RC 电路的暂态分析

4.3.1 RC 电路的零输入响应

RC 电路中，没有外加激励（即输入信号为零）的情况下，换路后由储能元件（电容）初始状态 $u_C(0_+)$ 引起的电路动态响应，称为 RC 电路的零输入响应。分析 RC 电路中电容元件的放电过程是学习零输入响应的重点。如图 4—5 所示，在 $t=0$ 时刻闭合开关 S，换路前，电容 C 已充电完毕，电压大小 $u_C = U_0$。换路过程中，电容的储存能量通过电阻散发热量的方式逐渐释放出来。若将开关 S 闭合瞬间（$t=0$）作为起点，闭合开关 S 后（$t \geqslant 0_+$），根据 KVL 可知

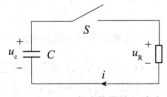

图 4—5　RC 电路的零输入响应

$$u_R - u_C = 0$$

联合 VCR 和电容特性 $u_R = Ri$，$i = -C\dfrac{du_C}{dt}$，得到一阶齐次微分方程

$$RC \frac{\mathrm{d}u_C}{\mathrm{d}t} + u_C = 0 \tag{4.5}$$

依据换路定律有，初始条件 $u_C(0_+) = u_C(0_-) = U_0$，由数学定理知，我们假设方程 (4.5) 的通解为 $u_C = A\mathrm{e}^{pt}$ 则，积分常数 $A = u_C \mathrm{e}^{-pt} = u_C(0_+)\mathrm{e}^{-p \cdot 0_+} = u_C(0_+) = U_0$，

$$(pRC+1)A\mathrm{e}^{pt} = 0，$$

其特征方程为 $$pRC+1 = 0 \tag{4.6}$$

其特征根为 $$p = -(RC)^{-1} \tag{4.7}$$

所以电容电压为 $$u_C = A\mathrm{e}^{pt} = u_C(0_+)\mathrm{e}^{-\frac{t}{RC}} = U_0\mathrm{e}^{-\frac{t}{RC}} \tag{4.8}$$

其中 $t \geqslant 0$，这就是换路后电容元件放电过程的表达式。而电路中的电流

$$i = -C \frac{\mathrm{d}u_C}{\mathrm{d}t} = -C \frac{\mathrm{d}}{\mathrm{d}t}(U_0\mathrm{e}^{-\frac{t}{RC}}) = -CU_0\mathrm{e}^{-\frac{t}{RC}}\left(-\frac{1}{RC}\right) = \frac{U_0}{R}\mathrm{e}^{-\frac{t}{RC}} \tag{4.9}$$

或

$$i = \frac{u_C}{R} = \frac{U_0}{R}\mathrm{e}^{-\frac{t}{RC}} = I_0\mathrm{e}^{-\frac{t}{RC}} \quad t \geqslant 0$$

电阻两端电压为

$$u_R = u_C = U_0\mathrm{e}^{-\frac{t}{RC}}$$

为方便表达，令 $\tau = RC$，则其量纲 $[\tau] = [RC] = [欧][法] = [欧]\left[\frac{库}{伏}\right] = [欧]\left[\frac{安秒}{伏}\right] = [秒]$ 可见，τ（乘积 RC）是具有时间量纲的，所以我们称它为一阶电路的时间常数。

τ 值在一阶动态电路中有着极其重要的物理意义。

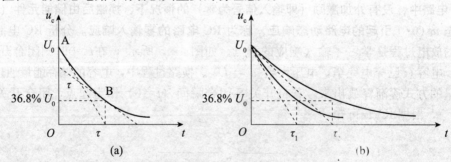

图 4—6　τ 值及不同 τ 值的对比关系

(1) 当 $t=\tau$ 时，$u_C = U_0\mathrm{e}^{-1} = 0.368U_0$。这表明动态过程中，电压需要经过时间 τ 才能衰减到 $0.368U_0$。从数学的角度可得：指数线上的任意一点的次切距长度都等于 τ。如图 4—6 (a) 所示，τ 值等于 A 点和 B 点的次切距（虚线所示）长度。

(2) 不论单独改变电阻 R，还是单独改变电容 C，都能使 τ 值改变。如图 4—6 (b) 表示了相同初始电容电压在不同 τ 值下，电压随时间衰减的情况。由图可知，τ 值直接影响着电容放电的速度。时间常数 τ 愈小，电能的释放就愈快，电路重新达到稳定状态所需要的时间就愈短。

（3）由以上得到的电容电压、电流与时间的关系式可以看出，从理论上讲，不论是电容电压还是电流，要重新达到稳定状态，则需要 $t = +\infty$。但在实际应用中进行分析与计算时，我们不可能等到电路在 $t = +\infty$ 时的状态，因此，在对比了下表 4—1 后，将电路重新返回稳定状态，即完成放电过程的时间，约定为 $t = (3 \sim 5)\tau$ 时间。

表 4—1 i 和 u_C 随时间变化的情况

t	1τ	2τ	2.3τ	3τ	5τ	∞
u_C	$0.368U_0$	$0.135U_0$	$0.10U_0$	$0.05U_0$	$0.01U_0$	0
i	$0.368\dfrac{U_0}{R}$	$0.135\dfrac{U_0}{R}$	$0.10\dfrac{U_0}{R}$	$0.05\dfrac{U_0}{R}$	$0.01\dfrac{U_0}{R}$	0

例 4.2 如图 4—7 所示，电压源 $U_s = 6\text{V}$，电阻 $R_1 = R_2 = 1.5\Omega$，电容 $C = 2\text{F}$。换路前电容电压稳定。在 $t = 0$ 时刻，开关 S 由 1 跳换到 2，试分析 $t \geqslant 0$ 时，电压 u_C 和电流 i_C。

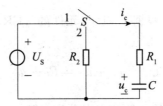

图 4—7

解 由题意知，换路前电路稳定，所以，当 $t = 0_-$ 时

$$u_C(0_-) = U_s = 6\text{V}$$

依换路定律，$u_C(0_+) = u_C(0_-) = 6\text{V}$

开关 S 由 1 转换到 2 的瞬间，即 $t \geqslant 0$ 时，电容 C 的串联支路与电压源 U_s 断开，转而与电阻 R_2 串联，故 $R = R_1 + R_2 = 3\Omega$，同时电容开始放电。时间常数为 $\tau = RC = (R_1 + R_2)C = (1.5 + 1.5) \times 2\text{s} = 6\text{s}$

由式（4.8）得出

$$u_C = u_C(0_+)\text{e}^{-\frac{t}{RC}} = U_s\text{e}^{-\frac{t}{\tau}} = 6\text{e}^{-\frac{t}{6}}\text{V}$$

依式（4.9）可得

$$i_C = C\frac{\text{d}u_C}{\text{d}t} = -\frac{U_s}{R}\text{e}^{-\frac{t}{RC}} = -\frac{U_s}{R}\text{e}^{-\frac{t}{\tau}} = -2\text{e}^{-\frac{t}{6}}\text{A}$$

4.3.2 RC 电路的零状态响应

类比 RC 电路零输入响应的概念，我们可知，当 RC 电路中储能元件（电容）无储能，即初始状态 $u_C(0_+)$ 为 0 时，换路后由外加激励（电源）产生的电路动态响应，称为 RC 电路的**零状态响应**。分析电容元件的充电过程是学习零状态响应的重点。

在本章第一节所举的例子就是一个比较常见的 RC 充电电路，也是 RC 电路零状态响应的一个典型例子，如图 4—8 所示，换路瞬间开关 S 闭合，电路中的直流电压源 U_S 开始对电容 C 充电。在换路前后，电容支路相当于得到了一个跳变的输入，即阶跃电压 u，该阶跃电压数学表达式为：

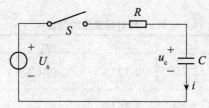

图 4—8　RC 充电电路

$$u_C = \begin{cases} 0, & (t < 0) \\ U, & (t > 0) \end{cases}$$

式中 U 为其幅值。

由图 4—8 可知，$t \geq 0$ 时，根据 KVL 与元件的 VCR，该电路的电压电流关系表达式为

$$U_s = u_R + u_C = Ri + u_C$$

结合电容特性 $i = C\dfrac{du_C}{dt}$ 得到一阶非齐次微分方程

$$U_s = RC\frac{du_C}{dt} + u_C \tag{4.10}$$

由数学定理知，式（4.10）的通解由特解 u'_C 和齐次解 u''_C 两部分组成：

$$u_C = u'_C + u''_C \tag{4.11}$$

当 $t = +\infty$ 时，电容充电完毕，电路重新达到稳定状态，电容两边电压 u_C 与直流电压源相等，因此可得到其中一个特解 $u_C(+\infty) = U_S$，故

$$u_C = U_s + Ae^{-\frac{t}{RC}}$$

同时，由换路定律得，初始值 $u_C(0_+) = 0$，代入上式，则

$$u_C(0_+) = U_s + Ae^{-\frac{1}{RC} \cdot 0} = 0$$

得到积分常数　　　　　　　　　　　　$A = -U_S$

因此，电容 C 两端的电压

$$u_C = U_s - U_s e^{-\frac{1}{RC}t} = U_s(1 - e^{-\frac{1}{RC}t}) = U_s(1 - e^{-\frac{t}{\tau}}) \tag{4.12}$$

式子（4.12）是的电压 u_C 与时间 t 变化关系的表达式，其曲线如图 4—10 所示。

由图 4—9 可得，随着时间增大，u'_C 恒定不变，u''_C 按指数规律衰减而趋于稳态值。

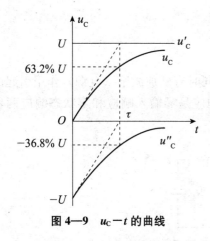

图 4—9　$u_C - t$ 的曲线

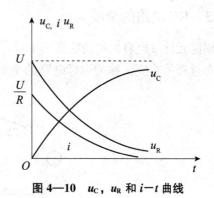

图 4—10　u_C，u_R 和 $i - t$ 曲线

与 RC 电路的零输入响应类似，$t = \tau$ 也具有其特殊意义，此时，$u_C = U(1 - \mathrm{e}^{-1}) = 0.632U$，可见，电容电压要达到 $0.632U$ 所需时间为 $t = \tau$，从电路的角度来分析，暂态过程中电容元件两端的电压 u_C 由两个分量叠加而成：其一是到达稳定状态时的稳态分量，即电压（u'_C），它的变化规律和大小与电源电压 U_S 有关；其二是暂态分量 u''_C，仅存在于暂态过程，其变化规律与电源电压 U_S 无关，总是按指数规律衰减，但是它的大小与电源电压 U_S 有关。

当 $t \geqslant 0$ 时，结合 VCR、电压特性和式（4.12）求通电容 C 的电流及其两端的电压分别为

$$i = C \frac{\mathrm{d}u_C}{\mathrm{d}t} = \frac{U_S}{R} \mathrm{e}^{-\frac{t}{\tau}} \tag{4.13}$$

$$u_R = Ri = U_S \mathrm{e}^{-\frac{t}{\tau}} \tag{4.14}$$

例 4.3　如图 4—11 所示，电压源 $U_s = 6\mathrm{V}$，电阻 $R_1 = R_2 = 1.5\Omega$，电容 $C = 2\mathrm{F}$。换路前电容电压稳定。在 $t = 0$ 时刻，开关 S 由 2 跳换到 1，试分析换路后 $t \geqslant 0$，电压 u_C。

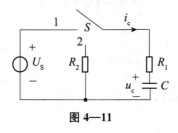

图 4—11

解　由题意知，换路前电路稳定，所以，依据换路定律得

$$u_C(0_+) = u_C(0_-) = 0\mathrm{V}$$

代入到式（4.11）得 $A = -U_S = -6\mathrm{V}$

当电路重新归于稳定时，可以得到特解 $u_C(+\infty) = U_S = 6\mathrm{V}$

时间常数

$$\tau = RC = R_1 \cdot C = 1.5 \times 2\mathrm{s} = 3\mathrm{s}$$

由上可得

$$u_C = U_s(1 - e^{-\frac{t}{\tau}}) = 6(1 - e^{-\frac{t}{3}}) \text{ (V)}$$

4.3.3　RC 电路的全响应

储能元件（电容）初始状态 $u_C(0_+)$ 不为零，同时有外加激励（电源）作用引起的电路动态过程的响应，称为 RC 电路的全响应。全响应是零输入响应和零状态响应两者的叠加。

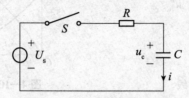

图 4—12　RC 电路的全响应

如果将本章 4.1 中所举的例子中的条件"电容元件 C 原来没有能量储存"改成"电容元件 C 在换路前瞬间电压为 U_0"，那么，得到的电路就成了 RC 的全响应电路，根据这一变更，分析如图 4—12 所示的电路。

由题意可知，当 $t = 0_-$ 时有 $u_C(0_-) = U_0$，根据换路定律得，$u_C(0_+) = U_0$。

与分析 RC 电路零输入响应相似，开关 S 闭合后，$t \geqslant 0$ 时，得到微分方程

$$U_s = RC\frac{\mathrm{d}u_C}{\mathrm{d}t} + u_C$$

$$u_C = u'_C + u''_C = U + Ae^{-\frac{1}{RC}t} \tag{4.15}$$

其中，U 和 A 均为未知数，t 为变量。

将 $u_C(0_+) = U_0$ 代入上式，得到积分常数

$$A = U_0 - U$$

所以电容元件两端的电压

$$u_C = U + (U_0 - U)e^{-\frac{1}{RC}t} \tag{4.16}$$

又因为当电路再次达到稳定状态，即 $t = +\infty$ 时，$u_C(+\infty) = U_s$，且 $e^{-\frac{1}{RC}t} = 0$，所以 $U = U_s$，则

$$u_C = U_s + (U_0 - U_s)e^{-\frac{t}{RC}}$$

或

$$u_C = U_0 e^{-\frac{t}{\tau}} + U_s(1 - e^{-\frac{t}{\tau}}) \tag{4.17}$$

从这一结果，我们很容易可以验证出，全响应是零输入响应和零状态响应两者的叠加，即

全响应＝零输入响应＋零状态响应

同时也可以看出，一阶电路也是可以靠叠加定理来分析的。在分析全响应的过程中，只需要将电容元件的初始电压等效成大小方向相同的电压源 $u_C(0_+)$，那么全响应就成了

电压源 $u_C(0_+)$ 和电源激励分别单独作用时所得出的零输入响应和零状态响应叠加。

还可以从式（4.17）的另一种结果看出，U_S 为稳态分量；$(U_0 - U_S)e^{-\frac{t}{\tau}}$ 为暂态分量。所以全响应也可以表示为

全响应＝稳态分量＋暂态分量

例 4.4 如图 4—13 所示，先将开关 S 置于位置 1 上，使电容 C 的电压在直流电压源 U_1 的作用下稳定后，再在 $t=0$ 时刻将开关 S 转换到位置 2，使电容 C 与直流电压源 U_2 连接，试分析 $t \geq 0$ 时，该电路中电容 C 两端的电压 u_C。已知 $R = 1\Omega, C = 1F$，电压源 $U_1 = 3V, U_2 = 5V$。

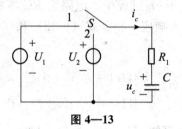

图 4—13

解 由于在换路前，电路已经处于稳定状态，所以，当 $t = 0_-$ 时有

$$u_C(0_-) = 3V$$

根据换路定律得

$$u_C(0_+) = 3V$$

由于换路后，电路再次稳定时

$$U_2 = u_C$$

开关 S 转换到位置 2 以后，即 $t \geq 0$ 时，根据基尔霍夫电压定律列出

$$U_2 = u_R + u_C$$

经整理后得

$$U_2 = u_C + RC\frac{\mathrm{d}u_C}{\mathrm{d}t}$$

$$\tau = RC = 1 \times 1s = 1s$$

$$A = U_1 - U_2 = 3 - 5 = 2V$$

由公式（4.15）可列出

$$u_C = u'_C + u''_C = U + Ae^{-\frac{1}{RC}t} = 5 - 2e^{-t}(V)$$

4.3.4 微分电路与积分电路

在前面的分析中，电源都是恒定的，但实际电路中的电源并不都是恒定电源，下面我们以一个周期变换的矩形脉冲电源 U_s 为例来分析下面的 RC 电路，其中，U_s 大小如图 4—14 所示。

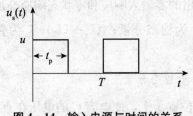

图4—14 输入电源与时间的关系

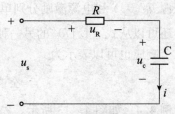

图4—15 RC电路原理图

其中，t_p为矩形脉冲的脉宽如图4—14所示，RC串联电路中，假设电路中电压电源 u_C 初始值为零，由于电源大小周期变换，电路的换路过程也随之周期性发生。

由于 u_C 初始值为零，在 $0 \sim t_p$ 过程中，电路为 RC 零状态响应，电容被充电，而在 $t_p \sim T$ 的过程中，电路为零输入响应，根据式（4.12）和（4.8）可知，在电源 U_s 幅值为 U 的情况下，

$$u_c(t) = \begin{cases} U(1 - e^{\frac{t}{\tau}}), & 0 \leqslant t \leqslant t_p \\ U \cdot e^{\frac{t}{\tau}}, & t_p \leqslant t \leqslant T \end{cases}$$

根据 KVL 与元件的 VCR 可知，$U_s = u_R + u_C$，则

$$u_R(t) = \begin{cases} U \cdot e^{\frac{t}{\tau}}, & 0 \leqslant t \leqslant t_p \\ -U \cdot e^{\frac{t}{\tau}}, & t_p \leqslant t \leqslant T \end{cases}$$

其中，$\tau = RC$，选取合适的 R、C 值可以得到不同的时间常数，若 $\tau \ll t_p$，取电阻两端作为我们的输出端，则输出电压为

$$u_0 = i \times R \approx C \frac{\mathrm{d}u_c(t)}{\mathrm{d}(t)} \times R \approx RC \frac{\mathrm{d}u_S(t)}{\mathrm{d}t}$$

由上式可知，输出电压 $u_o(t)$ 与输入电压 $u_s(t)$ 成微分关系，所以我们将这种电路统称为微分电路。

同理，如果选取的 R、C 值使时间常数 $\tau \gg t_p$，并且取电容 C 两端作为输出端，则输出电压为

$$u_0(t) = u_c(t) = \frac{1}{C} \int i_c(t) \cdot \mathrm{d}t = \frac{1}{C} \int \frac{u_R(t)}{R} \cdot \mathrm{d}t \approx \frac{1}{RC} \int u_S(t) \cdot \mathrm{d}t$$

由此可知，输出电压 $u_o(t)$ 与输入电压 $u_s(t)$ 成积分关系，我们将这种电路统称为积分电路。

思考与练习题

4.3.1 对于 RC 电路，电容电压达到稳态值所需的时间由几个参数决定？

4.3.2 分析 RC 电路的零输入响应过程中的能量变化过程。

4.3.3 如图4—16所示的电路中，换路前电路处于稳定状态，试分析换路后 u_C 如何变化。

4.3.4 试区分微分电路和积分电路的条件和特点。

4.3.5 常用万用表的"R×1000"档来检查电容器（电容量 C 应较大）的质量。如

在检查时发现如下现象，试判断电容器的好坏并解释之。

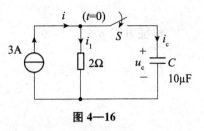

图 4—16

（1）指针满偏转后停止不动。

（2）指针根本不动。

（3）指针很快偏转后又返回原刻度（∞）处。

（4）指针偏转后不能返回原刻度处。

（5）指针偏转后返回速度很慢。

4.4　RL 电路的暂态分析

储能元件电感与电容元件相似，都具有记忆惯性的特点。在电路结构或参数改变时，元件的能量不能突变，即电感电流不能跃变，其值与初值有关，因此，分析 RL 电路的方法与 RC 电路也类似，本节将不做详细分析，只作简略叙述。

4.4.1　RL 电路的零输入响应

如图 4—17 所示为 RL 串联电路，换路前，将开关 S 置于位置 1 上，电感 L 的电流在直流电压源 U_S 的作用稳定下来后，在 $t=0$ 时刻将开关 S 转换到位置 2，使电感 L 单独与电阻 R 连接，外加电源激励 U_S 被撤走，换路瞬间电感元件已有储能，假设电流初始值 $i(0_+) = I_0$。当 $t \geqslant 0$ 时，若电压不能达到无穷大，则电流不发生跳变，将逐渐减弱，动态电路中的电感逐渐释放能量，转换成热能散发，这就是 RL 电路的零输入响应过程。

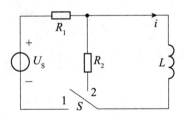

图 4—17　RL 电路零输入响应

依据换路定律

$$i(0_+) = i(0_-) = \frac{U_S}{R_1} = I_0$$

当 $t \geqslant 0$ 时，根据基尔霍夫电压定律得

$$u_R + u_L = 0$$

根据电感特性 $u_L = L \dfrac{\mathrm{d}i}{\mathrm{d}t}$，代入上式得一阶齐次微分方程

$$Ri + L \frac{\mathrm{d}i}{\mathrm{d}t} = 0 \qquad (4.18)$$

假设其通解为 $i_L(t) = Ae^{pt}$，代入上式得

特征方程 $p + \dfrac{R}{L} = 0$

故 $p = -\dfrac{R}{L}$，同时，令 $\tau = \dfrac{L}{R}$

$$i = A\mathrm{e}^{-\frac{R}{L}t} = A\mathrm{e}^{-\frac{t}{\tau}}$$

由 $i(0_+) = I_0$ 得，$A = I_0$，故

$$i = I_0\mathrm{e}^{-\frac{R}{L}t} = I_0\mathrm{e}^{-\frac{t}{\tau}} \tag{4.19}$$

类比于 RC 电路中的时间常数，刚才 RL 电路的分析过程中也有 $[\tau] = \dfrac{[L]}{[R]} = \dfrac{[\text{欧} \cdot \text{秒}]}{[\text{欧}]} = [\text{秒}]$，可见，RL 电路的 τ 与 RC 电路的 τ 同样具有时间的量纲，因此，称为 RL 电路的时间常数。

与 RC 电路相同，不论单独改变的 L 还是 R，都会改变时间常数 τ 的大小，而时间常数 τ 的大小又直接决定了暂态过程持续时间的长短，常数 τ 越大，暂态过程持续越久。这一点也可以从电感 L 的定义"当电流改变时，因电磁感应而产生抵抗电流改变的电动势"看出，L 越大，抵抗电流改变的电动势（$e_L = -L\dfrac{\mathrm{d}i}{\mathrm{d}t}$）也就越大。因此，时间常数 τ 在动态电路中具有极其重要的地位。

当 $t \geqslant 0$ 时，结合 VCR、电感特性和式（4.19）求通电阻 R 与电感 L 两端的电压分别为

$$u_\mathrm{R} = Ri = RI_0\mathrm{e}^{-\frac{t}{\tau}} \tag{4.20}$$

$$u_\mathrm{L} = L\frac{\mathrm{d}i}{\mathrm{d}t} = -RI_0\mathrm{e}^{-\frac{t}{\tau}} \tag{4.21}$$

i、u_R 和 u_L 的时间曲线如图 4—18 所示。

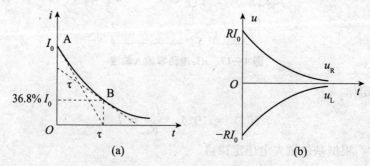

图 4—18 i、u_R 和 u_L 的时间曲线

4.4.2 RL 电路的零状态响应

与 RL 电路的零输入响应的分析过程类似，如图 4—19 所示，RL 串联电路。在 $t = 0$ 时刻，将开关 S 从位置 2 转换到位置 1，换路前，电路已稳定，即电感元件未储能，流过电感的电路初始值为 $i(0_-) = i(0_+) = 0$，换路瞬间，将开关 S 由位置 2 转换到位置 1，电

感与直流电压源 U_S 连接，由于电感特性，电流不能跳变而逐渐增加，电感内能量也逐渐增大。这种电感 L 储存电能的过程称为 RL 电路的零状态响应。

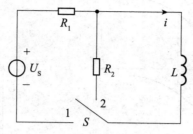

图 4—19　RL 电路零状态响应

当 $t \geqslant 0$ 时，根据基尔霍夫电压定律得，$U_S = U_{R_1} + U_L$，依据 VCR 和电感特性，得一阶非齐次微分方程

$$U_S = R_1 i + L \frac{\mathrm{d}i}{\mathrm{d}t} \tag{4.22}$$

令通解为 $i_L(t) = I + A \mathrm{e}^{pt}$，由

$$i(0_-) = i(0_+) = 0$$

$$i(+\infty) = \frac{U_S}{R_1} = I_0$$

得

$$A = -I = -\frac{U_S}{R}$$

即

$$i = \frac{U_S}{R} - \frac{U_S}{R} \mathrm{e}^{-\frac{R}{L}t} = \frac{U_S}{R}(1 - \mathrm{e}^{-\frac{t}{\tau}}) \tag{4.23}$$

可见，分析结果 i 也由稳态分量和暂态分量叠加而成。所求电流随时间而变化的曲线，如图 4—20（a）所示。

由式（4.23）可得出 $t \geqslant 0$ 时电阻元件和电感元件上的电压

$$u_R = Ri = U(I - \mathrm{e}^{-\frac{t}{\tau}}) \tag{4.24}$$

$$u_L = L \frac{\mathrm{d}i}{\mathrm{d}t} = U \mathrm{e}^{-\frac{t}{\tau}} \tag{4.25}$$

它们随时间变化的曲线如图 4—20（b）所示。在稳态时，电感元件相当于短路，其上电压为零，所以电阻元件上的电压就等于电源电压。

4.3.3　RL 电路的全响应

当储能元件（电感）初始状态 $i_L(0_+)$ 不为零，同时有外加激励（电源）作用引起的电路动态过程的响应，称为 RL 电路的全响应。与 RC 电路的全响应一样，RL 电路的全响应也可以看成是零输入响应和零状态响应两者的叠加。

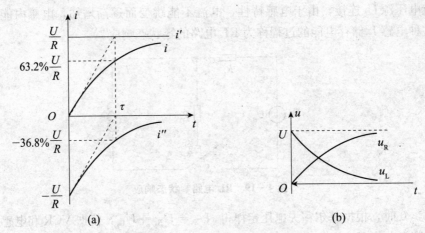

(a)

(b)

图 4—20 i，u_R 和 u_L 的变化曲线

如果将 RL 电路零状态响应中的条件"换路前，电路已稳定，即电感元件未储能，流过电感的电路初始值为 $i(0_-) = i(0_+) = 0$"改成"换路前，电感元件储有电能，流过电感的电路初始值为 $i(0_-) = i(0_+) = I_0$"，那么，这一电路就变成了 RL 的全响应电路，根据这一变更，分析如图 4—21 所示的电路。

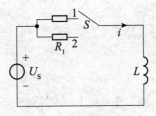

图 4—21   RL 电路全响应

当 $t=0$ 时，电容电流初始值 $i(0_-) = i(0_+) = I_0$，当 $t=+\infty$ 时，电容电流 $i(+\infty) = \dfrac{U_S}{R_1}$

与分析零状态响应一致，$t \geqslant 0$ 时依据 VCR 和电感特性，得一阶非齐次微分方程

$$U_S = R_1 i + L \frac{\mathrm{d}i}{\mathrm{d}t}$$

令 $i_L(t) = I + Ae^{pt}$，结合前面的推导，得

$$i_L(t) = \frac{U_S}{R_1} + \left(I_0 - \frac{U_S}{R_1}\right)e^{-\frac{R_1}{L}t} \tag{4.26}$$

或

$$i_L(t) = I_0 e^{-\frac{t}{\tau}} + \frac{U_S}{R_1}(1 - e^{-\frac{t}{\tau}}) \tag{4.27}$$

与 RC 电路的全响应类似，式（4.26）中，$\dfrac{U_S}{R_1}$ 为稳态分量，$\left(I_0 - \dfrac{U_S}{R_1}\right)e^{-\frac{R_1}{L}t}$ 为暂态分量，全响应 $i_L(t)$ 为以上两者叠加而得。而式（4.27）中，零输入响应 $I_0 e^{-\frac{t}{\tau}}$ 与零状态响应

$\frac{U_{\mathrm{S}}}{R_1}(1-\mathrm{e}^{-\frac{t}{\tau}})$ 的叠加也等于全响应 $i_{\mathrm{L}}(t)$。

例 4.5 如图 4—22 所示电路，在 $t=0$ 时刻，将开关 S 由位置 2 转换到位置 1，开关 S 动作前电路已处于稳定状态，其中 $R_1=2\Omega,R_2=1\Omega,L=1\mathrm{H},U_{\mathrm{S}}=2\mathrm{V}$。试分析 $t\geqslant 0$ 时，电路电流 i 的变化规律。

解 在稳定的状态下，电感相当于短路，依据换路定律，得

$$i(0_-)=i(0_+)=\frac{U_{\mathrm{S}}}{R_2}=\frac{2}{1}=2\mathrm{A}$$

当 $t=+\infty$ 时，电容电流

$$i(+\infty)=\frac{U_{\mathrm{S}}}{R_1}=\frac{2}{2}=1\mathrm{A}$$

时间常数

$$\tau=\frac{L}{R}=\frac{1}{2}s=0.5\mathrm{s}$$

根据式（4.26）可写出

$$i_{\mathrm{L}}(t)=\frac{U_{\mathrm{S}}}{R_1}+(I_0-\frac{U_{\mathrm{S}}}{R_1})\mathrm{e}^{\frac{R_1}{L}t}=1+\mathrm{e}^{-2t}\ (\mathrm{A})$$

思考与练习题

4.4.1　对于 RL 电路，电感电流达到稳态值所需的时间由哪几个参数决定？

4.4.2　试分析 RL 电路的零输入响应过程中的能量变化过程。

4.4.3　电路如图 4—23 所示，换路前电路处于稳态，试求 $t\geqslant 0$ 时的电流 i_{L}。

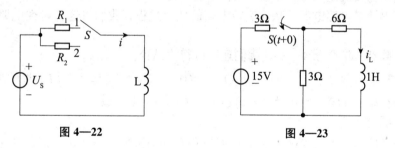

图 4—22　　　　　　　　图 4—23

4.5　求解一阶电路的三要素法

当动态电路可通过等效定律简化为仅含一个储能元件的线性电路时，该电路的微分方程一定是个一阶常系数线性微分方程。这类电路被称为一阶线性电路。

由前面的推导过程可以总结到，不论是 RC 电路，还是 RL 电路，都属于一阶线性电路，这些电路的一阶线性微分方程都可以用 $\dfrac{\mathrm{d}f(t)}{\mathrm{d}t}+af(t)=g(t)$ 来表示，该方程的通解又可表示为由稳态分量（包括零值）和暂态分量两个分量叠加而成，表达式如下

$$f(t) = f'(t) + f''(t) = f(\infty) + Ae^{-\frac{t}{\tau}}$$

若 $t=0$ 时初始值为 $f(0_+)$ ，则得 $A = f(0_+) - f(\infty)$ 。于是

$$f(t) = f(\infty) + [f(0_+) - f(\infty)]e^{-\frac{t}{\tau}} \tag{4.28}$$

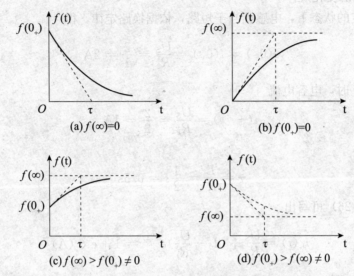

图 4—24   不同情况下的曲线

其中，$f(t)$ 是电容电压或电感电流，$f(\infty)$ 是稳态分量（强制分量），$Ae^{-\frac{t}{\tau}}$ 是暂态分量（自由分量），式（4.28）是 $t \geqslant 0_+$ 时一阶线性电路暂态过程中各变量关系的体现，由该式可知，我们只需要确定 $f(0_+)$ 、$f(\infty)$ 和 τ 三"要素"的具体值，就能求得 $f(t)$ ，即动态电路的电容电压或电感电流，从而确定电路的变化过程，我们将这种研究电路的方法称为三要素法 。

由式（4.28）结合图 4—24，我们还可以得出结论。

（1）当稳态分量 $f(\infty) = 0$ 时，$f(t) = f(0_+)e^{-\frac{t}{\tau}}$ ，即零输入响应结果的表达式。

（2）当初始值 $f(0_+) = 0$ 时，可得 $A = -f(\infty)$ ，则 $f(t) = f(\infty)[1 - e^{-\frac{t}{\tau}}]$ ，即零状态响应结果的表达式。

（3）当 $f(\infty) \neq 0$ 且 $f(0_+) \neq 0$ ，即电路有外加激励且储能元件蓄有电能时，我们由表达式可以看到，$f(t) = f(\infty) + [f(0_+) - f(\infty)]e^{-\frac{t}{\tau}} = f(0_+)e^{-\frac{t}{\tau}} + f(\infty)[1 - e^{-\frac{t}{\tau}}]$ ，因此，全响应＝零输入响应＋零状态响应。

三要素法适用于所有的一阶线性时不变电路，是分析一阶动态电路的利器，通过求解 $f(0_+)$ 、$f(\infty)$ 和 τ 三"要素"，不需要再为电路列微分方程，更不需要高深的求解微分方程的方法。

例 4.6   应用三要素法求例 4.4 中的 u_C 。

解   （1）初始值： $u_C(0_+) = 3\text{V}$

（2）稳态值： $u_C(\infty) = 5\text{V}$

（3）电路的时间常数： $\tau = RC = 1 \times 1\text{s} = 1\text{s}$

由上可得 $u_C = 5 - 2e^{-t}(\text{V})$

例 4.7   应用三要素法求例 4.5 中的电流 $i_L(t)$ 。

解 (1) 初始值，在 $t = 0_+$ 时，

$$i(0_-) = i(0_+) = \frac{U_S}{R_2} = \frac{2}{1} = 2A$$

(2) 稳态值

$$i(+\infty) = \frac{U_S}{R_1} = \frac{2}{2} = 1A$$

(3) 时间常数

$$\tau = \frac{L}{R_1} = \frac{1}{2}s = 0.5s$$

由上可得

$$i_L(t) = \frac{U_S}{R_1} + \left(I_0 - \frac{U_S}{R_1}\right)e^{\frac{R_1}{L}t} = 1 + e^{-2t}(\text{A})$$

思考与练习题

4.5.1 试用三要素法分析出如图4—25所示的指数曲线表达式 u_C。

4.5.2 电路如图4—26所示，换路前处于稳态，开关 S 在 $t = 0$ 时动作，请用三要素法分析 u_C。

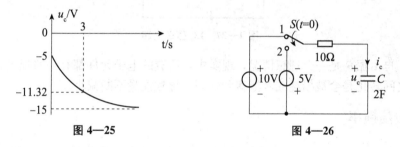

图4—25   图4—26

*4.6 LC 振荡电路

4.6.1 LC 振荡电路

LC振荡电路，顾名思义，该电路是用电感 L、电容 C 组成选频网络的振荡电路，用于产生高频正弦波信号，常见的LC正弦波振荡电路有变压器反馈式LC振荡电路、电感三点式LC振荡电路和电容三点式LC振荡电路。

LC振荡电路之所以有振荡，是因为该电路运用电容跟电感的储能特性，使通电场能和磁场能这两种能量在交替转化，简而言之，由于电能和磁能都有最大和最小值，所以才有了振荡。

4.6.2 自由振荡的物理过程

一开始给LC振荡电路一个激励，然后去掉，如果LC振荡电路在发生电磁振荡时不向外界空间辐射电磁波，而且在这个充放电的过程中，无分布电容电感的存在，电路阻抗 $Z = 0$，则整个电路中热能转换为0，则能量只在磁场能和电场能之间不断转换，这个过程

我们称之为自由振荡。

　　如图 4—27 所示，当开关 S 打到"1"位置时，电容充电，当电容充电完毕时电场能达到最大，磁场能为零，回路中感应电流为 0。此时我们将电容看做一个等效电压源。当开关 S 打到"2"位置时，电容开始放电，于是，电场能开始逐渐减少，磁场能则开始逐渐增加，回路中电流也在增加，电容器上的电量减少。从能量看来，就是电场能在向磁场能转化。最后，电容放电完毕，电场能为零，磁场能达到最大，回路中感应电流达到最大。于是，电感又作为我们的等效电流源开始向电容充电，电场能开始增加，磁场能开始减小，回路中电流减小，电容器上电量增加。从能量角度来看，则是磁场能在向电场能转化。如此反复，产生大小和方向都随周期发生变化的电流，叫振荡电路，这是一种频率很高的交变电流，它无法用线圈在磁场中转动产生，只能是由振荡电路产生。

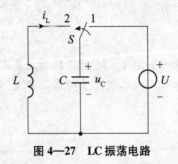

图 4—27　LC 振荡电路

　　当然，自由振荡是一个理想情况，现实中，所有的电子元件都有一些损耗，能量在电容和电感之间转化是会被损耗或者泄露到外部，导致能量不断减小。

4.6.3　振荡频率

　　由 4.6.2 可知，当开关 S 打到 2 时，自由振荡电路中电路阻抗 $Z=0$，则 $\omega = \dfrac{1}{\sqrt{LC}}$，同时可得 $T = \dfrac{2\pi}{\omega} = 2\pi\sqrt{LC}$，我们称 $f_0 \approx \dfrac{1}{2\pi\sqrt{LC}}$ 为振荡频率。

4.7　应用举例

4.7.1　微分与积分电路

　　在电子技术中，常需要把周期性矩形波变换成尖脉冲，作为触发器的触发信号，或用来触发可控硅（晶闸管），这种尖脉冲用途非常广泛。另外，也常需要把周期性矩形波变换成三角波，可作为显示器件的扫描信号，这种三角波用途也非常广泛。尖脉冲和三角波可利用本章内容构成的微分和积分电路获得。

4.7.2　微分、积分电路的原理图和输入输出关系

　　如图 4—28（a）可知，当 $\tau \ll t_{\mathrm{p}}$，取电阻 R 两端作为我们的输出端时，可以得到微分

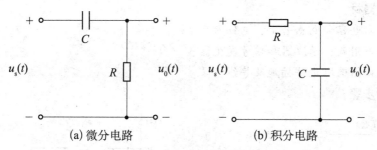

(a) 微分电路　　　　　　　　　(b) 积分电路

图 4—28　电路原理图

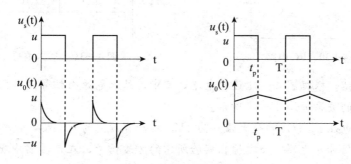

图 4—29　输入输出关系

电路，在此电路中，$t=0$ 时，输入电压 $u_s(t)$ 突然从 0 突变到 u，电容开始充电，由于储能元件的记忆特性，电容两端的电压保持换路前状态，相当于短路，$u_o(t) = u_R(t) = u$。由于 $\tau \ll t_p$，相比起 t_p，充电时间很短，因此，输出电压 $u_o(t)$，即电阻两端电压 $u_R(t)$ 很快衰减到零值。这样，我们就得到了图 4—29（a）中的一个正尖脉冲；同理，$t= t_p$ 时，输入电压 $u_s(t)$ 突然由 u 下降到 0（这时输入端是短路，而不是开路），由于储能元件的记忆特性，电容两端电压保持换路前状态，即 $u_C(t) = u$，则 $u_o(t) = u_R(t) = -u$，电容通过电阻开始放电，并且很快衰减到 0，我们也就得到了图 4—29（a）中的一个负尖脉冲。因为输入信号为周期性矩形脉冲，如此往复，就得到了周期性正、负尖脉冲的输出信号。

如图 4—29（b）所示，积分电路原理图和输入输出关系，由于取电容 C 两端作为输出端，并且 $\tau \gg t_p$，所以电容充放电过程极为缓慢，其上的电压在整个时间 0～ t_p 内慢慢增加，在还未达到稳定值时，电源电压就下降为 0 了；而到了时间 t_p 以后，电容经电阻慢慢放电，电容两端电压也随之慢慢减小。于是，我们就得到了如图 4—29（b）所示的输入输出关系，也就是一个三角波电压输出。其中，时间常数 τ 越大，充放电过程就越慢，得到的三角波电压的线性也就越好。

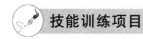　**技能训练项目**

RC 一阶电路的研究

一、实验目的

（1）观察一阶 RC 电路中电阻和电容两端电压随时间变化的规律。

（2）研究电路中电容的充、放电过程。

（3）了解微分电路和积分电路的条件，以及电路参数对电路波形的影响。

二、实验器材

（1）电阻、电容和电感若干、电位器1个。

（2）数字万用表、示波器和信号发生器各一台。

（3）其他按图选取元件插座及导线。

三、实验步骤

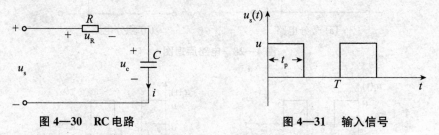

图4—30　RC电路　　　　　　　　图4—31　输入信号

由本章的介绍，根据图4—31连接电路，其中，外加电源由信号发生器的方波信号来提供，其与时间的关系如图4—31所示。

其中，输入电压$u_s(t)$的最大值u为1V，脉冲宽度t_p为0.5ms，频率为1kHz。

（1）设置好信号发生器，使之输出实验所需的方波信号，在示波器中观察波形，并记录各参量到表4—1中。

表4—1

	幅度（V）	脉宽（ms）	频率f（Hz）
$u_s(t)$			

（2）按图4—30的电路输入端连接上述调好的方波信号，改变电路中的R、C参数，用双踪示波器观察在不同时间常数下$u_s(t)$、$u_R(t)$和输出电压$u_o(t)$的波形变化情况，并记录下来。

（3）选择适当的电阻电容值构成微分电路或积分电路，用双踪示波器观察和分析$u_s(t)$、$u_R(t)$和输出电压$u_o(t)$的变化情况，并记录下所观察到的各个电压波形及相对应的R、C参数。

四、实验报告

（1）实验过程总结，应用换路定律分析一阶RC电路的方法及其规律。

（2）按要求画出各情况下的各电压波形，并对实验结果进行分析；感应电动势的大小与哪些因数有关？

（3）区分微分电路和积分电路产生的条件及特点。

🔅 课外制作项目

楼道延时自动关灯电路的制作

由本章所述可知，一阶RC电路在换路过程中，电路由旧的稳态到建立新的稳态需要一定的时间，其时间常数的大小与R、C的参数有关。也就是说，可以通过改变R、C的大小来控制电路换路所需要的时间。这就是一阶RC电路在本项目中的作用。其工作原理如图4—32所示。

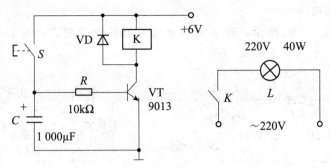

图 4—32 楼道延时自动关灯

（1）当开关 S 闭合后，晶体管 VT 立即饱和导通，电源电压 6V 加在继电器线圈的两端，使它闭合，动合触点闭合，220V、40W 的灯泡由于电源被接通而发光。同时，电容 C 被迅速充电，使它的两端电压也达 6V。

（2）当开关 S 断开后，由电源提供电流 I_B 的电路被切断，但电容 C 两端存在电压，还能维持晶体管工作，随着时间的延迟，电容中的电荷经过电阻 R 与晶体管的发射结释放，电容两端的电压逐渐下降。当 $U_{BE} < 0.5V$，晶体管 VT 截止，继电器线圈失去电压而释放，触点被打开，220V、40W 的灯泡电源被切断而熄灭。

在此电路中，开关 S 闭合一次，则根据时间常数大小，灯持续亮 20 秒左右，因此，该电路可作为楼道延时自动关灯的控制装置。

习题 4

4.1 填空题

（1）含有_____的电路中，一旦发生开关动作或参数突变，则从旧的稳定状态达到新的稳定状态需要持续一段时间，即存在一个暂态的过程，这种暂态过程也称为_____。

（2）电路动态过程起始时的电压和电流值被称为电路的_____，即 0_+ 时刻的值。

（3）有且仅有在电容电流和电感电压在换路时为_____的情况下，换路定律成立。

（4）电路的动态过程响应可分为_____响应、_____响应和_____响应。而电路的全响应可视为_____和零状态响应的叠加，也可分为_____和强制分量。

（5）通过求解一阶电路的_____方程，我们得到了三要素公式。

4.2 选择题

（1）当外部激励为 0 时，由初始储能引起的响应为（　　）响应。

a. 全；　　　　b. 零输入；　　　　c. 零状态；　　　　d. 初始。

（2）当初始储能为 0 时，由 0 时刻开始，外部激励引起的响应为（　　）响应。

a. 全；　　　　b. 零输入；　　　　c. 零状态；　　　　d. 初始。

（3）下面说法不正确的是（　　）。

a. 电路的全响应可视为零输入响应和零状态响应的叠加；

b. 电路的全响应可视为自由分量和强制分量的叠加；

c. 电路的动态过程响应可分为零输入响应、零状态响应和全响应；

d. 以上都不正确。

4.3 电路如图 4—33 所示，开关 S 闭合前电路已处于稳态，在 $t=0$ 时刻 S 闭合。求：初值 $i_1\,(0_+)$，$i_2\,(0_+)$ 和 $u_C\,(0_+)$。

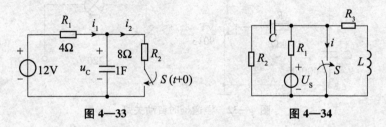

图 4—33   图 4—34

4.4 如图 4—34 所示，电路中，已知 $U_S=100\text{V}$，$R_1=60\Omega$，$R_2=40\Omega$，$R_3=40\Omega$，$C=125\text{uF}$，$L=1\text{H}$，电路换路前已稳定。在 $t=0$ 瞬间合上开关 S，求开关合上后通过开关的电流 i。

4.5 如图 4—35 所示电路中，已知开关 S 闭合前电容器两端电压为零。开关 S 在 $t=0$ 时刻闭合，若此时电流 $i_c\,(0_+)=10\text{mA}$，经过 0.1S 后 i_c 接近于零。试求

(1) 电阻 R 与电容 C 的值。

(2) 电流 i_c 随时间变化的表达式。

4.6 电路如图 4—36 所示，开关 S 闭合前电路已经稳定，求开关闭合后的电压 u_C。

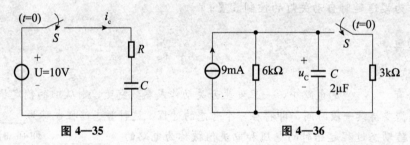

图 4—35   图 4—36

4.7 电路如图 4—37 所示，开关 S 未闭合前电路已经稳定，$t=0$ 时刻合上开关 S，求电感的电流 i_L。

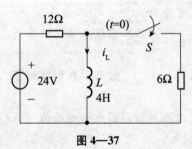

图 4—37

第5章 磁路与铁芯线圈电路

内容提要：本章主要内容有磁性材料、磁路欧姆定律、电磁铁等；变压器的基本结构、变压器的工作原理、三相变压器、特殊变压器等。

重点：磁性材料的磁性能，磁路分析方法。变压器的工作原理，变压器的应用。

难点：磁路与电路的区别及联系，交流铁芯线圈电路中的电压与电流的关系。

5.1 磁路及磁性材料

电器设备中，如电动机、变压器、电磁铁等，这些设备或元器件是利用电磁感应原理而制成的，不仅有电路的问题，同时还有磁路的问题。

5.1.1 磁场的基本物理量

1. 磁感应强度 B

磁感应强度 B 表示磁场内某点磁场强弱和方向的物理量。 它是一个矢量。磁感应强度 B 与产生磁场的电流之间的方向符合右手螺旋定则。

磁感应强度 B 的大小为

$$B = \frac{F}{lI} \tag{5.1}$$

式中：B——磁感应强度，单位为 T（特）；

F——通电导体所受磁场力，单位为 N（牛）；

I——导体中的电流，单位为 A（安）；

l——导体的长度，单位为 m（米）。

如果磁场内各点磁感应强度大小相等，方向相同，这样的磁场称为均匀磁场。

2. 磁通 Φ

磁感应强度 **B**（如果不是均匀磁场，则取 **B** 的平均值）与垂直于磁场方向的面积 A 的乘积，称为通过该面积的磁通 Φ，即

$$\Phi = BA \quad 或 \quad B = \Phi/A \tag{5.2}$$

由上式可见，**磁通的大小可理解为穿过垂直于 B 方向的面积 A 中的磁力线总数**。磁感应强度在数值上可以看成与磁场方向垂直的单位面积所通过的磁通，故又称磁通密度。

磁通 Φ 的单位：韦［伯］（Wb），$1\text{Wb} = 1\text{V·s}$。

3. 磁导率 μ

线圈中磁场的强弱与磁场中物质的导磁性能有关，**表征各种物质的导磁性能的物理量称为磁导率**，用 μ 表示，单位为亨/米（H/m）。不同物质磁导率不同，μ 越大，其导磁性能越好，产生的磁场越强，μ 越强越小，导磁性能越差，产生的磁场越弱。

实验表明，真空中的磁导率为一常数，用 μ_0 表示，

$$\mu_0 = 4\pi \times 10^{-7} \text{H/m}$$

任意一种物质的磁导率 μ 和真空的磁导率 μ_0 的比值，称为该物质相对磁导率，用 μ_r 表示，即

$$\mu_r = \frac{\mu}{\mu_0} \tag{5.3}$$

自然界中大多数物质的导磁性能较差，如空气、塑料、木材、铜、铝等，其 $\mu_r \approx 1$，称为非导磁物质；铁、钴、镍及其合金等，其 $\mu_r \gg 1$，称为导磁物质。常用材料的相对磁导率如表 5—1 所示。

表 5—1　　　　　　　　　　　常用材料的相对磁导率

材　料	相对磁导率 μ_r
空气、木材、塑料、橡胶、铝、铜	1
铸铁	200～400
铸钢	500～2 000
硅钢片	6 000～8 000
铁氧体	几千
坡莫合金	几万～几十万

4. 磁场强度 H

磁场强度是计算磁场时所引用的一个物理量，其定义为磁场中某点的磁感应强度 **B** 与介质的磁导率 μ 之比，称为该点的磁场强度，用 H 表示，即

$$H = \frac{B}{\mu} 或 B = \mu H \tag{5.4}$$

磁场强度 H 的单位为安培/米（A/m）。

5.1.2　磁性材料的磁性能

磁性材料主要指铁、镍、钴及其合金等，由于磁性材料的磁导率很大，是制造电动机

和变压器等铁芯的主要材料，它们具有下列磁性能。

1. 高导磁性

磁性材料具有很强的导磁能力，$\mu_r \gg 1$。在外磁场作用下很容易被磁化，这是因为它们的内部结构与非磁性材料有很大的差异。非磁性材料的物质分子电流的磁场方向杂乱无章，几乎不受外磁场的影响而互相抵消，不具有磁化特性。而磁性物质内部形成许多小区域，其分子间存在的一种特殊的作用力使每一区域内的分子磁场排列整齐，显示磁性，称这些小区域为磁畴。

在没有外磁场作用的普通磁性物质中，各个磁畴排列杂乱无章，磁场互相抵消，整体对外不显磁性，如图5—1(a) 所示。当有外磁场时，在磁场力的作用下磁畴将按照外磁场的方向顺序排列，产生一个很强的附加磁场，物质整体显示出磁性来，称为磁化，如图5—1(b) 所示。即磁性物质能被磁化。

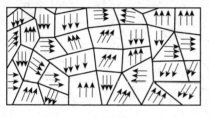 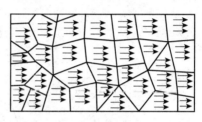

(a) 磁化前　　　　　　　　　　　　　(b) 磁化后

图5—1　磁畴示意图

由于高导磁性，在具有铁芯的线圈中通入不太大的励磁电流，便可以产生较大的磁通和磁感应强度。这就解决了既要磁通大，又要励磁电流小的矛盾。利用优质的磁性材料可使同一容量的电机的重量大大减轻和体积的减小。

2. 磁饱和性

将磁性材料放入磁场强度为 H 的磁场内，会受到强烈的磁化。磁场通常由线圈的励磁电流产生，如图5—2所示，线圈中的励磁电流 I 变化，铁芯中的磁场强度 H 发生变化，磁感应强度 B 也随之发生变化。磁化曲线（B—H 曲线）如图5—3所示。

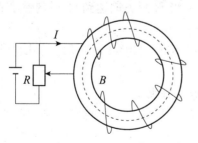 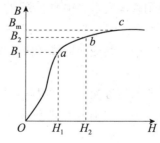

图5—2　磁化实验装置　　　　**图5—3　磁化曲线**

如图5—3所示，磁化曲线分成三段：

（1）oa 段：B 与 H 差不多成正比地增加。

（2）ab 段：随着 H 的增加，B 的增加缓慢，此段称为曲线的膝部。

（3）bc 段：随着 H 的增加，B 几乎不增加，趋于饱和状态。B 达到了饱和值 B_m。

分析其原理,在 oa 段,由于在这段时间内,磁畴在外磁场的作用下逐渐转向外磁场的方向,此时磁导率最高,B 与 H 基本上呈线性关系。在 ab 段,由于大部分的磁畴已转向外磁场,此时磁导率较小。在 bc 段,由于磁畴几乎全部与外磁场一致,B 几乎不再变化,达到了饱和值 B_m,出现了饱和状态。

如图 5—3 所示,可知磁材料的 B 与 H 不成正比,所以磁材料的 μ 值不是常数,随 H 而变化。如图 5—5 所示,几种常见磁性物质的磁化曲线。

3. 磁滞特性

磁性材料的磁滞特性是在交变磁化过程中体现出来的,当铁芯线圈中通有交流电时,铁芯就受到交变磁场,在电流变化一次时,磁感应强度 B 随磁场 H 变化的关系如图 5—4 所示。由图 5—4 可见,当 H 已减到零时,B 并未回到零值。**这种磁感应强度 B 滞后于磁场强度 H 变化的性质称为磁性物质的磁滞性**。图 5—4 曲线称为磁滞回线。

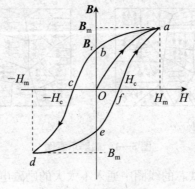

图 5—4 磁滞回线

分析磁滞回线,从图中可以看出,当 H 从 0 增加到 H_m,则 B 沿着 oa 曲线上升到饱和值 B_m;当 H 值从 H_m 逐渐减小时,B 的值也随之减小,但 B 并不按照原来的曲线 oa 曲线下降,而是沿着另一曲线 ab 下降,当 H 下降到零时,B 下降到 B_r。这是由于磁性材料被磁化后,磁畴已经按顺序排列,即使撤掉外磁场也不能恢复原来杂乱无章的状态,对外仍显示出一定的磁性。这时所剩余的磁感应强度称剩余磁感应强度,也称为剩磁,如图中的 B_r。

如果要使剩磁消失,必须改变 H 的方向,当 H 反方向达到 H_c 时剩磁才消失,称为矫顽磁力。

磁性物质不同,其磁滞回线和磁化曲线也不同。如图 5—5 所示,几种常见磁性物质的磁化曲线。

按磁性物质的磁性能,磁性材料可以分成三种类型。

(1)软磁材料:具有较小的矫顽磁力,磁滞回线较窄。这种材料磁导率高,容易磁化,也容易退磁。一般用来制造电机、电器及变压器等的铁芯。常用的软磁材料有铸铁、硅钢、坡莫合金即铁氧体等。铁氧体在电子技术中应用也很广泛,例如,可做计算机的磁心、磁鼓以及录音机的磁带、磁头。

(2)硬磁材料:也称永磁材料,具有较大的矫顽磁力,磁滞回线较宽。一般用来制造永久磁铁。常用的有碳钢及铁镍铝钴合金等。近年来稀土永磁材料发展很快。

(3)矩磁材料:具有较小的矫顽磁力和较大的剩磁,磁滞回线接近矩形,稳定性良好。

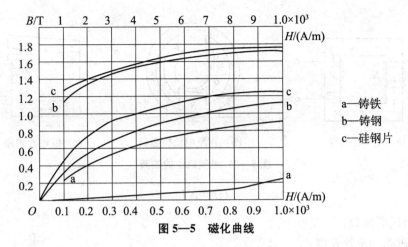

图 5—5 磁化曲线

在计算机和控制系统中用作记忆元件、开关元件和逻辑元件。常用的有镁锰铁氧体等。

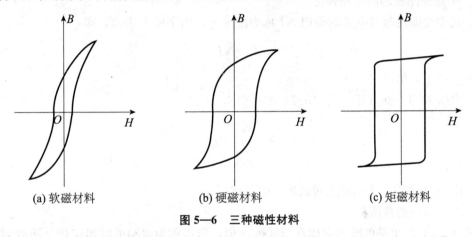

(a) 软磁材料   (b) 硬磁材料   (c) 矩磁材料

图 5—6 三种磁性材料

5.1.3 磁路及磁路欧姆定律

1. 磁路

磁通（磁力线）集中通过的闭合路径称为磁路。在变压器、电动机等电器设备中，为了把磁通约束在一定的空间范围内，均采用高磁导率的硅钢片等铁磁材料制造铁芯，将线圈绕在铁芯上，当线圈通入电流时，铁芯被磁化，使其中的磁场大大增强，故通电线圈所产生的磁通主要集中在铁芯内，使之形成闭合的磁路。如图 5—7 所示，常见的几种电气设备的磁路。

2. 磁路欧姆定律

如图 5—7 (a) 所示的磁路中，线圈通入电流后，磁路中会产生磁通。根据物理学中安培环路定律（全电流定律）

$$\oint H \mathrm{d}l = \sum I \tag{5.5}$$

得出

(a) 变压器磁路　　　(b) 直流电动机磁路　　　(c) 继电器磁路

图 5—7　电气设备的磁路

$$Hl = NI \tag{5.6}$$

式中：N 为线圈匝数；

　　　l 是磁路的平均长度；

　　　H 是磁路铁芯的磁场强度。

上式中线圈匝数与电流的乘积 NI 称为磁通势，用字母 F 表示，即

$$F = NI \tag{5.7}$$

磁通由它产生，单位安培（A）。

将 $H = B/\mu$ 和 $B = \Phi/A$ 带入式（5.7）中，得出

$$\Phi = \frac{NI}{\dfrac{l}{\mu A}} = \frac{F}{R_{\mathrm{m}}} \tag{5.8}$$

式中：R_{m} 称为磁阻，表示磁路对磁通的阻碍作用；

　　　A 为磁路的截面积。

式（5.8）与电路的欧姆定律在形式上相似，所以称为磁路的欧姆定律。两者对照如表 5—2 所示。

表 5—2　　　　　　　　　　　　　　　磁路与电路对照

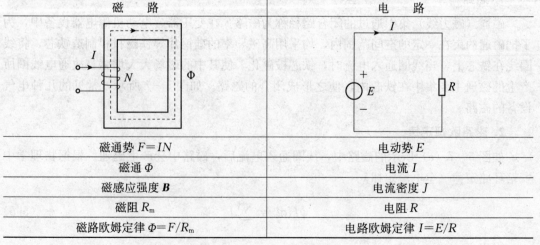

磁　　路	电　　路
磁通势 $F = IN$	电动势 E
磁通 Φ	电流 I
磁感应强度 **B**	电流密度 J
磁阻 R_{m}	电阻 R
磁路欧姆定律 $\Phi = F/R_{\mathrm{m}}$	电路欧姆定律 $I = E/R$

在实际工程中，许多电器设备的磁路不是由一种材料构成，如电动机、继电器等设备

的铁芯中都有空气隙，空气隙虽然很小，对磁路的影响很大。如图 5—8 所示的磁路中，空气隙长度为 l_0，由于磁通连续性原理，磁通不会中断，所以通过空气隙的磁通与通过铁芯的磁通 Φ 相同。磁路的总磁阻等于铁芯磁阻和空气隙磁阻之和。即

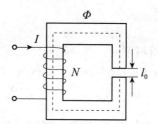

图 5—8　具有空气隙的磁路

$$R_{\mathrm{m}} = R_{\mathrm{ml}} + R_{\mathrm{ml}_0} = \frac{l}{\mu A} + \frac{l_0}{\mu_0 A} \tag{5.9}$$

由于空气隙的磁导率 μ_0 比铁磁材料的磁导率 μ 要小的多，所以 $R_{\mathrm{ml}} \ll R_{\mathrm{ml0}}$。因此当磁路中空气隙存在时，磁路的总磁阻大大增加，并且磁通势差不多都用在空气隙上。所以如果想要保持磁路中的磁通一定，就要加强磁通势。

例 5.1　磁路如图 5—8 所示。图中截面积为 $S = 6 \times 10^{-4}\,\mathrm{m}^2$，铁芯部分为铸钢，平均长度为 $l = 0.392\mathrm{m}$，气隙长度为 $l_0 = 0.001\mathrm{m}$。若在铁芯中产生 $4.2 \times 10^{-4}\mathrm{Wb}$ 的磁通，试计算总磁通势和各段磁通的磁阻占总磁阻的百分比。

解　（1）磁路中平均磁感应强度

$$\boldsymbol{B} = \frac{\Phi}{S} = \frac{4.2 \times 10^{-4}}{6 \times 10^{-4}}\,T = 0.7\mathrm{T}$$

（2）$R_{\mathrm{m0}} = \dfrac{l_0}{\mu_0 S} = \dfrac{0.001}{4\pi \times 10^{-7} \times 6 \times 10^{-4}}\,\mathrm{H}^{-1} = 13.3 \times 10^5\,\mathrm{H}^{-1}$

（3）$R_{\mathrm{ml}} \approx \dfrac{l}{\mu S} = \dfrac{Hl}{BS} = \dfrac{3.4 \times 10^2 \times 0.392}{0.7 \times 6 \times 10^{-4}}\,\mathrm{H}^{-1} = 3.17 \times 10^5\,\mathrm{H}^{-1}$（$H$ 值根据 $\boldsymbol{B}$ 值从图 5—5 中的磁化曲线查得）

（4）$F = \Phi(R_{\mathrm{m0}} + R_{\mathrm{ml}}) = 4.2 \times 10^{-4} \times 16.47 \times 10^5\,A = 692\mathrm{A}$

（5）空气隙磁阻占总磁阻的百分比为

$$\frac{R_{\mathrm{m0}}}{R_{\mathrm{m0}} + R_{\mathrm{ml}}} \times 100\% = \frac{13.3 \times 10^5}{13.3 \times 10^5 + 3.17 \times 10^5} \times 100\% = 80\%$$

（6）铁芯磁阻占总磁阻的百分比为

$$100\% - 80\% = 20\%$$

由例题 5.1 可知磁路中虽然只有 1mm 的空气隙，但磁阻却占到了总磁阻的 80%，可见空气隙对磁路影响非常大。因此需要低磁阻的磁路中（如变压器的铁芯）应尽量减小空气隙。

例 5.2　一个闭合的均匀铁芯线圈，其匝数为 300，铁芯中的磁感应强度为 0.9T，磁路的平均长度为 45cm，试求：（1）铁芯材料为铸铁时线圈中的电流。（2）铁芯材料为硅钢片时线圈中的电流。

解　（1）铁芯材料为铸铁时，从图 5—5 中的磁化曲线查得 $H = 9\ 000\mathrm{A/m}$

则 $I = \dfrac{Hl}{N} = \dfrac{9\,000 \times 0.45}{300} A = 13.5A$

（2）铁芯材料为硅钢片时，从图 5—5 中的磁化曲线查得 $H = 260A/m$

则 $I = \dfrac{Hl}{N} = \dfrac{260 \times 0.45}{300} A = 0.39A$

由例题 5.2 可知，所用铁芯材料不同，要得到同样的磁感应强度，则所需要的磁通势或励磁电流的大小相差很大，因此采用磁导率高的铁芯材料，可使线圈的用铜量大大降低。

5.1.4 铁芯线圈电路

根据铁芯线圈励磁电流（磁路中用来产生磁通的电流）的不同，可分为直流铁芯线圈和交流铁芯线圈。

1. 直流铁芯线圈

直流铁芯线圈分析起来比较简单，因为励磁电流是直流电流，铁芯中产生的磁通是恒定的，在线圈和铁芯中不会产生感应电动势，在一定的电压 U 下，线圈中的电流 I 只与线圈本身的电阻 R 有关，即

$$I = \frac{U}{R} \tag{5.10}$$

功率损耗也只有线圈电阻消耗的功率，即

$$P = UI = I^2 R \tag{5.11}$$

2. 交流铁芯线圈

交流铁芯线圈分析起来比较复杂，因为励磁电流是交流电流，铁芯中产生的磁通是变的，在线圈和铁芯中会产生感应电动势，存在着电磁关系、电压和电流关系及功率损耗等问题。

（1）电磁关系。如图 5—9 所示，当铁芯线圈两端加交流电压 u 时，就有交流励磁电流 i 通过，磁通势 iN 产生的磁通绝大部分通过铁芯的而闭合，这部分磁通称为主磁通 Φ，另外还有很少一部分通过空气闭合的磁通称为漏磁通 Φ_σ。这两个磁通在线圈中产生两个感应电动势：主磁电动势 e 和漏磁电动势 e_σ。

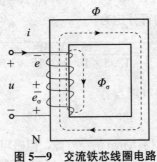

图 5—9 交流铁芯线圈电路

因为漏磁通主要不经过铁芯，所以励磁电流 i 与 Φ_σ 之间可以认为呈线性关系，铁芯线圈的漏磁电感。

$$L_\sigma = \frac{N\Phi_\sigma}{i} = 常数 \tag{5.12}$$

主磁通主要是经过铁芯，其磁导率不是常数，所以铁芯线圈中的电流 i 与主磁通 Φ 之间不存在线性关系。铁芯线圈的主磁电感 L 不是一个常数，因此铁芯线圈是一个非线性电感元件。

（2）电压电流关系。铁芯线圈交流电路的电压和电流之间的关系可由基尔霍夫电压定律得出：

$$u + e + e_\sigma = Ri \tag{5.13}$$

根据法拉第定律得出

$$e = -N\frac{\mathrm{d}\Phi}{\mathrm{d}t} \tag{5.14}$$

$$e_\sigma = -N\frac{\mathrm{d}\Phi_\sigma}{\mathrm{d}t} = -L_\sigma\frac{\mathrm{d}i}{\mathrm{d}t}$$

所以式（5.13）可以表示为，

$$u = Ri - e - e_\sigma = Ri + L_\sigma\frac{\mathrm{d}i}{\mathrm{d}t} + (-e) = u_R + u_\sigma + u' \tag{5.15}$$

式（5.15）中 R 为铁芯线圈的电阻，由此可知，电源电压 u 可分为三个分量：电阻上的电压降，漏磁电动势的电压降，主磁电动势的电压降。

设主磁通 $\Phi = \Phi_\mathrm{m}\sin\omega t$，则

$$e = -N\frac{\mathrm{d}\Phi}{\mathrm{d}t} = -N\frac{\mathrm{d}}{\mathrm{d}t}(\Phi_\mathrm{m}\sin\omega t) = -N\omega\Phi_\mathrm{m}\cos\omega t$$

$$= 2\pi f N\Phi_\mathrm{m}\sin(\omega t - 90°) = E_\mathrm{m}\sin(\omega t - 90°) \tag{5.16}$$

式（5.16）中 $E_\mathrm{m} = 2\pi f N\Phi_\mathrm{m}$，是主磁电动势 e 的幅值，其有效值为

$$E = \frac{E_\mathrm{m}}{\sqrt{2}} = \frac{2\pi f N\Phi_\mathrm{m}}{\sqrt{2}} = 4.44 f N\Phi_\mathrm{m} \tag{5.17}$$

由于线圈电阻 R 和漏磁通 Φ_σ 较小，其电压降也较小，与主磁电动势相比可忽略，故有

$$U \approx E = 4.44 f N\Phi_\mathrm{m} = 4.44 f N\Phi B_\mathrm{m} \mathrm{A(V)} \tag{5.18}$$

式中：B_m——铁芯中磁感应强度的最大值，单位 $[\mathrm{T}]$；

A——铁芯截面积，单位 $[\mathrm{m}^2]$。

（3）功率损耗。在交流铁芯线圈中，除线圈电阻 R 上**有功率损耗** RI^2（称为铜损耗 ΔP_{Cu}）外，处于交变磁化下的铁芯中也有功率损耗（称为铁损耗 ΔP_{Fe}），铁损耗是由磁滞和涡流产生的。所以交流铁芯线圈的功率损耗（有功功率）可以表示为：

$$P = UI\cos\varphi = RI^2 + \Delta P_{\mathrm{Fe}} \tag{5.19}$$

铁损耗由磁滞损耗 ΔP_h 和涡流损耗 ΔP_e 两部分组成。式 5.19 可以写成

$$P = P_{\mathrm{Cu}} + P_{\mathrm{Fe}} = P_{\mathrm{Cu}} + P_\mathrm{h} + P_\mathrm{e} \tag{5.20}$$

磁滞损耗 ΔP_h：它是由于磁畴的反复取向使铁芯发热所产生的功率损耗。交变磁化一周在铁芯的单位体积内所产生的磁滞损耗能量与磁滞回线所包围的面积成正比。磁滞损耗要引起铁芯发热，为了减小磁滞损耗，应选用磁滞回线狭小的磁性材料制作铁芯。例如，变压器和交流电机铁芯所用的硅钢片。

涡流损耗 ΔP_e：当线圈中通有交流电时，所产生的磁通也是交变的。一方面在线圈中

产生感应电动势；另一方面也在铁芯内产生感应电动势和感应电流，这种感应电流称为涡流。它垂直于磁通方向的平面内成形漩涡状流动。涡流损耗也要引起铁芯发热，为了减小涡流损耗，在顺磁场方向铁芯可由彼此绝缘的钢片叠成，这样就可以限制涡流只能在较小的截面内流通。但某些场合下，我们也可以利用涡流的热效应来冶炼金属，利用涡流和磁场相互作用产生电磁力的原理来制造感应式仪器及涡流测距器等。

5.1.5 电磁铁

电磁铁是利用通电的铁芯线圈吸引衔铁或保持某种机械零件、工件于固定位置的一种电器。当电源断开时电磁铁的磁性消失，衔铁或其他零件即被释放。电磁铁衔铁的动作可使其他机械装置发生联动。

电磁铁由于用途不同其形状各异，但都是由线圈、铁芯和衔铁三个主要部分组成。结构形式通常有以下几种形式，如图 5—10 所示。

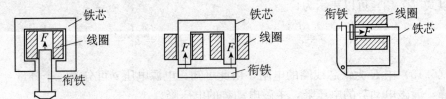

图 5—10　电磁铁的几种形式

电磁铁在生产中获得了广泛应用。它可以用来起卸各种钢、铁材料；在各种电磁继电器和接触器中，利用电磁铁来吸合或分离触点。

按铁芯线圈所通电流的性质，电磁铁分为直流电磁铁和交流电磁铁两大类。

1. 直流电磁铁

如图 5—11 所示，直流电磁铁的结构示意图。给电磁铁的励磁线圈中通入直流电流，铁芯对衔铁产生吸力。作用在衔铁上的吸力为

$$F = \frac{10^7}{8\pi} B^2 A \tag{5.21}$$

式中：F——电磁吸力，单位 N（牛）；

B——空气隙中的磁感应强度，单位 T（特）；

A——铁芯的横截面积，单位为 m^2（在图 5—11 中，$A = 2A'$）。

直流电磁铁的吸力 F 与空气隙的关系（$F = f_1(\delta)$）；电磁铁的励磁电流 I 与空气隙的关系（$F = f_2(\delta)$），称为电磁铁的工作特性，其特性曲线如图 5—12 所示。

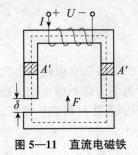

图 5—11　直流电磁铁

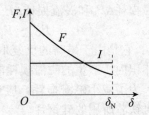

图 5—12　直流电磁铁工作特性

从图 5—12 中可见，直流当电磁铁的励磁电流 I 的大小与衔铁的运动过程无关，只取决于电源电压 U 和线圈的直流电阻 R。作用在衔铁上的吸力则与衔铁的位置有关：起动时，衔铁与铁芯之间的空气隙最大，磁阻最大；因磁通势不变，则磁通最小，磁感应强度亦最小，吸力最小。当衔铁吸合后，$\delta=0$，磁 阻最小，吸力最大。

例 5.3 电磁铁如图 5—11 所示，已知磁路中的磁通 $\Phi=2\times10^{-4}Wb$，$A'=2\text{cm}^2$，试求电磁铁的电磁吸力。

解 由题意可知

$$A=2A'=2\times2\text{cm}^2=4\text{cm}^2$$

$$B=\frac{\Phi}{S'}=\frac{2\times10^{-4}}{2\times10^{-4}}\text{T}=1\text{T}$$

$$F=\frac{10^7}{8\pi}B^2S=\frac{10^7\times1^2\times4\times10^{-4}}{8\pi}\text{N}=159\text{N}$$

2. 交流电磁铁

交流电磁铁与直流电磁铁在原理上并无区别，只是交流电磁铁中磁场是交变的，所以设，$B=B_m\sin\omega t$，则吸力瞬时值为

$$\begin{aligned}
f&=\frac{10^7}{8\pi}B^2A=\frac{10^7}{8\pi}B_m^2A\sin^2\omega t\\
&=F_m\sin^2\omega t\\
&=\frac{1}{2}F_m-\frac{1}{2}F_m\cos2\omega t
\end{aligned} \tag{5.22}$$

吸力平均值为

$$F=\frac{1}{T}\int_0^T f\mathrm{d}t=\frac{1}{2}F_m=\frac{10^7}{16\pi}B_m^2A(\text{N}) \tag{5.23}$$

由式（5.23）可知，交流电磁铁的吸力在零与最大值之间变动（如图 5—13 所示）。衔铁以两倍电源频率在颤动，引起噪音，同时触点容易损坏。为了消除这种现象，在磁极的部分端面上套一个分磁环（或称短路环），如图 5—14 所示，工作时，在分磁环中产生感应电流，其阻碍磁通的变化，在磁极端面两部分中的磁通 Φ_1 和 Φ_2 之间产生相位差，相应该两部分的吸力不同时为零，实现消除振动和噪音的作用。

交流电磁铁中，为了减少铁损，铁芯由钢片叠成；直流电磁铁的磁通不变，无铁损，铁芯用整块软钢制成。

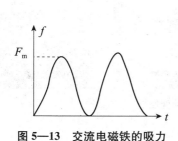

图 5—13 交流电磁铁的吸力

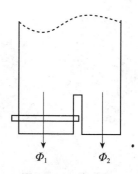

图 5—14 分磁环

5.1.1　磁感应强度 B 与磁场强度 H 的区别？

5.1.2　什么是磁路，与电路的对比关系？

5.1.3　分别举例说明剩磁和涡流的有利一面和有害一面？

5.1.4　铁芯线圈中通过直流，是否有铁损耗？

5.1.5　有一匀强磁场，磁感应强度 $B=0.13\text{T}$，磁感应线垂直穿过 $S=10\text{cm}^2$ 的平面，介质的相对磁导率 $\mu_\text{r}=3000$，求磁场强度 H 和穿过平面的磁通 Φ。

5.1.6　已知铸铁的 $B_1=0.3\text{T}$，铸钢的 $B_2=0.9\text{T}$，硅钢片的 $B_3=0.9\text{T}$，查取图 5—5 磁化曲线 H_1、H_2、H_3 各为多少？

5.1.7　有一交流电磁铁，其匝数为 N，交流电源电压的有效值为 U，频率为 f，分析以下几种情况下吸力 F 如何变化？设铁芯磁通不饱和。

(1) 电压 U 减小，频率 f 和匝数 N 不变。

(2) 频率 f 增加，频率 U 和匝数 N 不变。

(3) 匝数 N 减少，电压 U 和频率 f 不变。

5.2　变压器

变压器是一种能变换电压、变换电流、变换阻抗的电气设备，在电力系统和电子线路中有着广泛应用。

在输电方面，当输送功率及负载功率因数一定时，采用升压变压器将电压升高，电压越高，线路电流越小，这不仅可以减小输电线的截面积，节省材料，同时大大减小了线路的功率损耗。在用电方面，为了保证用电的安全和设备电压的需要，还要利用降压变压器将电压降低。

在电子线路方面，除电源变压器外，变压器还用来耦合电路，传递信号，实现阻抗匹配等。常见变压器实物，如图 5—15 所示。

图 5—15　实际变压器

5.2.1 变压器的基本结构

变压器主要由电路和磁路两部分组成，主要部件是铁芯和绕组。

铁芯是磁路的组成部分。为了增强磁感应强度，减少铁芯中的磁滞和涡流损耗，铁芯用0.35mm或0.5mm厚高导磁硅钢片叠成，片间涂有绝缘漆，以避免片间短路。

绕组是电路的组成部分。一般由铜线或铝线制成。普通变压器的绕组有两个，与电源相连的称一次绕组（原绕组或初级绕组），与负载相连的称二次绕组（副绕组或次级绕组）。一次、二次绕组的匝数分别为N_1和N_2。

变压器根据用途分为：电力变压器（输配电用）、仪用变压器、整流变压器等。根据相数分为：单相变压器、三相变压器。根据铁芯和绕组的结构不同分为：芯式变压器和壳式变压器，如图5—16所示。

如图5—16（a）所示，芯式变压器的绕组包围铁芯，多用于容量较大的变压器。如图5—16（b）所示，壳式变压器部分绕组被铁芯包围，可以不需专门的变压器外壳，适用于容量较小的变压器。

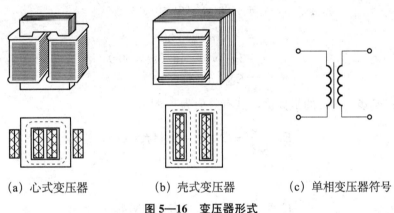

(a) 心式变压器   (b) 壳式变压器   (c) 单相变压器符号

图5—16 变压器形式

5.2.2 变压器的工作原理

如图5—17所示，单相变压器的工作原理图。为讨论方便，一般规定：凡与一次绕组有关的量都在其下角标以"1"；而与二次绕组有关的个量都在其下角标以"2"。

当一次绕组接入交流电压u_1时，一次绕组中便有电流i_1通过。一次绕组的磁通势$N_1 i_1$产生的磁通绝大部分通过铁芯而闭合，从而在二次绕组中感应出电动势。如果二次绕组接有负载，那么二次绕组中就有电流i_2通过。

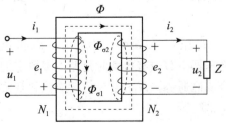

图5—17 变压器工作原理

二次绕组的磁通势 $N_2 i_2$ 也产生磁通，其绝大部分也通过铁芯而闭合。因此铁芯中的磁通是一个由一次、二次绕组的磁通势共同产生的合成磁通，它称为主磁通，用 Φ 表示。主磁通穿过一次绕组和二次绕组而在其中感应出的电动势分别为 e_1 和 e_2。另外，还有很少一部分磁通不完全经过铁芯，而是各自沿着一次、二次绕组周围的空间闭合，这部分磁通称为漏磁通 $\Phi_{\sigma1}$ 和 $\Phi_{\sigma2}$，漏磁仅与本绕组相连。通常漏磁很少，为讨论问题方便而把它忽略不计。

1. 变压原理

如图 5—17 所示，由法拉第电磁感应定律可知

$$e_1 = -N_1 \cdot \frac{\mathrm{d}\Phi}{\mathrm{d}t}$$

$$e_2 = -N_2 \frac{\mathrm{d}\Phi}{\mathrm{d}t} \tag{5.24}$$

设 $\Phi = \Phi_m \sin\omega t$，带入上式得

$$
\begin{aligned}
e_t &= -N_1 \frac{\mathrm{d}}{\mathrm{d}t}(\Phi_m \sin\omega t) \\
&= -N_1 \omega \Phi_m \cos\omega t \\
&= 2\pi f N_1 \Phi_m \sin(\omega t - 90°) \\
&= E_{1m} \sin(\omega t - 90°)
\end{aligned} \tag{5.25}
$$

$E_{1m} = 2\pi f N_1 \Phi_m$ 是 e_1 的最大值，其有效值为

$$E_1 = \frac{1}{\sqrt{2}} 2\pi f N_1 \Phi_m = 4.44 f N_1 \Phi_m \tag{5.26}$$

同理

$$E_2 = \frac{1}{\sqrt{2}} 2\pi f N_2 \Phi_m = 4.44 f N_2 \Phi_m \tag{5.27}$$

当忽略一次绕组的直流电阻和漏磁通时，有 $E_1 \approx U_1$。

变压器空载时，二次绕组开路，$E_2 = U_{20}$，（U_{20} 是空载时二次绕组的端电压）。

于是一次电压有效值与二次电压有效值之比为

$$\frac{U_1}{U_{20}} \approx \frac{E_1}{E_2} = \frac{N_1}{N_2} = K \tag{5.28}$$

式中 K 称为变比，即一次、二次绕组的匝数之比。当 $K > 1$ 时，$U_1 > U_{20}$，为降压变压器；当 $K < 1$ 时，$U_1 < U_{20}$，为升压变压器；当 $K = 1$ 时，$U_1 = U_{20}$，变压器起到隔离电源的作用。

2. 变流原理

由 $U_1 \approx E_1$ 可知，当电源电压 U_1 和频率 f 不变时，E_1 和 Φ_m 也近于常数。也就是说，铁芯中主磁通的最大值在变压器空载或有负载时是差不多恒定的。因此，有负载时产生主磁通的一次、二次绕组的合成磁通势（$N_1 i_1 + N_2 i_2$）应该和空载时产生主磁通的一次绕组的磁通势 $N_1 i_0$ 差不多相等，即

$$N_1 i_1 + N_2 i_2 \approx N_1 i_0 \tag{5.29}$$

如用相量表示，则为

$$\dot{N_1 I_1} + N_2 \dot{I_2} \approx N_1 \dot{I_0} \tag{5.30}$$

变压器的空载电流 i_0 是励磁用的，由于铁芯的磁导率高，空载电流是很小的。在变压器接近满载时，$N_1 \dot{I_0}$ 远小于 $N_1 \dot{I_1}$ 和 $N_2 \dot{I_2}$，所以在计算电流时可以忽略。

可以写成

$$N_1 \dot{I_1} \approx -N_2 \dot{I_2} \tag{5.31}$$

有效值

$$N_1 I_1 \approx N_2 I_2 \tag{5.32}$$

由上式，一次、二次绕组的电流关系为

$$\frac{I_1}{I_2} = \frac{N_2}{N_1} = \frac{1}{K} \tag{5.33}$$

例 5.4 一变压器如图 5—18 所示，一次绕组的额定电压为 $U_1 = 380\text{V}$，匝数 $N_1 = 760$。二次绕组有两个，其空载电压分别为 $U_{20} = 127\text{V}$ 和 $U_{30} = 36\text{V}$，试求匝数 N_2 和 N_3 各为多少师？

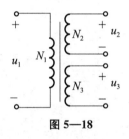

图 5—18

解 二次绕组有两个仍可以分别按变压原理式 5.28 计算。

$$N_2 = \frac{U_{20}}{U_1} N_1 = \frac{127}{380} \times 760 = 254$$

$$N_3 = \frac{U_{30}}{U_1} N_1 = \frac{36}{380} \times 760 = 72$$

例 5.5 在例 5.4 中，如果将两个二次绕组分别接电阻性负载，并测通电流 $I_2 = 2.14\text{A}$，$I_3 = 3\text{A}$。求一次绕组电流和一次、二次、三次绕组的功率。

解 由式（5.30）可知

$$N_1 I_1 \approx N_2 I_2 + N_3 I_3$$

$$I_1 \approx \frac{N_2 I_2 + N_3 I_3}{N_1} = \frac{254 \times 2.14 + 72 \times 3}{760} \text{A} = 1\text{A}$$

一次、二次、三次绕组的功率分别为

$$P_1 = U_1 I_1 = 380 \times 1\text{W} = 380\text{W}$$
$$P_2 = U_2 I_2 = 127 \times 2.14\text{W} = 271.2\text{W}$$
$$P_3 = U_3 I_3 = 36 \times 3\text{W} = 108\text{W}$$

则 $P_1 \approx P_2 + P_3$

3. 变阻抗原理

为了使功率输出和负载的阻抗之间更好的匹配，常采用变压器来获得所需要的等效阻抗，变压器的这种作用称为阻抗变换。

变压器的阻抗变换可由图 5—19 说明，图 5—19（a）中负载阻抗 Z_L 接在变压器的二次绕组，与变压器一起看作电源的负载，即图 5—19（a）中虚线框内，将虚线框内的总阻抗用 Z'_L 来等效代替，直接接在电源上，如图 5—19（b）所示。所谓等效是输入电路的电压、电流、功率保持不变。

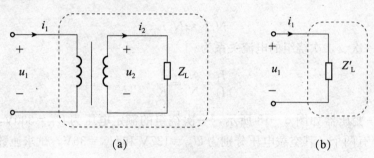

(a)   (b)

图 5—19　变压器阻抗变化

由公式

$$\frac{U_1}{U_2}=K \qquad \frac{I_1}{I_2}=\frac{I}{K} \qquad |Z'|=\frac{U_1}{I_1} \tag{5.34}$$

得出

$$|Z'|=\frac{U_1}{I_1}=\frac{KU_2}{I_2/K}=K^2\frac{U_2}{I_2}=K^2|Z| \tag{5.35}$$

由此可见，负载阻抗通过变压器变换后的等效阻抗大小与变压器的变比 K 有关，所以根据需要选择不同变比的变压器获得所需的阻抗，这种做法通常称为阻抗匹配。

例 5.6　一只电阻为 8Ω 的扬声器（喇叭），需要把电阻提高到 800Ω 才可以接入半导体收音机的输出端。问应该利用变比为多大的变压器才能实现这一阻抗匹配。

解　由题意已知，　　　　　　$Z'_L=800\Omega, \ Z_L=8\Omega$

$$Z'_L=K^2 Z_L$$

$$K=\sqrt{\frac{Z'_L}{Z_L}}=\sqrt{\frac{800}{8}}=10$$

例 5.6　如图 5—20 中，交流信号源的电动势 $E=160V$，内阻 $R_0=800\Omega$，负载电阻 $R_L=8\Omega$。（1）当 R_L 折算到一次的等效电阻 $R'_L=R_0$ 时，求变压器的匝数比和信号源输出的功率。（2）当将负载直接与信号源连接时，信号源输出功率为多少。

解　（1）变压器的匝数比为

$$\frac{N_1}{N_2}=\sqrt{\frac{R'_L}{R_L}}=\sqrt{\frac{800}{8}}=10$$

信号源输出功率为

$$P = \left(\frac{E}{R_0 + R_L'}\right)^2 R_L' = \left(\frac{160}{800 + 800}\right)^2 \times 800\text{W} = 8\text{W}$$

（2）当将负载直接接在信号源时

$$P = \left(\frac{160}{800 + 8}\right)^2 \times 8\text{W} = 0.\widetilde{31}\text{W}$$

5.2.3 变压器的特性和额定值

1. 变压器的外特性

当一次侧电压 U_1 和负载功率因数 $\cos\varphi_2$ 保持不变时，二次侧输出电压 U_2 和输出电流 I_2 的关系曲线，$U_2 = f(I_2)$ 称为变压器的外特性曲线。如图 5—21 所示，对电阻性和电感器负载而言，电压 U_2 随电流 I_2 的增加而下降。

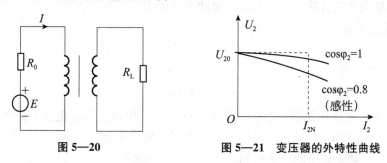

图 5—20   图 5—21　变压器的外特性曲线

通常希望电压的 U_2 变动越小越好，从空载到额定负载，二次绕组的电压变化程度可以用**电压变化率 ΔU** 来表示。即

$$\Delta U\% = \frac{U_{20} - U_2}{U_{20}} \times 100\% \tag{5.36}$$

U_{20}：空载时二次绕组电压。

一般供电系统，电压变化率在 5% 左右。

2. 变压器损耗及效率

和交流铁芯线圈一样，变压器的功率损耗包括铁芯中铁损耗 ΔP_{Fe} 和绕组上的铜损耗 ΔP_{cu} 两部分。铁芯损耗的大小与铁芯内磁感应强度的最大值 B_m 有关，与负载大小无关，所以又称**不变损耗**。铜损耗则与负载大小（正比于电流平方）有关，称为**可变损耗**。

变压器的效率常用下式表示

$$\eta = \frac{P_2}{P_1} \times 100\% = \frac{P_2}{P_2 + \Delta P_{Cu} + \Delta P_{Fe}} \times 100\% \tag{5.37}$$

式中：P_1 为变压器输入功率；

$\quad\quad P_2$ 为输出功率。

变压器的功率损耗很小，效率很高，通常 η 在 95% 以上，负载为额定负载的 $50\%\sim 75\%$ 时，η 达到最大值。

3. 变压器的容量

变压器在工作中，如果使用不当，往往会造成变压器的损坏。正确使用变压器的依据是工作时尽量使变压器工作在额定状态，不要长时间过载。变压器的主要额定值有：

（1）额定电压。根据变压器的绝缘强度和允许温升而规定的电压值称为额定电压，单位为 V 或 kV。变压器的额定电压有一次绕组额定电压 U_{1N} 和二次绕组额定电压 U_{2N}。变压器正常运行时规定加在一次绕组边的电源电压，用 U_{1N} 表示。一次绕组边加上 U_{1N} 后在二次绕组边测量得到的空载输出电压，用 U_{2N} 表示。对三相变压器而言，额定电压都是指线电压。

（2）额定电流。根据变压器绝缘材料允许的温升而规定的最大允许工作电流，称为变压器一次绕组、二次绕组的额定电流，分别用 I_{1N}、I_{2N} 表示，单位为 A 或 kA。对三相变压器而言，额定电流都是指线电流。

（3）额定频率。额定频率 f_N，我国规定标准工频频率为 50Hz，有些国家规定为 60Hz，使用时要注意。

（4）额定容量。变压器的额定容量是指变压器二次绕组的额定视在功率 S_N。以 V·A 或 kV·A 为单位。它反映了变压器传送电功率的能力。

对于单相变压器

$$S_N = U_{2N} I_{2N}$$

对于三相变压器

$$S_N = \sqrt{3} U_{2N} I_{2N}$$

例5.7　某单相变压器额定容量 $S_N = 5kV·A$，一次绕组额定电压 $U_{1N} = 220V$，二次绕组额定电压 $U_{2N} = 36V$，求一次绕组、二次绕组的额定电流。

解　（1）由额定容量的定义可知：

$$I_{2N} = \frac{S_N}{U_{2N}} = \frac{5 \times 10^3}{36} A = 138.9A$$

由于 $U_{2N} \approx U_{1N}/K$，$I_{2N} \approx KI_{1N}$，所以 $U_{2N}I_{2N} \approx U_{1N}I_{1N}$，变压器额定容量 S_N 也可以近似表示为 $S_N \approx U_{1N}I_{1N}$，所以一次绕组的额定电流为

$$I_{1N} \approx \frac{S_N}{U_{1N}} = \frac{5 \times 10^3}{220} A = 22.7A$$

例5.8　有一 50kV·A 的三相电力变压器，输出线电压为 380V，变压器总负载为 45kW，功率因数 $\lambda = 0.8$，试计算变压器是否过载。

解　$$S = \frac{P}{\cos\varphi} = \frac{45kW}{0.8} = 56.25kV·A$$

由计算可知变压器的视在功率超出了变压器的容量，想要变压器正常工作，必须提高负载电路的功率因素。

5.2.4　三相变压器和特殊变压器

1. 三相变压器

三相变压器主要用在三相电力系统中，又称为电力变压器。此外三相整流电路、三相电炉设备等也采用三相变压器进行三相电压的变化。

三相变压器的原理结构，如图 5—22 所示，铁芯上有三个铁芯柱，每个铁芯柱都套装着一次、二次绕组。一次绕组（高压绕组）的始端和末端分别用 U_1、V_1、W_1 和 U_2、V_2、

W_2 表示，二次绕组（低压绕组）的始端和末端分别用 u_1、v_1、w_1 和 u_2、v_2、w_2 表示。一次绕组与电源相连，二次绕组与负载相连。

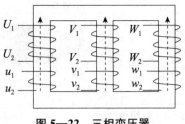

图 5—22 三相变压器

三相变压器的每一相都相当于一个单独的单相变压器，所以单相变压器的一些分析方法，也适用于三相变压器。

三相变压器的一次、二次绕组都可以接成星形或三角形，连接方式可用连接组标号表示。例如，(Y，y_n)，其中第一个字母 Y 表示一次绕组接成星形，第二个字母 y 表示二次绕组接成星形，n 表示一次线电压与二次线电压之间相位差相当于 $30°$ 的倍数。(Y，d_n)中 d 表示二次绕组接成三角形。

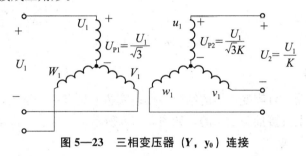

图 5—23 三相变压器 (Y，y_0) 连接

如图 5—23 所示，可得

$$\frac{U_1}{U_2} = \frac{\sqrt{3}U_{P1}}{\sqrt{3}U_{P2}} = \frac{U_{P1}}{U_{P2}} = K$$

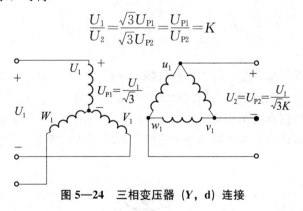

图 5—24 三相变压器 (Y，d) 连接

如图 5—24 所示，可得

$$\frac{U_1}{U_2} = \frac{\sqrt{3}U_{P1}}{U_{P2}} = \sqrt{3}\frac{U_{P1}}{U_{P2}} = \sqrt{3}K$$

2. 三相变压器的铭牌数据

每台变压器都有一铭牌，上面标注着型号、额定值及其他数据，便于用户了解变压器的运行性能。如图 5—25 所示，某一型号的变压器铭牌。

铝线圈电力变压器						
产品标准					型号 SJL-560/10	
额定容量 560 千伏安		相数 3			额定频率　50 赫兹	
额定电压	高压	10 000 伏		额定电流	高压	32.3 安
	低压	400—230 伏			低压	808 安
使用条件		户外式		绕组温升 65℃	油面温升 55℃	
阻电压　％70℃				冷却方式	油浸自冷式	
油重 370 千克		器身重 1040 千克			总量 1900 千克	
线圈连接图		相量图		连接组	开关	分接
高压	低压	高压	低压	标号	位置	电压
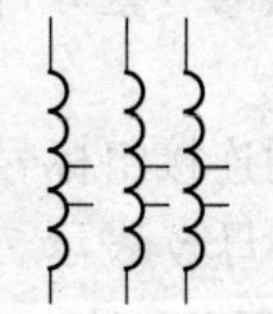	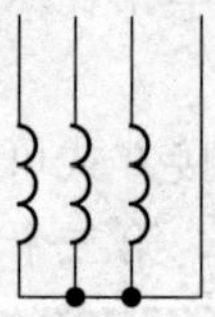	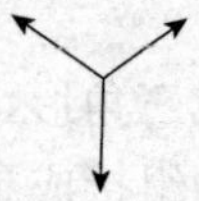		Y/Yₙ—12	Ⅰ	10500 伏
					Ⅱ	10000 伏
					Ⅲ	9500 伏
出厂序号		19　年　月　出品				
上海××厂						

图 5—25　变压器铭牌

3. 特殊变压器

（1）自耦变压器。自耦变压器的结构特点是铁芯上只有一个绕组，连接电源。而二次绕组是从一次绕组上直接抽头出来的，如图 5—26 所示。一次、二次绕组电压之比和电流之比也是满足以下公式

$$\frac{U_1}{U_2}=\frac{N_1}{N_2}=K$$

$$\frac{I_1}{I_2}=\frac{N_2}{N_1}=\frac{1}{K}$$

实验室中常用调压器，是一种小容量自耦变压器，其二次绕组抽头往往做成能沿线圈自由滑动的触点形式，以达到平滑均匀地调节电压的目的。结构如图 5—27 所示。

综上，自耦变压器具有结构简单，节省铜线，效率比普通变压器高的优点。

其缺点是由于高低绕组在电路上是相通的，对使用者构成潜在的危险，因此变比一般不超过 1.5～2。

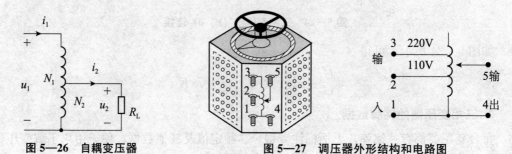

图 5—26　自耦变压器　　　　图 5—27　调压器外形结构和电路图

所以自耦变压器不能作为安全变压器使用，安全变压器一定采用一次绕组和二次绕组互相分开的双绕组变压器。

（2）电压互感器。如图5—28所示工作原理：一次绕组直接接到被测高压电路，二次绕组接电压表或功率表的电压线圈。利用一次、二次绕组不同的匝数比可将线路上的高电压变为低电压来测量。所测电压可由下式得出：

$$被测电压＝电压表读数×（N_1/N_2）$$

使用注意事项：电压互感器二次绕组不能短路，否则会产生很大的短路电流；为安全起见，电压互感器的金属外壳、二次绕组必须可靠的接地。

（3）电流互感器。如图5—29所示工作原理：它的一次绕组由一匝或几匝截面较大的导线构成，并串入需要测量电流的电路。二次绕组的匝数较多且与电流表相连，可将线路上的大电流变为小电流来测量。所测电流由下式得出：

$$被测电流＝电流表读数×（N_2/N_1）$$

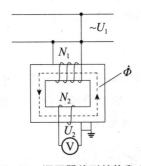

图5—28　调压器外形结构和电路图

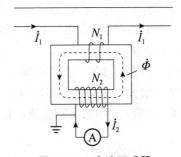

图5—29　电流互感器

使用注意事项：为了使用安全，电流互感器的二次绕组必须可靠的接地，以防止由于绝缘损坏后，一次绕组的高压传到副边，发生人身事故。

电流互感器的二次绕组绝对不允许开路。因为二次绕组开路时，互感器成为空载运行，此时，一次绕组被测线路电流成了激磁电流，使铁芯内的磁密比额定情况增加许多倍。它一方面将使二次绕组感应出很高的电压，可能使绝缘击穿。同时对测量人员也很危险；另一方面，铁芯内磁密增大以后，铁耗会大大增加，使铁芯过热，影响电流互感器的性能，甚至把它烧坏。如图5—30所示，实际电流互感器。

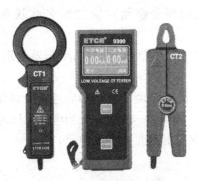

图5—30　实际电流互感器

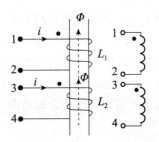

图5—31　变压器绕组同名端

5.2.5 变压器同名端的判断

1. 同名端的定义

变压器的一次、二次绕组分别具有多个线圈，可以适应不同的电源和提供不同的输出电压，这个时候需要判断绕组的同名端（同极性端）。

当电流流入（或流出）两个线圈时，若产生的磁通方向相同，则两个流入（或流出）端称为同名端。 或者说，当铁芯中磁通变化时，在两线圈中产生的感应电动势极性相同的两端为同名端。同名端用"·"表示。如果1和3两端称为同名端，当然2和4两端也是同名端，如图5—31所示。

2. 同名端的测定方法

方法一：交流法。

如图5—32所示，1和2为变压器的一个绕组，3和4为另一个绕组。将两个绕组的任意两端连接在一起（如2和4）；在其中一个绕组（如1和2）两端加一个较低的电压。用电压表分别测量U_{13}、U_{12}、U_{34}。如果U_{13}是两绕组电压之差，则1和3是同极性端。如果U_{13}是两绕组电压之和，则1和4是同极性端。

方法二：直流法。

在线圈一相绕组端接一直流电源，另一相绕组端接一检流计。当开关S闭合瞬时，则线圈1中电流增大，自感电压实际极性为a正、b负。如果检流计正偏，则互感电压实际极性为c正、d负，a和c是同名端；若反偏，则a与d是同名端。

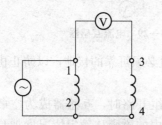

图5—32 交流法测定绕组极性

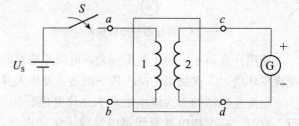

图5—33 直流法测定绕组极性

3. 线圈的连接方法

明确了线圈绕组的同名端后，线圈绕组可以串联或并联使用。若要串联，则应把两个绕组的异名端联在一起。若要并联，则应把两个绕组对应的同名端联在一起接外电路。

例如，变压器一次侧有两个额定电压为110V的绕组，如果将变压器分别接入220V和110V的电源，绕组应该怎样连接？

如图5—34所示，当电源电压为220V时，需要将两个绕组串联连接，即将两个绕组的异名端（即不是同名端）相连形成串联电路。如图5—35所示，当电源电压为110V时，需要将两个绕组并联连接，即将两个绕组的同名端相连形成并联电路。

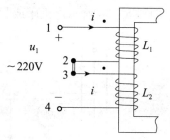
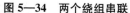

图 5—34　两个绕组串联

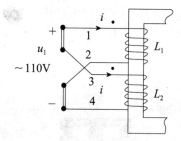

图 5—35　两个绕组并联

应该注意的是只有额定电流相同的绕组才能相串联，额定电压相同的绕组才能并联。如果两绕组的极性端接错，如串联时将 2 和 4 接到一起，将 1 和 3 端接电源，这样铁芯中两个磁通就相互抵消，两个感应电动势也相互抵消，接通电源后，绕组中电流过大，有可能烧毁变压器。所以在同名端不明确时，一定要先测定同名端再通电。

思考与练习题

5.2.1　什么是变压器的变化率？有何意义？

5.2.2　变压器中有哪些损耗？它们是什么原因产生的？什么是变压器的效率？

5.2.3　某单相变压器一次侧电压为 220V，二次侧电压为 36V，二次绕组的匝数为 225 匝，求变压器的变比和一次绕组的匝数？

5.2.4　如果变压器一次绕组的匝数增加一倍，而所加电压不变，励磁电流将如何变化？

5.2.5　变压器铭牌上标出的额定容量是指什么？单位是"千伏安"，而不是"千瓦"，为什么？

5.2.6　有一空载变压器，一次侧加额定电压 220V，并测得一次绕组电阻 $R_1 = 10\Omega$，试问一次绕组电流是否等于 22A？

5.2.7　有一扬声器的阻抗 $R_z = 8\Omega$，为了在输出变压器的一次侧得到 256Ω 的等效阻抗，求输出变压器的变比。

5.3　应用举例

5.3.1　电磁感应的应用——动圈式扬声器

目前使用的扬声器，应该说 90% 都是动圈式的，也称为电动式，如图 5—36 所示。扬声器的工作原理就是左手定则。扬声器的线圈中通过交变电流时，线圈切割磁力线（扬声器有由磁铁等构成的恒磁场），线圈将产生运动，运动的方向和大小根据输入信号的方向和大小而变化。线圈运动，就带动鼓膜振动，而鼓膜振动，将压缩或拉伸空气，从而传播声波，所以我们就听到扬声器发出的声音了。

5.3.2　电磁铁的应用

在机床中，常用电磁铁操纵气动或液压传动机构的阀门来控制变速机构。电磁吸盘和电磁离合器也都是电磁铁的具体应用。如图 5—37 所示，应用电磁铁实现制动机床或起重机电动机的基本结构，其中电动机和制动轮同轴。如图 5—38 所示，机床或起重机的起动和制动过程。

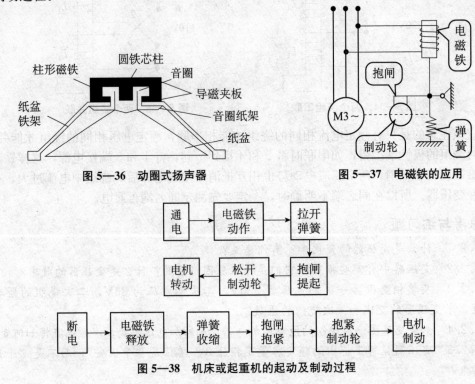

图 5—36 动圈式扬声器

图 5—37 电磁铁的应用

图 5—38 机床或起重机的起动及制动过程

![技能训练项目]

楞次定律的验证

一、实验目的

（1）验证楞次定律。

（2）熟悉楞次定律的应用。

二、实验器材

（1）"三向"牌通用电学实验台。

（2）插座电表直流±100μA1 只，插座线圈 1 套，铁棒 1 条，条形磁铁 1 条。

（3）其他按图选取元件插座及导线。

三、实验步骤

1. 磁铁在线圈相对运动时

（1）首先查清楚线圈的绕向。

（2）如图 5—39 所示，在通用电路板上连接实验电路。

（3）先用楞次定律分析磁铁插入和拔出时，电流表指针应如何偏转？然后将磁铁插入和拔出线圈，观察实验现象是否与分析结果相符。

2. 载流原线圈与副线圈间有相对运动时

（1）将图 5—39（a）中的磁铁换成一个具有软铁棒芯子的线圈作为原线圈，大空心线圈作为副线圈，连接线路如图5—39（b）所示。

（2）首先查清楚原、副线圈的绕向。

（3）用楞次定律分析将通电原线圈插入和拔出副线圈时，电流表指针应怎样偏转？然后闭合开关S，迅速随原线圈出入和拔出副线圈，观察实验现象是否和分析结果相符（观察完毕后，应立即断开开关S，以防通电时间过长，线圈发热损坏）。

（4）改换电源极性重复步骤2.（3）。

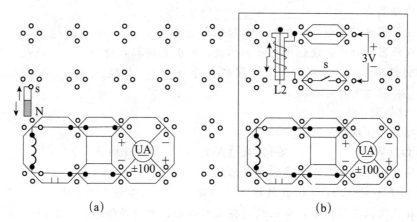

图5—39　楞次定律实验电路接线图

四、实验报告

（1）实验过程总结，应用楞次定律判断感生电动势（或感生电流）方向的方法及其规律。

（2）实验结果分析，感生电动势的大小与哪些因数有关？

⚙ **课外制作项目**

变压器的变压作用

一、制作要求

购买一个多抽头的变压器和指示灯，如图5—40和图5—41所示，与开关配合通过指示灯的亮度变化来验证变压器的变压作用。

图5—40 多抽头变压器

图5—41　指示灯

二、制作过程

将多抽头变压器输入端接入220V交流电，输出端0、20、26、32V，通过开关分别接入三个指示灯，观察指示灯的亮度，理解变压器的变压作用。

习题 5

5.1 填空题

(1) 线圈产生感应电动势的大小正比于通过线圈的_____。

(2) 磁路的磁通等于_____与_____之比，这就是磁路的欧姆定律。

(3) 变压器是由_____和_____组成的。

(4) 变压器有_____、_____和_____的作用。

(5) 变压器铁芯导磁性能越好，其励磁电抗越_____，励磁电流越_____。

(6) 变压器运行中，绕组中电流的热效应所引起的损耗称为_____损耗；交变磁场在铁芯中所引起的_____损耗和_____损耗合称为_____损耗。_____损耗又称为不变损耗；_____损耗称为可变损耗。

5.2 选择题

(1) 磁感应强度的单位是（   ）。

a. 韦伯（Wb）；　　　　b. 安培/米（A/m）；　　　　c. 特斯拉（T）。

(2) 磁性物质的磁导率不是常数，因此（   ）。

a. B 与 H 不成正比；　　b. Φ 与 B 不成正比；　　c. Φ 与 I 成正比。

(3) 在交流铁芯线圈中，如果铁芯截面积减小，其他条件不变，则磁通势（   ）。

a. 增大；　　　　　　b. 减小；　　　　　　c. 不变。

(4) 当变压器的负载增加后，则（   ）。

a. 铁芯主磁通 Φ_m 增大；

b. 二次电流 I_2 增大，一次电流 I_1 不变；

c. 一次电流 I_1 和二次电流 I_2 同时增大。

(5) 50Hz 的变压器用于 25Hz 时，则（   ）。

a. Φ_m 近似于不变；

b. 一次电压 U_1 降低；

c. 绕组可能烧坏。

(6) 为了减小涡流损耗，交流铁芯线圈中的铁芯由硅钢片（   ）叠成。

a. 垂直磁场方向；　　b. 顺着磁场方向；　　c. 任意。

(7) 交流铁芯线圈的匝数固定，当电源频率不变时，则铁芯中主磁通的最大值基本上决定于（   ）。

a. 电源电压；　　　　b. 磁路的结构；　　　　c. 线圈阻抗。

(8) 交流电磁铁在吸合过程中气隙减小，则磁路磁阻（   ），铁芯中的磁通 Φ_m（   ），线圈电感（   ），线圈感抗（   ），线圈电流（   ），吸力平均值（   ）。

a. 增大；　　　　b. 减小；　　　　c. 近似不变；　　　　d. 不变。

(9) 直流电磁铁在吸合过程中气隙减小，则磁路磁阻（   ），铁芯中的磁通 Φ（   ），线圈电感（   ），线圈电流（   ），吸力（   ）。

a. 增大；　　　　b. 减小；　　　　c. 近似不变；　　　　d. 不变。

(10) 变压器一次绕组加 220V 电压，测得二次绕组开路电压为 22V，二次绕组边接负载 $R_L = 11\Omega$，二次绕组电流 I_2 与一次绕组电流 I_1 比值为（   ）。

a. 1；　　　　　　b. 10；　　　　　　c. 100。

5.3 有一线圈，其匝数 $N = 1\,000$，绕在由铸钢制成的闭合铁芯上，铁芯的截面积

$A_{Fe}=20cm^2$，铁芯的平均长度 $l_{Fe}=50cm$。如果在铁芯中产生磁通 $\Phi=0.002Wb$，求出线圈中应通入多大的直流电流。

5.4 为了求出铁芯线圈的损耗铁损耗，先将它接在直流电源上，测得线圈电阻为 1.75Ω，然后接在交流电源上，测通电压 $U=120V$，功率 $P=70W$，电流 $I=2A$，求铁损耗和线圈的功率因数。

5.5 有一台 $100kV\cdot A$，$100kV/0.4kV$ 的单相变压器，在额定负载下运行，已知铜损耗为2270W，铁损耗为546W，负载功率因数为0.8，求满载时变压器的功效率。

5.6 有一单相照明变压器，容量为 $10kV\cdot A$，电压 3 300/220V。在二次绕组接上 60W/220V 的白炽灯，要求变压器在额定情况下运行，试求这种白炽灯可接多少个? 并求一次、二次绕组的额定电流。

5.7 如图 5—42 所示，将 $R_L=8\Omega$ 的扬声器接在输出变压器的二次绕组，已知 $N_1=300$，$N_2=100$，信号源电动势 $E=6V$，内阻 $R_0=100\Omega$，试求信号源输出的功率。

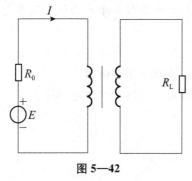

图 5—42

5.8 有一电源变压器，原绕组有 550 匝，接在 220V 电压。二次绕组有两个：一个电压 36V，负载 36W；一个电压 12V，负载 24W。两个都是纯电阻负载时。求一次绕组电流 I_1 和两个二次绕组的匝数。

5.9 如图 5—43 所示，输出变压器的二次绕组有抽头，以便接 8Ω 或 3.5Ω 的扬声器，两者都能达到阻抗匹配，求二次绕组两部分的匝数之比 N_2/N_3。

5.10 如图 5—44 所示，电压变压器有三个二次绕组，问能得出多少种输出电压?

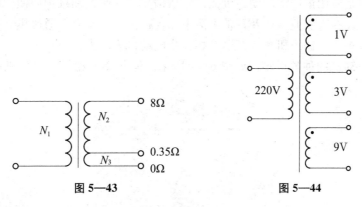

图 5—43   图 5—44

5.11 使用电压比为 6 000/100 的电压互感器和电流比为 100/5 的电流互感器来测量电路时，电压表的读数为 96V，电流表的读数为 3.5A，求被测电路实际电压和电流各为多少?

第6章 交流电动机

内容提要：本章主要介绍三相异步电动机的基本构造、工作原理、电路分析、机械特性及其使用特性，并简要介绍单相异步电动机、同步电动机、直线异步电动机等较为常用的电动机。

重点：三相异步电动机的结构，三相异步电动机的工作原理和使用。异步电动机是应用非常广泛的动力机械，应熟练掌握使用方法。

难点：三相异步电动机的定子电路和转子电路分析。

6.1 三相异步电动机的构造

电动机是根据电磁原理把电能转变为机械能的一种设备。电动机可以分为直流电动机和交流电动机，交流电动机又分为异步电动机和同步电动机。

异步电动机是应用最广泛的动力机械，它结构简单、制造和维护简便、成本低廉、运行可靠、效率高。在工农业生产及日常生活中如各种机床、水泵、通风机、锻压和铸造机械、传送带、起重机、纺织机械等都以三相异步电动机为动力。

三相异步电动机的种类很多，如图6—1所示。但各类三相异步电动机的基本结构是

图6—1 实际的三相异步电动

相同的，它们都由定子和转子这两大基本部分组成，在定子和转子之间具有一定的气隙。此外，还有端盖、轴承、接线盒、吊环等其他附件，如图 6—2 所示。

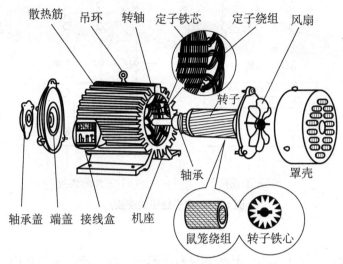

图6—2　三相笼型异步电动机结构

1. 定子

定子是用来产生旋转磁场的。三相电动机的定子一般由外壳、定子铁芯、定子绕组等部分组成。

定子铁芯是电动机磁路的一部分，由 0.35～0.5mm 厚表面涂有绝缘漆的薄硅钢片叠压而成，如图 6—3 所示。由于硅钢片较薄而且片与片之间是绝缘的，所以减少了由于交变磁通通过而引起的铁芯涡流损耗。铁芯内圆有均匀分布的槽口，用来嵌放定子绕圈。

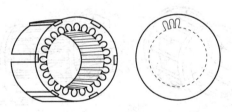

（a）定子铁心　　　（b）定子冲片

图6—3　定子铁芯及冲片示意图

定子绕组是三相电动机的电路部分，三相电动机有三相绕组，通入三相对称电流时，就会产生旋转磁场。三相绕组由三个彼此独立的绕组组成，且每个绕组又由若干线圈连接而成。每个绕组即为一相，每个绕组在空间相差 120°。线圈由绝缘铜导线或绝缘铝导线绕制。中、小型三相电动机多采用圆漆包线，大、中型三相电动机的定子线圈则用较大截面的绝缘扁铜线或扁铝线绕制后，再按一定规律嵌入定子铁芯槽内。定子三相绕组的六个出线端都引至接线盒上，首端分别标为 U_1，V_1，W_1，末端分别标为 U_2，V_2，W_2。这六个出线端在接线盒里的排列，如图 6—4 所示，可以接成星形或三角形。

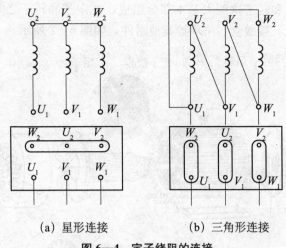

(a) 星形连接　　　　　(b) 三角形连接

图6—4　定子绕阻的连接

2. 转子

转子由转子铁芯、转子绕组、转轴和风扇等部分组成。转子铁芯是用外圆周上冲有均匀线槽的 0.5mm 厚的硅钢片叠压而成，固定在转轴上，作为电动机磁路的一部分。转子铁芯的线槽中放置转子绕组。

转子绕组分为绕线型与笼型两种，由此分为绕线异步电动机与笼型异步电动机。

笼型转子的绕组是在转子的线槽中放置一根根铜条，铜条的两端用短路环焊接起来，如图 6—5(a) 所示；而中、小型三相电动机常用铸铝的方法，将槽中的铝条及两端短路环和风扇用铝液一次浇铸成一个整体，如图 6—5(b) 所示。若将铁芯去掉，转子绕组就好像是一只鼠笼，故称为笼型转子。100kW 以下的异步电动机一般采用铸铝转子。

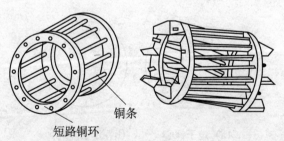

短路铜环　　　　　　铜条

(a) 笼型导体　　　　(b) 铸铝的笼型转子

图6—5　笼型转子

绕线型转子的铁芯和笼型转子的铁芯相同。转子绕组和定子绕组相似，是由绝缘导线绕制而成，按一定规律嵌放在转子槽中，组成三相对称绕组。通常其三个绕组的末端连在一起，接成星形。三个绕组的首端分别与固定在转轴上的三个互相绝缘的铜质滑环（集电环）相接。转子绕组通过集电环及其上面的电刷与外加的三相变阻器连接，供电动机起动及小范围内的调速使用。在一般工作情况下，转子绕组被短接。绕线型异步电动机转子的结构及接线，如图 6—6 所示。

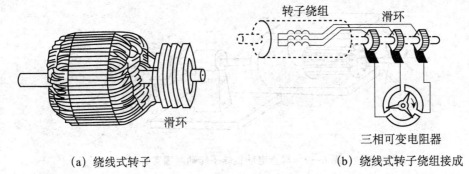

转子绕组　　滑环

滑环

三相可变电阻器

(a) 绕线式转子　　　　　　　　　　(b) 绕线式转子绕组接成

图 6—6　绕线型转子的结构和接线

3. 其他附件

三相异步电动机的定子与转子之间有一定的空气隙，以使转子能自由转动。一般中小型电动机的气隙为 0.2～1.0mm。气隙太大，电动机运行时的功率因数降低；气隙太小，使装配困难，运行不可靠，高次谐波磁场增强，从而增加附加损耗以及使启动性能变差。

异步电动机的附件还包括端盖、风扇等。端盖装在机座两侧，除了起防护作用外，在端盖中心上还装有轴承，用以支撑转子旋转。风扇则用来通风冷却电动机。

➡ 思考与练习题

6.1.1　三相异步电动机的定子和转子的铁芯为什么要用硅钢片叠成？定子与转子之间的空气隙为什么要做得很小？

6.1.2　异步电动机又叫感应电动机，试述这两个名称的由来。

6.1.3　如何从结构上识别笼型和绕线型异步电动机？

6.2　三相异步电动机的工作原理

三相异步电动机接上电源，就会转动。这是什么道理呢？为了说明这个转动原理，下面我们先做一个简单的实验。

如图 6—7 所示，一个装有手柄的马蹄形磁铁，在 N、S 两个磁极的中间放置一个可以自由转动的，由铜条构成的转子，铜条两端均用铜环短接。磁极与转子之间没有机械相连。当摇动手柄使磁极转动时，发现转子也跟着磁极一起转动。摇得快，转子也转得快，摇得慢，转子也转得慢。改变摇动方向，转子也跟着反转。由此可见，闭合的导体在旋转磁场内因受力而转动。

转子旋转的原因可用电磁感应原理来说明，当导体与磁场之间有相对运动时，导体中就会产生感应电动势，其方向由右手定则可知。由于转子的导体被两端铜环短接，故闭合的转子电路中出现电流，转子铜条成为载流导体。载流导体在磁场中将受到电磁力的作用，其方向由左手定则可知，故转子在此电磁力的作用下就转动起来，其旋转方向与磁铁的旋转方向相同。

实际的异步电动机的转子之所以会转动，也是依靠其定子绕组内产生的旋转磁场。下

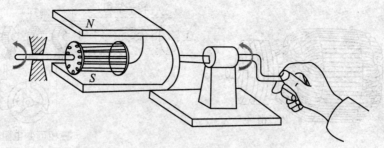

图 6—7　异步电动机转子转动原理实验

面分析三相异步电动机的旋转磁场是如何产生的。定子绕组接上电源，产生旋转磁场，使电动机转子转动。

6.2.1　旋转磁场

1. 旋转磁场的产生

把三相定子绕组接成星形接到对称三相电源上，定子绕组中便有对称三相电流流过。

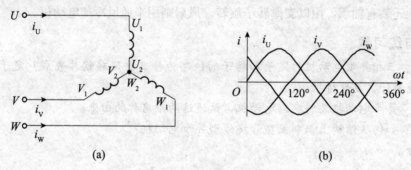

(a)　　　　　　　　　　　(b)

图 6—8　对称三相定子绕组及电流波形

为便于分析，异步电动机的三相绕组用三个线圈 U_1 - U_2、V_1 - V_2、W_1 - W_2 表示，他们在空间互差120°，并接成 Y 形连接，如图 6—8 （a）所示。把三相绕组接到三相交流电源上，三相绕组便有三相对称电流通过。假定电流的正方向由线圈的始端流向末端，流过三相线圈的电流分别为

$$
\begin{cases}
i_U = I_m \sin\omega t \\
i_V = I_m \sin(\omega t - 120°) \\
i_W = I_m \sin(\omega t + 120°)
\end{cases}
$$

其波形如图 6—8 （b）所示。

由于电流随时间而变，所以电流流过线圈产生的磁场分布情况也随时间而变，现研究几个瞬间，如图 6—9 所示。

（1）当 $\omega t = 0$ 瞬间，由图 6—8 （b）看出，$i_U = 0$，U 相没有电流通过，i_V 为负，表示电流由末端流入首端（即 V_2 端为 $\otimes$，V_1 端为 $\odot$）；i_W 为正，表示电流由首端流入（即 W_1 端为 $\otimes$，W_2 端为 $\odot$），这时三相电流所产生的合成磁场方向由"右手螺旋定则"判得为如图 6—9 （a）所示。

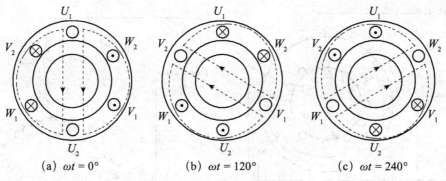

(a) $\omega t = 0°$　　　　　　(b) $\omega t = 120°$　　　　　　(c) $\omega t = 240°$

图 6—9　三相两极旋转磁场

（2）当 $\omega t = 120°$ 瞬间，由图 6—8（b）得，i_U 为正，$i_V = 0$，i_W 为负，用同样的方式可判得三相合成磁场顺相序方向转了 120°，如图 6—9（b）所示。

（3）当 $\omega t = 240°$ 瞬间，i_U 为负，i_V 为正，$i_W = 0$，用同样的方式可判得三相合成磁场顺相序方向转了 120°，如图 6—9（c）所示。

（4）当 $\omega t = 360°$（即为 0°）瞬间，又转回到 1 的情况，如图 6—9（a）所示。

由此可见，三相绕组通入三相交流电流时，将产生旋转磁场。若满足两个对称（即绕组对称、电流对称），则产生的旋转磁场的大小便恒定不变，称为圆形旋转磁场。

2. 旋转磁场的转向

如图 6—9 所示，**旋转磁场的旋转方向与通入的对称三相电流的相序一致，如果改变相序，则旋转磁场的旋转方向也就随之改变。**

例如，只要将同三相电源连接的三根导线中的任意两根的一端对调位置，即将电动机三相定子绕组的 V_1 端改与电源 W 相连，W_1 与 V 相连。如图 6—10 所示，则旋转磁场就反转了，分析方法与前同。

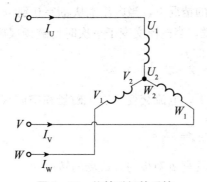

图 6—10　旋转磁场的反转

3. 旋转磁场的极数

三相异步电动机的极数就是旋转磁场的极数。旋转磁场的极数和三相绕组的安排有关。在上述图 6—9 的情况下，每相绕组只有一个线圈，绕组的始端之间相差 120° 时，则产生的旋转磁场具有一对极，即 $p = 1$（p 是磁极对数）。如将定子绕组安排得如图 6—11 那样，即每相绕组为两个线圈串联，绕组的始端之间相差 60°，则产生的旋转磁场具有两对极，即 $p = 2$。

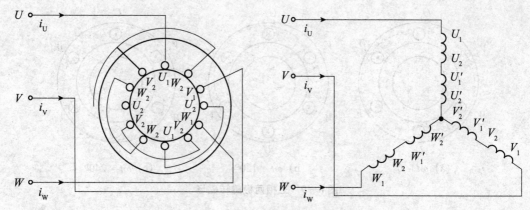

图 6—11　产生四极旋转磁场的定子绕组

　　同理，如果要产生三对极，即 $p = 3$ 的旋转磁场，则每相绕组必须有均匀安排在空间的串联的三个线圈，绕组的始端之间相差 40°。

　　极数 p 与绕组的始端之间的空间角 θ 的关系为

$$\theta = \frac{120°}{p} \tag{6.1}$$

4. 旋转磁场的转速

　　三相异步电动机的**转速**，它与旋转磁场的转速有关。而**旋转磁场的转速 n_0 决定于磁场的磁极对数 p**。在一对极的情况下，由图 6—8（a）可见，当电流从 $\omega t = 0$ 到 $\omega t = 120°$ 经历了 120°时，磁场在空间也旋转了 120°。当电流交变了一次（一个周期）时，磁场恰好在空间旋转了一转。设电流的频率为 f_1，即电流每秒钟交变 f_1 次或每分钟交变 $60 f_1$ 次，则旋转磁场的转速为 $n_0 = 60 f_1$，转速的单位为转每分（r/min）。

　　在旋转磁场具有两对极的情况下，当电流也从 $\omega t = 0$ 到 $\omega t = 120°$ 经历了 120°时，磁场在空间仅旋转了 60°。就是说，当电流交变了一次时，磁场仅旋转了半转。比 $p = 1$ 情况下的转速慢了一半，即 $n_0 = \dfrac{60 f_1}{2}$。

　　同理，在三对极的情况下，电流交变一次，磁场在空间仅旋转了 $\dfrac{1}{3}$ 转，只是 $p = 1$ 情况下的转速的三分之一，即 $n_0 = \dfrac{60 f_1}{3}$。

　　由此推知，当旋转磁场具有 p 对极时，磁场的转速为

$$n_0 = \frac{60 f_1}{p} \tag{6.2}$$

　　式中：f_1 为电流频率（电网频率）；

　　　　　p 为磁极对数。

　　因此，旋转磁场的转速 n_0 决定于电流频率 f_1 和磁极对数 p，而后者又决定于三相绕组的安排情况。对某一三相异步电动机来讲，f_1 和 p 通常是一定的，所以磁场转速 n_0 是个常数。

　　在我国，工频 $f_1 = 50\text{Hz}$，对已制成的电机，$p = \text{C}$（常数），则 $n_0 \propto f_1$，即决定旋转

磁场转速的唯一因素是频率,于是由式 6.2 可得出对应于不同极对数 p 的旋转磁场转速 n_0(转每分),故有时亦称 n_0 为电网频率所对应的同步转速。

由式 6.2 可得出对应于不同极对数 p 的旋转磁场转速 n_0(转每分),如表 6—1 所示。

表 6—1   不同极对数 p 的旋转磁场转速

p	1	2	3	4	5	6
n_0 /(r·min⁻¹)	3000	1500	1000	750	600	500

可见,同步转速 n_0 是有级的。

6.2.2 三相异步电动机的转动原理

如图 6—12 所示,三相异步电动机的转子转动原理图。图中 N,S 表示两极旋转磁场,转子中只标出两根导条(铜或铝)。当旋转磁场向顺时针方向旋转时,其磁通切割转子导条,导条中就感应出电动势。电动势的方向由右手定则确定。在这里应用右手定则时,可假设磁极不动,而转子导条向逆时针方向旋转切割磁通,这与实际上磁极顺时针方向旋转时磁通切割转子导条是相当的。

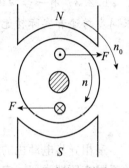

图 6—12 异步电机转动原理

在电动势的作用下,闭合的导条中就有电流。这电流与旋转磁场相互作用。而使转子导条受到电磁力产生电磁转矩,转子就转动起来。如图 6—12 所示,转子转动的方向和磁极旋转的方向相同。当旋转磁场反转时,电动机也跟着反转。

异步电动机转子的转速 n 不可能达到与定子旋转磁场转速 n_0 相等,即 $n < n_0$。因为只有这样,转子绕组与定子旋转磁场之间才有相对运动,磁通才能切割转子导条,转子绕组才能感应电动势和电流,从而产生电磁转矩,转子才能继续以 n_0 的转速转动。因此,转子转速与磁场转速之间必须要有差别(转速差)。这就是异步电动机名称的由来。而旋转磁场的转速 n_0 常称为**同步转速**。

异步电动机的转速差 $(n_0 - n)$ 与旋转磁场转速 n_0 的比率,称为转差率,用 s 表示,

$$s = \frac{n_0 - n}{n_0} \tag{6.3}$$

转差率是异步电动机运行的一个重要参数。它与负载情况有关。

转子转速愈接近磁场转速,则转差率愈小。当转子尚未转动(如起动初始瞬间)时,$n = 0$,$s = 1$,这时转差率最大;当转子速度接近于磁场转速(空载运行)时,$n \approx n_1$,$s \approx 0$。因此对异步电动机来说,s 是在 0~1 范围内变化。异步电动机负载越大,转速越慢,转差率就越大;负载越小,转速越快,转差率就越小。由式(6.3)可得

$$n = (1 - s) n_0 \tag{6.4}$$

在正常运行范围内,异步电动机的转差率很小,仅在 1% ~ 6% 之间,可见异步电动机的转速很接近旋转磁场转速。

例 6.1 一台额定转速 $n = 1\,450$ r/min 的三相异步电动机,试求电动机的极数和额定

负载运行时的转差率 s_N。电源频率 $f_1=50\mathrm{Hz}$。

解 由于电动机的额定转速接近而略小于同步转速，同步转速对应于不同的极对数有一系列固定的数值（如表 6—1 所示）。显然，与 1 450 r/min 最相近的同步转速 $n_0=1\,500$ r/min，与此相应的磁极对数 $p=2$。因此，额定负载时的转差率为

$$s_N=\frac{n_0-n}{n_0}\times100\%=\frac{1\,500-1\,450}{1\,500}\times100\%=3.3\%$$

🢂 **思考与练习题**

6.2.1 三相异步电动机的旋转磁场是如何产生的？怎样确定它的转速和转向？

6.2.2 什么是三相电源的相序？就三相异步电动机本身而言，有无相序？

6.2.3 有一台四极三相电动机，电源频率为 50Hz，带负载运行时的转差率为 0.03，求同步转速和实际转速。

6.3 三相异步电动机的电路分析

三相异步电动机的定子与转子之间是通过电磁感应联系的，如图 6—13 所示。其电磁关系同变压器类似，定子绕组相当于变压器的原绕组；转子绕组相当于变压器的副绕组（而电动机的转子绕组一般是短路的）。定子电流产生的旋转磁场将通过定子和转子铁芯而构成闭合磁路，该磁场不仅在转子的每相绕组中产生感应电动势 e_2，也要在定子的每相绕组中产生感应电动势 e_1。而实际上，旋转磁场是由定子电流和转子电流共同作用产生的。可仿照分析变压器的方式进行分析。

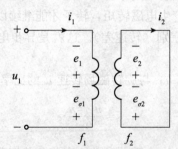

(a) 定子电路　(b) 转子电路

图 6—13 每相绕组的电路图

1. 定子电路

定子每相电路的电压方程和变压器一次绕组电路的一样。

定子电流不仅产生主磁通 Φ，还将产生漏磁通 Φ_σ。主磁通要通过转子绕组，而漏磁通将不通过转子绕组。这样在原绕组的电压约束方程为

$$u_1=i_1R_1+(-e_{\sigma1})+(-e_1)=i_1R_1+L_{\sigma1}\frac{\mathrm{d}i_1}{\mathrm{d}t}+(-e_1) \tag{6.5}$$

如用相量表示，则为

$$\dot{U}_1 = \dot{I}_1 R_1 + j\dot{I}_1 X_1 + (-\dot{E}_1) \tag{6.6}$$

式中，R_1 和 $X_1 = 2\pi f_1 L_{\sigma 1}$ 分别为定子每相绕组的电阻和感抗（漏磁感抗）。它们都很小，对于主磁通产生的感应电动势可忽略，因而和变压器一样，也可得出

$$\dot{U}_1 \approx \dot{E}_1 \tag{6.7}$$

和

$$E_1 = 4.44 f_1 N_1 \Phi \approx U_1 \tag{6.8}$$

式中：Φ 是通过每相绕组的磁通最大值，在数值上它等于旋转磁场每极磁通；

f_1 是 e_1 的频率。

因为旋转磁场和定子间的相对转速为 n_0，所以

$$f_1 = \frac{pn_0}{60} \tag{6.9}$$

即等于电源或定子电流的频率，见式（6.2）。

2. 转子电路

转子每相电路的电压方程为

$$e_2 = i_2 R_2 + (-e_{\sigma 2}) = i_2 R_2 + L_{\sigma 2}\frac{\mathrm{d}i_2}{\mathrm{d}t} \tag{6.10}$$

如用相量表示，则为

$$\dot{E}_2 = \dot{I}_2 R_2 + (-\dot{E}_{\sigma 2}) = \dot{I}_2 R_2 + j\dot{I}_2 X_2 \tag{6.11}$$

式中，R_2 和 $X_2 = 2\pi f_2 L_{\sigma 2}$ 分别为转子每相绕组的电阻和感抗（漏磁感抗）。

上式中转子电路的各个物理量对电动机的性能都有影响，分述如下。

（1）转子频率 f_2。因为旋转磁场和转子之间的相对转速为 $(n_0 - n)$，所以转子频率

$$f_2 = \frac{p(n_0 - n)}{60} = \frac{n_0 - n}{n_0} \cdot \frac{pn_0}{60} = sf_1 \tag{6.12}$$

可见，转子电流频率与转差率 s 有关，也就是与转速 n 有关。

在 $n = 0$，即 $s = 1$ 时（电动机起动初始瞬间），转子与旋转磁场间的相对转速最大，转子导条被旋转磁通切割得最快。因而，这时转子电流频率 f_2 最高，即 $f_2 = f_1$。异步电动机在额定负载时，$s = 1\% \sim 9\%$，则 $f_2 = 0.5 \sim 4.5\text{Hz}$（$f_1 = 50\text{Hz}$）。

（2）转子电动势 E_2。转子感应电动势的有效值为

$$E_2 = 4.44 f_2 N_2 \Phi = 4.44 s f_1 N_2 \Phi \tag{6.13}$$

在 $n = 0$，即 $s = 1$ 时，转子感应电动势为

$$E_{20} = 4.444 f_1 N_2 \Phi \tag{6.14}$$

这时 $f_2 = f_1$，转子电动势最大。由式（6.13）和式（6.14）可得出

$$E_2 = sE_{20} \tag{6.15}$$

可见转子电动势 E_2 与转差率 s 有关。

（3）转子感抗 X_2。转子感抗 X_2 与转子频率 f_2 有关，即

$$X_2 = 2\pi f_2 L_{\sigma 2} = 2\pi s f_1 L_{\sigma 2} \tag{6.16}$$

在 $n=0$，即 $s=1$ 时，转子感抗为

$$X_{20} = 2\pi f_1 L_{\sigma 2} \tag{6.17}$$

这时 $f_2 = f_1$，转子感抗最大。由式（6.16）和式（6.17）可得出

$$X_2 = sX_{20} \tag{6.18}$$

可见转子感抗 X_2 与转差率 s 有关。

（4）转子电流 I_2。转子每相电路的电流可由式 6.11 得出，即

$$I_2 = \frac{E_2}{\sqrt{R_2^2 + X_2^2}} = \frac{sE_{20}}{\sqrt{R_2^2 + (sX_{20})^2}} \tag{6.19}$$

可见转子电流 I_2 也与转差率 s 有关。当 s 增大，即转速 n 降低时，转子与旋转磁场间的相对旋速 $(n_0 - n)$ 增加，转子导体切割磁通的速度提高，于是 E_2 增加，I_2 也增加。I_2 随 s 变化的关系如图 6—14 所示。当 $s=0$，即 $n_0 - n = 0$ 时，$I_2 = 0$；当 s 很小时，$R_2 \geqslant sX_{20}$，$I_2 \approx \frac{sE_{20}}{R_2}$，即与 s 近似地成正比；当 s 接近 1 时，$sX_{20} \gg R_2$，$I_2 \approx \frac{E_{20}}{X_{20}} =$ 常数。

（5）转子电路的功率因数 $\cos\varphi_2$。由于转子漏磁通的存在，呈电感性，相应的感抗为 X_2，因此 $\dot{I}_2$ 比 $\dot{E}_2$ 滞后 φ_2 角。因而转子电路的功率因数为

$$\cos\varphi_2 = \frac{R_2}{\sqrt{R_2^2 + X_2^2}} = \frac{R_2}{\sqrt{R_2^2 + (sX_{20})^2}} \tag{6.20}$$

它也与转差率 s 有关。当 s 增大时，X_2 也增大，于是 φ_2 增大，即 $\cos\varphi_2$ 减小。$\cos\varphi_2$ 随 s 的变化关系，如图 6—14 所示。当 s 很小时，$R_2 \geqslant sX_{20}$，$\cos\varphi_2 \approx 1$；当 s 接近 1 时，$\cos\varphi_2 \approx \frac{R_2}{sX_{20}}$，即两者之间近似地有双曲线的关系。

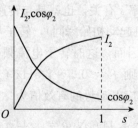

图6—14　转子电流 I_2、转子绕组功率因数与转差率关系曲线图

由上述可知，转子电路的各个物理量，如电动势、电流、频率、感抗及功率因数等都与转差率有关，即与转速有关。

→ 思考与练习题

6.3.1 试述转子电流 I_2 与转差率 s 之间的关系？

6.3.2 比较变压器的一、二次电路和三相异步电动机的定子、转子电路的各个物理量及电压方程。

6.3.3 在三相异步电动机起动初始瞬间，即 $s=1$ 时，为什么转子电流 I_2 大，而转子电路的功率因数 $\cos\varphi_2$ 小？

6.3.4 Y280M—2 型三相异步电动机的额定数据如下：90kW，2 970r/min，50Hz，试求额定转差率和转子电流的频率。

6.3.5 频率为 60Hz 的三相异步电动机，若接在 50Hz 的电源上使用，将会发生何种现象？

6.3.6 某人在检修三相异步电动机时，将转子抽掉，而在定子绕组上加三相额定电压，这会产生什么后果？

6.4 三相异步电动机的转矩和机械特性

电磁转矩 T（以下简称转矩）是三相异步电动机的最重要的物理量之一，机械特性是它的主要特性，对电动机的分析往往离不开它。

6.4.1 三相异步电动机的转矩

由工作原理可知，三相异步电动机的转矩是由转子电流 I_2 和定子旋转磁场的每极磁通 Φ 相互作用产生的。但因转子电路是电感性的，转子电流 $\dot{I}_2$ 比转子电动势 $\dot{E}_2$ 滞后 φ_2 角；又因

$$T = \frac{P_\varphi}{\Omega_0} = \frac{P_\varphi}{\dfrac{2\pi n_0}{60}}$$

可见，电磁转矩与转磁功率 P_φ 成正比，和讨论有功功率一样，也要引入转子回路的功率因数 $\cos\varphi_2$，于是有

$$T = K_T \Phi I_2 \cos\varphi_2 \tag{6.21}$$

式中 K_T 为一常数，与电动机的结构有关。

由式（6.21）可见，转矩除与 Φ 成正比外，还与 $I_2 \cos\varphi_2$ 成正比。

再根据式（6.8）、式（6.14）、式（6.19）及式（6.20）可知

$$\Phi = \frac{E_1}{4.44 f_1 N_1} \approx \frac{U_1}{4.44 f_1 N_1} \propto U_1$$

$$I_2 = \frac{s E_{20}}{\sqrt{R_2^2 + (s X_{20})^2}} = \frac{s(4.44 f_1 N_2 \Phi)}{\sqrt{R_2^2 + (s X_{20})^2}}$$

$$\cos\varphi_2 = \frac{R_2}{\sqrt{R_2^2 + (sX_{20})^2}}$$

如果将上列三式代入式（6.21），则得出转矩的另一个表达式

$$T = K_T \frac{sR_2 U_1^2}{R_2^2 + (sX_{20})^2} \tag{6.22}$$

式中：K_T 为电动为的一常数；

$\quad\quad R_2$ 为转子每相绕组的电阻；

$\quad\quad X_{20}$ 为转子感抗。

由上式可知，$T \propto U_1^2$。可见电磁场电压特别敏感，当电源电压波动时，电磁转矩按 U_1^2 关系发生变化。此外，转矩 T 还受转子电阻 R_2 的影响。

6.4.2　三相异步电动机的机械特性

在一定的电源电压 U_1 和转子电阻 R_2 下，转矩与转差率的关系曲线 $T = f(s)$ 或转速与转矩的关系曲线 $n = f(T)$，称为电动机的机械特性曲线。它可根据式（6.21）并参照图 6—14 得出如图 6—15 所示的 $T-S$ 曲线。如图 6—16 所示的 $n = f(T)$ 曲线可从图 6—15 得出。只需将 $T = f(s)$ 顺时针方向旋转 90°，再将表示 T 横轴移走即可。

机械特性是三相异步电动机的主要特性，研究机械特性是为了分析电动机的运行性能。在机械特性曲线上，要讨论三个转矩。

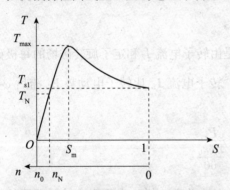

图 6—15　三相异步电动机的 $T-s$ 曲线

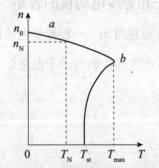

图 6—16　三相异步电动机的 $n-T$ 曲线

1. 额定转矩 T_N

电动机匀速运行时，电动机的电磁转矩 T 应与阻转矩 T_C 相平衡，即

$$T = T_C$$

阻转矩主要是轴上机械负载的转矩 T_2。此外，还包括空载损耗转矩（主要是机械损耗转矩、如轴承摩擦等）T_0。由于 T_0 一般很小，可以忽略不计，所以

$$T = T_2 + T_0 \approx T_2 \tag{6.23}$$

并由此得

$$T \approx T_2 = \frac{P_2}{\frac{2\pi n}{60}} \tag{6.24}$$

式中：P_2——电动机轴上输出的机械功率，单位是瓦（W）；

n——电动机的转速，单位是转/分（r/min）；

T——转矩，单位是牛·米（N·m）。

P——功率，单位千瓦（kW），则可得出

$$T = 9\,550\frac{P_2}{n} \tag{6.25}$$

额定转矩是电动机在额定负载时的转矩，它可由电动机铭牌上的额定功率（输出机械功率）P_N和额定转速 n_N 式 6.25 求得。

例 6.2 有两台功率相同的三相异步电动机，一台 $P_N=7.5\text{kW}$，$U_N=380\text{V}$，$n_N=962\text{r/min}$，另一台 $P_N=7.5\text{kW}$，$U_N=380\text{V}$，$n_N=1\,450\text{r/min}$，试求它们的额定转矩。

解 第一台

$$T_N = 9\,550\frac{P_N}{n_N} = 9\,550 \times \frac{7.5}{962}\text{N·m} = 74.45\text{N·m}$$

第二台

$$T_N = 9\,550\frac{P_N}{n_N} = 9\,550 \times \frac{7.5}{1\,450}\text{N·m} = 49.40\text{N·m}$$

通常三相异步电动机都工作在图 6—16 所示特性曲线的 ab 段。当负载转矩增大（例如车床切削时的吃刀量加大，起重机的起重量加大）时，在最初瞬间电动机的转矩 $T < T_C$，所以它的转速 n 开始下降。随着转速 n 的下降，如图 6—16 所示，电动机的转矩增加了，因为这时 I_2 增加的影响超过 $\cos\varphi_2$ 减小的影响。（参见图 6—14 和式（6.21））当转矩增加到 $T = T_C$ 时，电动机在新的稳定状态下运行，这时转速较前为低。但是 ab 段比较平坦，当负载在空载与额定值之间变化时，电动机的转速变化不大。这种特性称为**硬的机械特性**。三相异步电动机的这种硬特性非常适用于一般金属切削机床。

2. 最大转矩 $T_{\max}$

由图 6—15 和图 6—16 机械特性曲线知，**转矩有一个最大值，称为电动机的最大转矩或临界转矩**，记为 $T_{\max}$。令 $\frac{dT}{ds}=0$，解得对应于最大转矩的临界转差率 s_m。

$$s_m = \frac{R_2}{X_{20}} \tag{6.26}$$

代入式（6.22）得

$$T_{\max} \approx K\frac{U_1^2}{2X_{20}} \tag{6.27}$$

由上两式可知：①$T_{\max}$ 与 U_1^2 成正比，而与转子电阻 R_2 无关。②s_m 与 R_2 有关，R_2 越

大，s_{m} 也越大。而由此可以得到改变电源电压 U_1 和 R_2 的机械特性曲线，如图6—17所示。

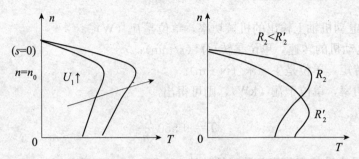

图6—17 对应不同电源电压 U_1 和不同转子电阻 R_2 的机械特性曲线

当电动机负载转矩大于最大转矩，即 $T_\mathrm{L} > T_{\max}$ 时，电动机就带不动负载了（即停转，发生所谓的闷车现象，故最大转矩也称停转转矩）。停转后，电动机的电流马上升高至额定电流 I_N 的 5～7 倍，致使电动机严重过热而烧毁。

另一方面，也说明电动机的最大过载可以接近最大转矩。如果电动机负载突然增加，过载时间较短，短时接近于最大转矩，电动机仍稳定运行。由于时间短，也不至于立即过热，是允许的。为保证电动机稳定运行，不因短时间过载而停转，要求电动机有一定的过载能力。电动机的最大转矩 $T_{\max}$ 比额定转矩 T_N 要大，两者之比称为过载系数 λ，表示电动机的短时过载能力，即

$$\lambda = \frac{T_{\max}}{T_\mathrm{N}} \tag{6.28}$$

一般三相异步电动机的过载系数在 1.8～2.2 之间。

在选用电动机时，必须考虑可能出现的最大负载转矩，而后根据所选电动机的过载系数算出电动机的最大转矩，它必须大于最大负载转矩。否则，就要重选电动机。

3. 起动转矩 T_{st}

电动机刚起动瞬间，即 $n=0$，$s=1$ 时的转矩叫起动转矩。 将 $s=1$ 代入式（6.22），得

$$T_{\mathrm{st}} = K_\mathrm{T} \frac{R_2 U_1^2}{R_2^2 + X_{20}^2} \tag{6.29}$$

可见，起动转矩 T_{st} 也与电源电压 U_1^2、转子电阻 R_2 有关。当电源电压 U_1 降低时，则起动转矩 T_{st} 减少；当转子电阻适当增大时，起动转矩会增大，如图6—17所示。由式（6.26）、式（6.27）及式（6.29）可推出：当转子电阻 $R_2 = X_{20}$ 时，$T_{\mathrm{st}} = T_{\max}$，$s_{\mathrm{m}} = 1$。当 R_2 继续再增大时，起动转矩 T_{st} 又开始减少，这时 $s_{\mathrm{m}} > 1$。

只有当起动转矩大于负载转矩时，电动机才能起动。起动转矩越大，起动就越迅速。由此引出电动机的另一条重要性指标——起动转矩倍数 K_{st}。

$$K_{\mathrm{st}} = \frac{T_{\mathrm{st}}}{T_\mathrm{N}} \tag{6.30}$$

它反映电动机起动负载的能力。一般三相异步电动机的 $K_{\mathrm{st}} = 1.0～2.2$。

关于起动的其他问题，将在下节中讨论。

思考与练习题

6.4.1　三相异步电动机断了一根电源线后，为什么不能启动？而在运行时断了一根线，为什么仍能转动？这两种情况对电动机有何影响？

6.4.2　在稳定运行的情况下，当负载转矩增加时，异步电动机的转矩为什么也相应增加？当负载转矩大于异步电动机的最大转矩时，电动机将发生什么情况？

6.4.3　当异步电动机的负载转矩增大时，定子电流为什么也增大？这时异步电动机的输入功率有何变化？

6.4.4　为什么三相异步电动机的启动电流大而启动转矩却不大？

6.4.5　为什么三相异步电动机不在最大转矩 T_{max} 处或接近最大转矩处运行？

6.4.6　某三相异步电动机的额定转速为 1 460r/min。当负载转矩为额定转矩的一半时，电动机的转速约为多少？

6.4.7　三相异步电动机在正常运行时，如果转子突然被卡住而不能转动，试问这时电动机的电流有何改变？对电动机有何影响？

6.5　三相异步电动机的使用

6.5.1　三相异步电动机的技术数据和选用

1. 技术数据

每一台三相异步电动机的机座上都安装一块铭牌，上面标有这台电动机的主要技术数据。要正确选择、使用和维护电动机，必须要看懂这些铭牌数据的含义。现以 Y160M—6 型电动机的铭牌为例，逐项说明各个数据的意义，如图 6—18 所示。

三相异步电动机		
型号 Y160M—6	功率 7.5W	频率 50Hz
电压 380V	电流 17A	接法 △
转速 970r/min	绝缘等级 B	工作方式 连续
年　月　日	编号	××电机厂

图 6—18　Y160M—6 型电动的铭牌

此外，它的主要技术数据还有：功率因数 0.78，效率 86%。

（1）型号。电动机的型号是表示电动机的类型、用途和技术特征的代号，用大写汉语拼音字母和阿拉伯数字组成，各有一定的意义。例如，

图 6—19　电动机的型号及意义

常用三相异步电动机产品名称代号及其汉字意义，如表6—2所示。

表6—2 常用三相异步电动机的产品代号

产品名称	新代号	汉字意义	旧代号
笼型异步电动机	Y、Y—L	异	J、JO
绕线型异步电动机	YR	异绕	JR、JRO
防爆型异步电动机	YB	异爆	JB、JBS
防爆安全型异步电动机	YA	异安	JA
高起动转矩异步电动机	YO	异起	JO、JOO

小型 Y、Y—L 系列笼型异步电动机是取代 JO 系列的新产品，即封闭自扇冷式。Y 系列定子绕组为铜线，Y—L 系列为铝线。电动机功率是 0.55 ~ 90kW。同样功率的电动机，Y 系列比 JO$_2$ 系列体积小、重量轻、效率高。

（2）接法。**接法是指电动机定子三相绕组在额定运行时所应采取的连接方式。**一般笼型电动机的接线盒中有六根引出线，标有 U_1，V_1，W_1，U_2，V_2，W_2，其中

U_1，U_2 是第一相绕组的两端（旧标号是 D_1，D_4）。

V_1，V_2 是第二相绕组的两端（旧标号是 D_2，D_5）。

W_1，W_2 是第三相绕组的两端（旧标号是 D_3，D_6）。

如果 U_1，V_1，W_1 分别为三相绕组的始端（头），则 U_2，V_2，W_2 是相应的末端（尾）。

这六个引出线端在接电源之前，相互间必须正确连接。连接方法有星形（Y）连接和三角形（△）连接两种，如图6—18所示。通常 Y 系列三相异步电动机容量自 3kW 以下者，连接成星形；自 4kW 以上者，均采用三角形连接，以便采用 Y—△ 变换起动。

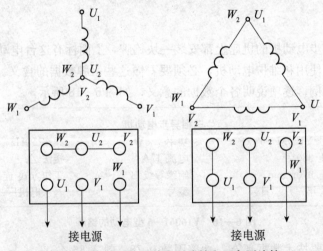

图6—20 定子绕组的星形连接和三角形连接

（3）电压。铭牌上所标的**电压值是指电动机在额定运行时定子绕组上应加的线电压值，又称额定电压 U_N**，单位是 V。一般规定电动机的电压不应高于或低于额定值的 5%。

当电压高于额定值时，磁通将增大（因 $U_1 \approx 4.44 f_1 N_0 \Phi$）。若所加电压较额定电压高出较多，这将使励磁电流大大增加，电流大于额定电流，使绕组过热。同时，由于磁通的增大，铁损（与磁通平方成正比）也就增大，使定子铁芯过热。

但常见的是电压低于额定值。这时会引起转速下降，电流增加。如果在满载或接近满载

的情况下，电流的增加将超过额定值，使绕组过热。还必须注意，在低于额定电压下运行时，和电压平方成正比的最大转矩 T_{max} 也会显著地降低，这对电动机的运行也是不利的。

一般三相异步电动机的额定电压有 380V、3 000V、6 000V 等多种。有时铭牌上标有分子和分母两个电压值，例如，220V/380V，这表示当电源的线电压为 220V 时，电动机定子绕组接成三角形。如电源线电压为 380V，则接成星形。

（4）电流。铭牌上所标的**电流值是指电动机在额定运行时定子绕组的线电流值**，又称**额定电流 I_N**，单位是 A。

当电动机空载时，转子转速接近于旋转磁场的转速，两者之间相对转速很小，所以转子电流近似为零，这时定子电流几乎全为建立旋转磁场的励磁电流。当输出功率增大时，转子电流和定子电流都随着相应增大。

有时铭牌上有分子和分母两个电流值，则分子和分母分别对应于定子绕组采用星形和三角形连接时的线电流值。

（5）功率与效率。铭牌上所标的**功率值是电动机在额定运行情况下，其轴上输出的机械功率值**，即**额定功率**，单位是千瓦（kW），通常用 P_{2N}（或 P_N）表示。输出功率 P_{2N} 不等于输入功率 P_{1N}，其差值（$P_{1N} - P_{2N}$）就是电动机本身的各种损耗功率，如铜损、铁损及机械损耗等。其比值（P_{2N}/P_{1N}）为电动机的效率 η，一般笼型异步电动机在额定运行时的效率为 72% ~ 93%。

（6）频率。**频率是指加到定子绕组上的电源频率**，我国工业用电的标准频率为 50Hz。

（7）转速。**额定转速表示三相电动机在额定工作情况下运行时每分钟的转速**，用 n_N 表示。由于生产机械对转速的要求不同，需要生产不同磁极数的异步电动机，因此有不同的转速等级。最常用的是四极（$n_0 = 1\ 500$r/min），而转速一般略小于对应的同步转速 n_0，则 $n_N = 1\ 440$r/min。

（8）绝缘等级。绝缘等级是指三相电动机绕组所采用的绝缘材料按使用时的最高允许温度而划分的不同等级。常用绝缘材料的等级及其最高允许温度，如表 6—3 所示。

表 6—3　　　　　　　　　绝缘材料的等级及最高允许温度

绝缘等级	A	E	B	F	H
最高允许温度/℃	105	120	130	155	180

上述最高允许温度是环境温度（40℃）和允许温升之和。

（9）工作方式。工作方式又称定额，是指三相电动机的在铭牌规定的技术条件下运行持续时间的限制，以保证电动机的温度不超过允许值。电动机的工作方式可分为以下三种：

①连续工作：在额定情况下可长期连续工作，电动机的温升可以达到稳态温升的工作方式。如水泵、通风机、机床等设备所用的异步电动机。

②短时工作：在额定情况下持续运行的时间很短，不允许超过规定的时限（分钟），有 15、30、60、90 等四种。停机时间很长，使电动机的温升可以降到零的工作方式。

③断续工作：带额定负载运行时，运行时间很短，使电动机的温升达不到稳态温升；停止时间也很短，使电动机的温升降不到零，工作周期小于 10min。

2. 选用

三相异步电动机应用广泛，是一种主要的动力源。它所拖动的生产机械多种多样，要求也各不相同。选用三相异步电动机应从技术和经济两个方面进行考虑，正确地选择它的功率、种类、结构型式、电压和转速等，以确保安全可靠地运行。

（1）功率的选择。要为某一生产机械选配一台电动机，首先要考虑电动机的功率需要多大。根据负载的情况合理选择电动机的功率具有重大的经济意义。

如果电动机的功率选大了，虽然能保证正常运行，但是不经济。因为这不仅使设备投资增加和电动机未被充分利用，而且由于电动机经常不是在满载下运行，电动机的效率和功率因数都不高。如果电动机的功率选小了，就不能保证电动机和生产机械的正常运行，不能充分发挥生产机械的效能，并使电动机由于过载而过早地损坏。所以所选电动机的功率是由生产机械所需的功率来决定的。

①连续运行电动机功率的选择。对连续运行的电动机，先算出生产机械的功率，所选电动机的额定功率等于或稍大于生产机械的功率即可。

例如，车床的切削功率为

$$P_1 = \frac{Fv}{1\,000 \times 60} \quad (kW) \tag{6.31}$$

式中：F 为切削力（N），它与切削速度、走刀量、吃刀量、工件及刀具的材料有关，可从切削用量手册中查取或经计算得出；

v 为切削速度（m/min）。

电动机的功率则为

$$P = \frac{P_1}{\eta_2} \frac{Fv}{1\,000 \times 60 \times \eta_1} \quad (kW) \tag{6.32}$$

式中：η_1 为传动机构的效率；

η_2 为电动机的效率。

而后根据上式计算出的功率 P，在产品目录上选择一台合适的电动机，其额定功率应为

$$P_N \geqslant P$$

又如拖动水泵的电动机的功率为

$$P = \frac{\rho QH}{102\eta_1\eta_2} \quad (kW) \tag{6.33}$$

式中：Q —— 流量（m^3/s）；

H —— 扬程，即液体被压送的高度（m）；

ρ —— 液体的密度（kg/m^3）；

η_1 —— 传动机构的效率。

η_2 —— 电动机的效率。

例 6.3 有一离心式水泵，其数据如下：$Q = 0.04\,m^3/s$，$H = 15m$，$n = 1\,460\,r/min$，$\eta_2 = 0.58$。今用一笼型电动机拖动作长期运行，电动机与水泵直接连接（$\eta_1 \approx 1$）。试选择电动机的功率。

解
$$P = \frac{\rho QH}{102\eta_1\eta_2} = \frac{1000 \times 0.04 \times 15}{102 \times 1 \times 0.58}\text{kW} = 10.14\text{kW}$$

选用 Y160-4 型电动机，其额定功率 $P_N = 11\text{kW}$（$P_N > P$），额定转速 $n_N = 1\,460$ r/min。

在很多场合下，电动机所带的负载是经常随时间而变化的，要计算它的等效功率是比较复杂和困难的，此时可采用统计分析法。就是将各国同类型先进的生产机械所选用的电动机功率进行类比和统计分析，寻找出电动机功率与生产机械主要参数间的关系。例如，以机床为例：

车床　　　　$P = 36.5D^{1.54}$（kW），D 为工件的最大直径（m）；

摇臂钻床　　$P = 0.0\,646D^{1.19}$（kW），D 为最大钻孔直径（mm）；

卧式镗床　　$P = 0.004D^{1.7}$（kW），D 为镗杆直径（mm）。

例如，我国生产的 C660 车床，其加工工件的最大直径为 1\,250mm，按统计分析法计算，主轴电动机的功率应为

$$P = 36.5D^{1.54} = 36.5 \times 1.25^{1.54}\ \text{kW} = 51.47\text{kW}$$

因而实际选用 55kW 的电动机。

②短时运行电动机功率的选择。闸门电动机、机床中的夹紧电动机、尾座和横梁移动电动机以及刀架快速移动电动机等都是短时运行电动机的例子。如果没有合适的专为短时运行设计的电动机，可选用连续运行的电动机。由于发热惯性，在短时运行时可以容许过载。工作时间愈短，则过载可以愈大。但电动机的过载是受到限制的。通常是根据过载系数 λ 来选择短时运行电动机的功率。电动机的额定功率可以是生产机械所要求的功率的 $1/\lambda$。

例如，刀架快速移动对电动机所要求的功率为

$$P_1 = \frac{G\mu v}{102 \times 60 \times \eta_1}\quad\text{(kW)} \tag{6.34}$$

式中：G——被移动元件的重量（kg）；

$\quad\ v$——移动速度（m/min）；

$\quad\ \mu$——摩擦系数，通常约为 $0.1 \sim 0.2$；

$\quad\ \eta_1$——传动机构的效率，通常约为 $0.1 \sim 0.2$。

实际上所选电动机的功率可以是上述功率的 $1/\lambda$，即

$$P = \frac{G\mu v}{102 \times 60 \times \eta_1\lambda}\quad\text{(kW)} \tag{6.35}$$

例 6.4 已知刀架重量 $G = 500\text{kg}$，移动速度 $v = 15\text{m/min}$，导轨摩擦系数 $\mu = 0.1$，传动机构的效率 $\eta_1 = 0.2$，要求电动机的转速约为 1\,400r/min。求刀架快速移动电动机的功率。

解 Y 系列四极笼型电动机的过载系数 $\lambda = 2.2$，于是

$$P = \frac{G\mu v}{102 \times 60 \times \eta_1\lambda} = \frac{500 \times 0.1 \times 15}{102 \times 60 \times 0.2 \times 2.2}\text{kW} = 0.28\text{kW}$$

选用 Y80-1-4 型电动机，$P_N = 0.55\text{kW}$，$n_N = 1\,390$ r/min。

（2）种类的选择。选择电动机的种类是综合交流或直流、机械特性、调速与起动性能、维护及价格等方面来考虑的。

因为通常生产场所用的都是三相交流电源，如果没有特殊要求，一般都应采用交流电动机。在交流电动机中，三相笼型异步电动机结构简单、坚固耐用、工作可靠、价格低廉、维护方便，但调速困难、功率因数较低、起动性能较差。因此在要求机械特性较硬而无特殊调速要求的一般生产机械的拖动应尽可能采用笼型电动机。在功率不大的水泵、通风机、运输机和传送带上，在机床的辅助运动机构（如刀架快速移动、横梁升降和夹紧等）上，差不多都采用笼型电动机。一些小型机床上也采用它作为主轴电动机。

绕线型电动机的基本性能与笼型相同。其特点是起动性能较好，并可在不大的范围内平滑调速。但是它的价格较笼型电动机贵，维护也较不便。因此，对某些起重机、卷扬机、锻压机及重型机床的横梁移动等不能采用笼型异步电动机的场合，才采用绕线型电动机。

（3）结构型式的选择。生产机械的种类繁多，它们的工作环境也不尽相同。如果电动机在潮湿或者含有酸性气体的环境中工作，则绕组的绝缘很快受到侵蚀。如果在灰尘很多的环境中工作，则电动机很容易脏污，致使散热条件恶化。因此，有必要生产各种不同结构型的电动机，以保证在不同的工作环境中能安全可靠地运行。

按照上述要求，电动机常制成以下几种结构型式。

①开启式。在构造上无特殊防护装置，用于干燥无灰尘的场所，通风非常良好。

②防护式。在机壳或端盖下面有通风罩，以防止铁屑等杂物掉入。也有将外壳做成挡板状，以防止在一定角度内有雨水滴溅入其中。

③封闭式。封闭式电动机的外壳严密封闭。电动机靠自身风扇或外部风扇冷却，并在外壳带有散热片。在灰尘多、潮湿或含有酸性气体的场所，可采用这种电动机。

④防爆式。整个电机严密封闭，用于有爆炸性气体的场所。例如，在矿井中。

此外，也要根据安装要求，采用不同的安装结构型式：机座带底脚，端盖无凸缘（B3）；机座不带底脚，端盖有凸缘（B5）；机座带底脚，端盖有凸缘（B35）。

（4）电压的选择。电动机电压等级的选择，要根据电动机类型、功率以及使用地点的电源电压来决定。Y系列笼式型电动机的额定电压只有380V一个等级。只有大功率异步电动机才采用3 000V和6 000V。

（5）转速的选择。电动机的额定转速是根据生产机械的要求而选定的。但通常转速不低于500r/min。因为当功率一定时，电动机的转速愈低，则其尺寸愈大，价格愈贵，且效率也较低。因此就不如购买一台高速电动机，再另配减速器来得合算。

异步电动机通常采用4个极的，即同步转速 $n_0 = 1\,500$ r/min。

6.5.2　三相异步电动机的起动

电动机接通电源后开始转动，转速逐渐加快，直至达到稳定转速为止，这个过程称为起动过程。

在电动机接通电源后的瞬间，转子尚未转动，即 $n = 0$，$s = 1$，旋转磁场以同步转速 n_0 切割转子导体，在转子导体中产生很大的感应电动势 E_2 和很大的转子电流 I_2。和变压器的原理一样，转子电流增大，定子电流必然相应地增大，一般是电动机额定电流 I_N 的5～7倍，这就是电动机的起动电流。起动电流虽然很大，但起动时间短（一般为 1～3

秒），从发热角度考虑没问题；并且一经起动后，转速很快升高，而且随着电动机转速上升，起动电流会迅速减小。故对于容量不大且起动不频繁的电动机，起动电流对其影响不大。如果连续频繁起动，则由于热量的积累，可能使电动机过热。因此，在实际操作时，应尽可能不让电动机频繁起动。例如，在切削加工时，一般只是用摩擦离合器或电磁离合器将主轴与电机轴脱开，而不将电动机停下来。

但是，电动机的起动电流对线路是有影响的。过大的起动电流在短时间内会在供配电线路上产生较大的电压降，影响接在同一线路上的其他用电设备的正常工作，例如，电灯瞬时变暗，邻近运行中的异步电动机转速减低，甚至停转等。

根据异步电动机的机械特性，电动机的起动转矩 T_{st} 不大，起动系数只有 $0.8 \sim 2$。起动转矩不大的原因是由于起动时（$s=1$），虽然转子电流大，但转子的功率因数 $\cos\varphi_2$ 很低，由式（6.21）可知，起动转矩较小。它与额定转矩之比值约为 $1.0 \sim 2.2$。

如果起动转矩过小，就会使电动机不能在满载情况下起动，或者起动时间过长，就该设法提高。但起动转矩如果过大，会使传动机构（如齿轮）受到冲击而损坏，所以有时又应设法减小。一般的主电动机都是空载起动（起动后再切削），对起动转矩没有什么要求。但对移动床鞍，横梁以及起重用的电动机应采用起动转矩较大一点的。

由上述可见，异步电动机的主要缺点是起动电流较大。为了减小起动电流（有时也为了提高或减小起动转矩），必须采用适当的起动方法。

笼型异步电动机的起动方法有直接起动和降压起动两种。

1. 直接起动

直接起动是利用闸刀开关或接触器将电动机直接接到具有额定电压的电源上的起动方式，又叫全压起动。 直接起动的主要优点是简单、方便、经济、起动过程快，但如上所述，起动电流较大，将使线路电压下降，影响负载正常工作。

一台笼型异步电动机能否直接起动，各地电业部门都有一定的规定，例如，

（1）容量在 20kW 及以下的三相异步电动机。

（2）用电单位有独立的变压器，频繁起动的电动机，容量应小于变压器容量的 20%；不频繁起动的电动机，它的容量应小于变压器容量的 30%。起动电流在供电线路上引起的电压降不超过正常电压的 15%。

（3）如果没有独立的变压器（与照明共用），电动机直接起动电流在供电线路上引起的电压降不超过正常电压的 5%。

2. 降压起动

如果电动机直接起动时所引起的线路电压降较大，必须采用降压起动，就是在起动时降低加在电动机定子绕组上的电压，以减小起动电流。 常用的笼型电动机的降压起动方法有以下两种。

（1）星形—三角形（Y—△）换接起动。这种方法只适用于正常运行时定子绕组为三角形连接的笼型电动机。如图 6—22 所示，笼型电动机 Y—△换接起动的原理电路，在起动时，开关 S_2 向下闭合，使电动的定子绕组为星形连接，这时每相绕组上的起动电压只有它的额定电压的 $1/\sqrt{3}$。当电动机到达一定转速后，迅速把 S_2 向上合，定子绕组转换成三角形连接，使电动机在额定电压下运行。

如图 6—21 所示，定子绕组的两种连接法，Z 为起动时每相绕组的等效阻抗。

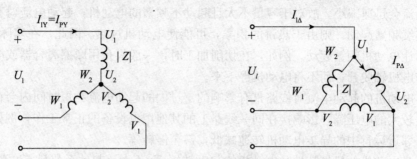

图 6—21 比较星形连接和三角形连接时的起动电流

当定子绕组为星形连接，即降压起动时，

$$I_{1Y} = I_{pY} = \frac{U_1/\sqrt{3}}{|Z|} = \frac{U_1}{\sqrt{3}|Z|}$$

当定子绕组为三角形连接，即直接起动时，

$$I_{1\triangle} = \sqrt{3} I_{p\triangle} = \sqrt{3}\frac{U_1}{|Z|}$$

比较上列两式，可得

$$\frac{I_{1Y}}{I_{1\triangle}} = \frac{1}{3}$$

即降压起动时，起动电流为直接起动时的 $\frac{1}{3}$。

由于转矩和电压的平方成正比，所以起动时，起动转矩也降为全电压起动的 $(1/\sqrt{3})^2 = \frac{1}{3}$。因此，在使用时必须注意转矩能否满足要求，一般这种方法只适合于空载或轻载时起动。

这种换接起动可采用 Y—△起动器来实现。常见的 Y—△起动器有 QX_2 系列手动 Y—△起动器和 QX_3、QX_{10} 系列自动 Y—△起动器。型号中 Q 代表起动器；X 代表 Y—△，而后面的数字代表设计序号。选用时，应使起动器额定容量大于电机额定容量。

Y—△起动器具有体积小、成本低、寿命长、动作可靠等优点。目前 Y 系列中小型三相笼型异步电动机（4～100kW）都已设计为 380V 三角形连接，因此 Y—△起动器得到了广泛的应用。

（2）自耦降压起动。**自耦降压起动是利用三相自耦变压器将电动机起动时的端电压降低，以减小起动电流。**如图 6—23 所示，自耦减压起动的线路图。起动时，先将开关 S_2 扳到"起动"位置，使电动机定子绕组接通自耦变压器的二次侧而降压起动，待电动机转速升高到接近额定转速时，再将开关 S_2 由"起动"位置迅速扳至"运行"位置，使电动机定子绕组直接接通电源，获得额定电压而运行，同时将自耦变压器与电源断开。由于降压起动，起动电流减小了，起动转矩也同时减小了，但在相同线路起动电流的条件下，自耦降压起动比 Y—△起动时的起动转矩大。

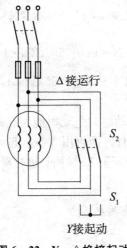

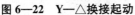

图 6—22 Y—△换接起动

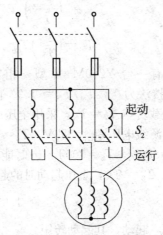

图 6—23 自耦减压起动

自耦变压器通常具有几个抽头，使其输出电压分别电源电压的 80%、60%、40% 或 73%、64%、55%，可供用户根据对起动转矩的要求来进行选择。例如，选用 80% 抽头来起动，这时电动机的起动电流（即自耦变压器的一次电流 I_1）$I_L = I_1 = \dfrac{U_2}{U_1}I_2 = 80\%\,I_2$，只有直接起动电流的 $(80\%)^2 = 64\%$。起动转矩与电压的平方成正比，这时的起动转矩也只有直接起动时的 64%。

因而，如自耦降压变压器的降压比为 K（$K<1$），则起动时的起动电流和起动转矩均减小为直接起动时的 $1/K^2$。

常用的自耦降压起动器有 QJ_3、QJ_{10} 等系列。Q 代表起动器；J 代表减压，而后面的数字代表设计序号。

自耦变压器降压起动适用于容量较大或正常运行时 Y 形连接，不能采用 Y—△起动的笼型异步电动机。在选用时应使起动器的额定容量大于或等于电动机的额定容量。

例6.5 有一台 Y225M—4 型三相异步电动机，其额定数据如下表所示。试求：（1）额定电流。（2）额定转差率 s_N。（3）额定转矩 T_N、最大转矩 T_{max}、起动转矩 T_{st}。

表 6—4   Y225M—4 型三相异步电动机的额定数据

功率	转速	电压	效率	功率因数	I_{st}/I_N	T_{st}/T_N	T_{max}/T_N
45kW	1 480r/min	380V	92.3%	0.88	7.0	1.9	2.2

解 （1）$4\sim100$kW 的电动机通常都是 380V，△连接。

$$I_N = \frac{P_N \times 10^3}{\sqrt{3}\,U\cos\varphi\,\eta} = \frac{45\times 10^3}{\sqrt{3}\times 380\times 0.88\times 0.923}\text{A} = 84.2\text{A}$$

（2）由已知 $n = 1\,480$r/min 可知，电动机是四极的，即 $p=2$，$n_0 = 1\,500$r/min。所以

$$s_N = \frac{n_0 - n}{n_0} = \frac{1\,500 - 1\,480}{1\,500} = 0.013$$

（3）$T_N = 9\,550\dfrac{P_N}{n_N} = 9\,550\times\dfrac{45}{1\,480}\text{N}\cdot\text{m} = 290.4\text{N}\cdot\text{m}$

$$T_{\max} = \left(\frac{T_{\max}}{T_N}\right) T_N = 2.2 \times 290.4 \text{N} \cdot \text{m} = 638.9 \text{N} \cdot \text{m}$$

$$T_{st} = \left(\frac{T_{st}}{T_N}\right) T_N = 1.9 \times 290.4 \text{N} \cdot \text{m} = 551.8 \text{N} \cdot \text{m}$$

例 6.6 有一台 Y250M—4 型三相异步电动机，其 $P_N = 55\text{kW}$，$U_N = 380\text{V}$，$n_N = 1\ 470\text{r/min}$，接法为△，$T_{st}/T_N = 1.9$。问：

(1) 若负载转矩 $T_2 = T_N$，采用全压或 Y—△起动时，电动机能否起动？

(2) 当电源线电压 $U_L = 380\text{V}$，$T_2 = 300\text{N} \cdot \text{m}$ 时，能否用 Y—△起动？

(3) $U_L = 380\text{V}$，$T_2 = 300\text{T} \cdot \text{m}$ 时能否用自耦变压器 80% 抽头进行降压起动？

解 (1) $T_2 = T_N$，全压起动时的起动转矩

$$T_{st} = 1.9T_N > T_2，能起动$$

若用 Y—△起动，其起动转矩

$$T_{stY} = \frac{1}{3} T_{st} = \frac{1}{3} \times 1.9T_N = 0.63T_N < T_2，不能起动$$

(2) $T_N = 9\ 550 \dfrac{P_N}{n_N} = 9\ 550 \times \dfrac{55}{1\ 470} \text{N} \cdot \text{m} = 357.3 \text{N} \cdot \text{m}$

三角形连接全压起动时

$$T_{st\triangle} = 1.9T_N = 1.9 \times 357.3 \text{ N} \cdot \text{m} = 678.87 \text{N} \cdot \text{m}$$

星形连接时起动转矩

$$T_{stY} = \frac{1}{3} T_{st\triangle} = \frac{1}{3} \times 678.87 \text{ N} \cdot \text{m} = 226.29 \text{ N} \cdot \text{m} < T_2$$

(3) 用自耦变压器 80% 抽头进行降压起动时，起动转矩为

$$T_{st} = \frac{1}{K^2} T_{st} = (80\%)^2 T_{st} = 64\% T_{st\triangle}$$

$$= 64\% \times 678.87 \text{N} \cdot \text{m} = 434.5 \text{N} \cdot \text{m} > T_2，能起动$$

至于绕线型的电动机的起动，只要在转子电路中串接入大小适当的起动电阻 R_{st}，如图 6—24 所示，就可达到减小起动电流的目的。这样既可以达到限制起动电流的目的，又可以提高起动转矩。

绕线型异步电动机可以重载起动，对于起动频繁、要求起动时间短有较大起动转矩的机械如吊车、卷扬机和冶金机械等都是合适的。但这种机械所需设备多、结构复杂，运行中维护工作量也比较大。

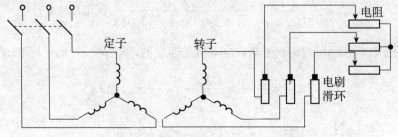

图 6—24 绕线型电动机转子串接电阻起动

6.5.3 三相异步电动机的制动

因为电动机的转动部分有惯性，所以把电源切断后，电动机还会继续转动一定时间后停止。为了缩短辅助工时，提高生产机械的生产率，并为了安全起见，往往要求电动机能够迅速停车和反转。这就需要对电动机制动。**对电动机制动，就是给电动机一个与转动方向相反的转矩使它迅速停转（或限制其转速）**。这时的转矩称为制动转矩。

三相异步电动机常用的制动方法有**能耗制动**和**反接制动**。

1. 能耗制动

这种制动方法就是在切断三相电源的同时，在定子绕组的任意二相中通入直流电（如图6—25所示），迫使电动机迅速停转。直流电流的磁场是固定不动的，而转子由于惯性仍沿原方向转动。根据右手定则和左手定则不难确定这时的转子电流与固定磁场相互作用产生的转矩方向。它与电动机转动的方向正好相反，因而起制动的作用。制动转矩的大小与直流电流的大小有关。直流电流的大小一般为电动机额定电流的 0.5～1 倍。

因为这种方法是在定子绕组中通入直流电以消耗转子惯性运转的动能（转换为电能）来进行制动的，所以称为能耗制动。

能耗制动的优点是制动准确、平稳，且能量消耗较小。缺点是需附加直流电源装置、设备费用较高、制动力较弱、在低速时制动力矩小。所以，能耗制动一般用于要求制动准确、平稳的场合，比如在有些机床中采用这种制动方法。

2. 反接制动

在电动机停车时，可将接到电源的三根导线中的任意两根的一端对调位置，以改变三相异步电动机定子绕组中三相电源的相序，使旋转磁场反向旋转，而转子由于惯性仍在原方向转动。这时的转矩方向与电动机的转动方向相反（如图6—26所示），因而起制动的作用。当转速接近零时，利用某种控制电器将电源自动切断，否则电动机将会反转。

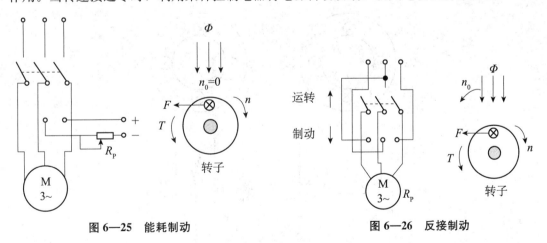

图 6—25　能耗制动　　　　　　　　　　图 6—26　反接制动

由于在反接制动时，旋转磁场与转子的相对转速（$n_0 + n$）很大，因而电流较大。为了限制电流，对功率较大的电动机进行制动时必须在定子电路（笼型）或转子电路（绕线型）中接入电阻。

反接制动的优点是比较简单、制动力强、制动迅速，效果较好。缺点是制动准确性差、制动过程中冲击强烈、易损坏传动零件、制动能量消耗大，不宜经常制动。因此反接制动一般适用于制动要求迅速、系统惯性较大，不经常启动与制动的场合。如中型车床和铣床主轴的制动采用这种方法。

6.5.4 三相异步电动机的调速

电动机的调速是指在负载不变的情况下，改变电动机的转速，以满足生产过程的要求。例如，各种切削机床的主轴运动随着工件与刀具的材料、工件直径、加工工艺的要求及走刀量的大小等的不同，要求有不同的转速，以获得最高的生产率和加工质量。如果采用电机调速，就可以大大简化机械变速机构。

根据转差率的定义，异步机的转速为

$$n = (1-s) \, n_0 = (1-s) \frac{60 f_1}{p}$$

上式表明，改变电动机的极对数 p、电源频率 f_1 和转差率 s，均可以对电动机进行调速。前两者是笼型电动机的调速方法，后者是绕线型电动机的调速方法，下面分别介绍。

1. 变极调速

由式 $n_0 = \dfrac{60 f_1}{p}$ 可知，如果极对数 p 减小一半，则旋转磁场的转速 n_0 就会提高一倍，转子转速 n 差不多也提高一倍。因此改变 p 可以得到不同的转速。如何改变极对数呢？这跟定子绕组的布置和连接方法有关，可以采用改变每相绕组的连接方法来改变磁极对数。

如图 6—27（a）所示，定子绕组的两种接法。把 U 相绕组分成两半：$U_{11}U_{21}$ 和 $U_{12}U_{22}$。图中是两个绕圈串联，得出 $p = 2$。在换极时，一个线圈中的电流方向不变，而另一个线圈中的电流必须改变方向。

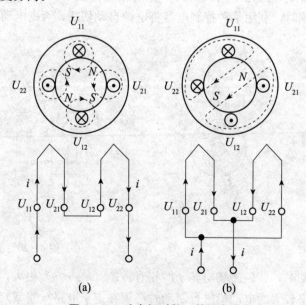

图 6—27　改变极对数 p 的调查方

一般异步电动机制造出来后，其磁极对数是不能随意改变的。可以改变磁极对数的笼型电动机是专门制造的，有双速或多速电动机的单独产品系列。双速电动机在机床上用得较多，像某些镗床、磨床、铣床上都有。

这种调速方法简单，但只能进行速度挡数不多的有级调速。

2. 变频调速

近年来变频调速技术发展很快，目前主要采用如图 6—28 所示的变频调速装置，它主要由整流器和逆变器两大部分组成。整流器先将频率 f 为 50 Hz 的三相交流电变换为直流电，再由逆变器变换为频率 f_1 可调、电压有效值 U_1 也可调的三相交流电，供给三相笼型电动机。由此可得到电动机的无级平滑的调速，并具有硬的机械特性。

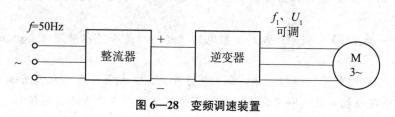

图 6—28　变频调速装置

常用的变频调速方式有下列两种。

(1) 在 $f_1 < f_{1N}$，即低于额定转速调速时，应保持 $\dfrac{U_1}{f_1}$ 的比值近于不变，也就是两者要成比例地同时调节。由 $U_1 \approx 4.44 f_1 N_0 \Phi$ 和 $T = K_T \Phi I_2 \cos\varphi_2$ 两式可知，这时磁通 Φ 和转矩 T 也都近似不变。这是恒转矩调速。

如果把转速调低时 $U_1 = U_{1N}$ 保持不变，在减小 f_1 时磁通 Φ 将增加。这就会使磁路饱和（电动机磁通一般设计在接近铁芯磁饱和点），从而增加励磁电流和铁损，导致电机过热，这是不允许的。

(2) 在 $f_1 > f_{1N}$，即高于额定转速调速时，应保持 $U_1 \approx U_{1N}$。这时磁通 Φ 和转矩 T 都将减小。转速增大，转矩减小，将使功率接近于不变。这是恒功率调速。

如果把转速调高时 $\dfrac{U_1}{f_1}$ 的比值不变，在增加 f_1 的同时 U_1 也要增加。U_1 超过额定电压也是不允许的，频率调节范围一般为 $0.5 \sim 320\,\text{Hz}$。

目前在国内由于逆变器中的开关元件（可关断晶闸管、大功率晶体管和功率场效晶体管等）的制造水平不断提高，笼型电动机的变频调速技术已得到越来越广泛的应用。

3. 变转差率调速

从图 6—16 的电动机转矩特性曲线可以看到，改变转子电路电阻（即在电动机的转子电路中接入一个调速电阻，如图 6—17（b）所示），即可改变电动机转矩特性曲线的位置，就可以得到一个平滑调速。因此旋转磁场的同步转速 n_0 没有改变，故属于改变转差率 s 的调速方法。

这种调速方法线路简单、投资少，但功率损耗较大，只有绕线型电动机可以在转子电路中串接外部可调电阻来实现调速。

➡ 思考与练习题

6.5.1　某三相异步电动机有 380/220V 两种额定电源电压，Y/△接法。试问当电源电压分别为380V和220V时，各应采取什么接法？在这两种情况下，它们的额定相电流是否相同？额定线电流是否相同？若不同，差多少倍？输出功率是否相同？

6.5.2 在电源电压不变的情况下，如果把星形连接的三相异步电动机误连成三角形或把三角形连接的三相异步电动机误连成星形，其后果如何？

6.5.3 电动机的额定功率是指输出机械功率，还是输入电功率？额定电压是指线电压，还是相电压？额定电流是指定子绕组的线电流，还是相电流？

6.5.4 试说明异步电动机铭牌上的型号、功率、电压、电流、接法等数据的含义。

6.5.5 为什么异步电动机的起动电流很大，而起动转矩较小？

6.5.6 三相异步电动机在满载和空载下起动时，其起动电流和起动转矩是否一样？为什么？

6.5.7 一台380V、星形连接的笼型电动机起动，是否可以采用Y—△换接起动？为什么？

6.5.8 若三相电源有一相断开，合上电源开关，三相异步电动机能否起动？为什么？如果在运行中有一相电源线断开，电动机能否继续转动？会产生什么问题？

6.5.9 Y112M—4型三相异步电动机的技术数据如下：

4kW	380V	△连接
1 440r/min	$\cos\varphi=0.82$	$\eta=84.5\%$
$T_{st}/T_N=2.2$	$I_{st}/I_N=7.0$	$T_{max}/T_N=2.2$
50Hz		

试求：(1) 额定转差率 s_N。(2) 额定电流 I_N。(3) 起动电流 I_{st}。(4) 额定转矩 T_N。(5) 起动转矩 T_{st}。(6) 最大转矩 T_{max}。(7) 额定输入功率 P_1。

*6.6 单相异步电动机简介

在单相交流电源电压作用下运行的异步电动机，称为单相异步电动机。如图6—29所示，其实物图片。

单相异步电动机的容量一般在750W以下，与同容量的三相异步电动机相比，它的体积较大，运行性能较差，但是它结构简单、成本低廉、运行可靠、维修方便，通常广泛应用在小容量的场合，如家用电器（电风扇、电冰箱、洗衣机等）、空调设备、电动工具（如油泵、砂轮机）、医疗器械及轻工业设备中。

6.6.1 电容分相式单相异步电动机

如图6—30(a) 所示，电容分相式单相异步电动机的结构原理图。电机定子上有两个绕组 AX 和 A′X′，AX 是工作绕组，A′X′是起动绕组，这两个绕组

图6—29 实际的单相异步电动机

在定子圆周上的空间位置相差 90°。

起动绕组 A'X' 与电容器 C 串联后，再与工作绕组 AX 并连接入电源。工作绕组电路为电感性电路，其电流 $\dot{I}_1$ 滞后于电源电压 $\dot{U}$，相位差为 φ_1；当电容 C 的容量足够大时，起动绕组电路为一电容性电路，电流 $\dot{I}_2$ 超前于电压 $\dot{U}$，相位差为 φ_2。如果电容器的容量选择适当，可使两绕组的电流 $\dot{I}_1$、$\dot{I}_2$ 的相位差 φ 等于 90°，这称为分相，即电容器的作用使单相交流电分裂成两个相位相差 90° 的交流电流，如图 6—30（b）和（c）所示。

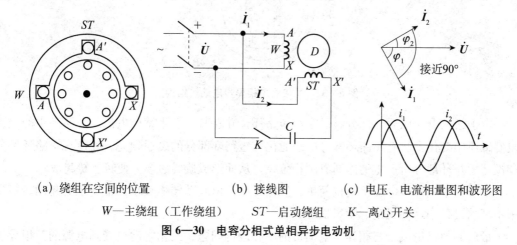

（a）绕组在空间的位置　　　（b）接线图　　　（c）电压、电流相量图和波形

W—主绕组（工作绕组）　　　ST—启动绕组　　　K—离心开关

图 6—30　电容分相式单相异步电动机

安装在不同空间位置的两个绕组，通入具有 90° 相位差的两个电流 $\dot{I}_1$ 和 $\dot{I}_2$ 以后，也能在电动机内部空间产生一个旋转磁场。在这个旋转磁场作用下，电动机的转子就在起动转矩的作用下自行起动转动起来，其分析方法如同三相异步电动机的转动原理一样。如图 6—31 所示，电容式单相异步电动机的电流波形和旋转磁场。

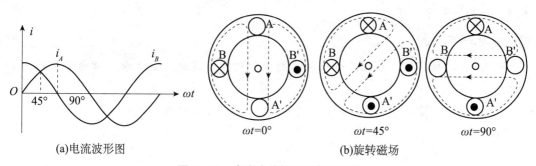

(a)电流波形图　　　　　　　　　　　　　(b)旋转磁场

图 6—31　电容式单相机异步电动机

电容式单相异步电动机起动时，开关 K 闭合，使两绕组电流相位差约为 90°，从而产生旋转磁场，电动机转起来；转动正常以后，起动绕组 A'X' 可以留在电路中，也可在转速上升到一定数值后利用离心开关的作用，切断起动绕组，只留下工作绕组 AX 工作，这时仍可产生转矩，电机仍按原方向继续转动。

6.6.2 罩极式单相异步电动机

罩极式单相异步电动机的结构如图6—32所示，它的凸极定子磁极上开了一个小槽，将磁极分成一大一小两部分。在小的磁极部分套有一个短路铜环，转子仍为笼型。

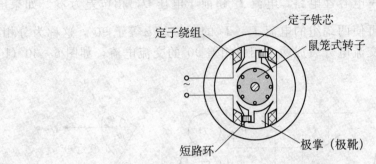

图6—32 罩极式单相异步电动机结构图

定子通入电流以后，部分磁通穿过短路环，并在其中产生感应电流。短路环中的电流阻碍磁通的变化，没有短路环部分的磁通比有短路环部分的磁通领先。致使有短路环部分和没有短路环部分所产生的磁通有了相位差，从而形成旋转磁场，使转子转起来。

罩极式单相异步电动机结构简单、工作可靠，但起动转矩较小，常用于对起动转矩要求不高的设备中，如风扇、吹风机等。

最后顺便讨论关于三相异步电动机的单相运行问题。三相电动机接到电源的三根导线中由于某种原因断开了一线，就成为单相电动机运行。如果在起动时就断了一线，则不能起动，只听到嗡嗡声。这时电流很大，时间长了，电机就被烧坏。如果在运行中断了一线，则电动机仍将继续转动。若此时还带动额定负载，则势必超过额定电流。时间一长，也会使电动机烧坏。这种情况往往不易察觉（特别在无过载保护的情况下），在使用三相异步电动机时必须注意。

→ 思考与练习题

6.6.1 单相异步电动机为什么要有起动绕组？试述电容式单相异步电动机的起动原理？

6.6.2 如何使电容式单相异步电动机反转？试述其工作原理。

*6.7 同步电动机简介

同步电动机的定子和三相异步电动机的一样；而它的转子是磁极，由直流励磁，直流经电刷和滑环流入励磁绕组，如图6—33所示。在磁极的极掌上装有和笼型绕组相似的起动绕组，当将定子绕组接到三相电源产生旋转磁场后，同步电动机就像异步电动机那样起动起来（这时转子尚未励磁）。当电动机的转速接近同步转速 n_0 时，才对转子励磁。这时旋转磁场就能紧紧地牵引着转子一起转动，如图 6—34 所示。以后，它的转子旋转速度与定子绕组所产生的旋转磁场的速度保持相等（同步），即

$$n = n_0 = \frac{60 f_1}{p}$$

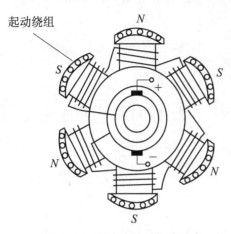

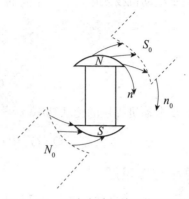

图 6—33 同步电动机的转子 　　　　　　图 6—34 同步电动机的工作原理图

这就是同步电动机名称的由来。当电源频率 f_1 一定时，同步电动机的转速 n_0 是恒定的，不随负载而变。

改变励磁电流，可以改变定子相电压 $\dot{U}$ 和相电流 $\dot{I}$ 之间的相位差 φ（也就是改变同步电动机的功率因数 $\cos\varphi$），可以使同步电动机运行于电感性、电阻性和电容性三种状态。这不仅可以提高本身的功率因数，而且利用运行于电容性状态以提高电网的因数。同步补偿机就是专门用来补偿电网滞后功率因数的空载运行的同步电动机。

同步电动机常用于长期连续工作及保持转速不变的场所，如用来驱动水泵、通风机、球磨机、压缩机、轧钢机等。同步电动机的实物图，如图 6—35 所示。

图 6—35 实际的同步电动机

例 6.7　某车间原有功率 30kW，平均功率因数为 0.6。现新添设备一台，需用 40kW 的电动机，车间采用了三相同步电动机，并且将全车间的功率因数提高到 0.96％。试问这

时同步电动机运行于电容性还是电感性状态？无功功率多大？

解 因将车间功率因数提高，所以该同步电动机运行于电容性状态。车间原有无功功率

$$Q = \sqrt{3}UI\sin\varphi = \frac{P}{\cos\varphi}\sin\varphi = \frac{30}{0.6} \times \sqrt{1-0.6^2}\ \text{kvar} = 40\ \text{kVar}$$

同步电动机投入运行后，车间的无功功率

$$Q' = \sqrt{3}UI'\sin\varphi' = \frac{P'}{\cos\varphi'}\sin\varphi'$$
$$= \frac{30+40}{0.96} \times \sqrt{1-0.96^2}\ \text{kvar} = 20.41\text{kVar}$$

同步电动机提供的无功功率

$$Q'' = Q - Q' = (40-20.41)\ \text{kvar} = 19.59\text{kVar}$$

➤ 思考与练习题

6.7.1 同步电动机是属于交流电机还是直流电机？

6.7.2 称为"同步电动机"的主要原因是什么？

*6.8 直线异步电动机简介

直线电动机是一种将电能直接转换成直线运动机械能的电力传动装置。它可以省去大量中间传动机构，加快系统反应速度，提高系统精确度，所以得到广泛的应用。

6.8.1 直线异步电动机的基本结构

直线电动机的种类按结构形式可分为：单边扁平型、双边扁平型、圆盘型、圆筒型（或称为管型）等；按工作原理可分为：直流、异步、同步和步进等。下面仅对结构简单，使用方便，运行可靠的直线异步电动机做简要介绍。

直线异步电动机的结构主要包括定子、动子和直线运动的支撑轮三部分。为了保证在行程范围内定子和动子之间具有良好的电磁场耦合，定子和动子的铁芯长度不等。定子可制成短定子和长定子两种形式。由于长定子结构成本高、运行费用高，所以很少采用。直线电动机与旋转磁场一样，定子铁芯也是由硅钢片叠成，表面开有齿槽；槽中嵌有三相、两相或单相绕组；单相直线异步电动机可制成罩极式，也可通过电容移相。直线异步电动机的动子有三种形式。

（1）磁性动子，动子是由导磁材料（钢板）制成，既起磁路作用，又作为笼型动子起导电作用。

（2）非磁性动子，动子是由非磁性材料（铜）制成，主要起导电作用，这种形式电动

机的气隙较大，励磁电流及损耗大。

（3）动子导磁材料表面覆盖一层导电材料，导磁材料只作为磁路导磁作用；覆盖导电材料作笼型绕组。

因磁性动子的直线异步电动机结构简单，动子不仅作为导磁、导电体，甚至可以作为结构部件，其应用前景广阔。

直线异步电动机主要用于功率较大场合的直线运动机构，如门自动开闭装置、起吊传递和升降的机械设备、驱动车辆、尤其用于高速和超速运输等。由于牵引力或推动力可直接产生，不需要中间连动部分，没有摩擦、无噪声、无转子发热、不受离心力影响等问题。因此，其应用将越来越广。直线同步电动机由于性能优越，应用场合与直线异步电动机相同，有取代趋势。直线步进电动机应用于数控绘图仪、记录仪、数控制图机、数控裁剪机、磁盘存储器、精密定位机构等设备中。

6.8.2 直线异步电动机的工作原理

直线电动机是一种将电能直接转换成直线运动机械能，而不需要任何中间转换机构的传动装置。它可以看成是一台旋转电机按径向剖开，并展成平面而成。直线异步电动机的工作原理和旋转式异步电动机一样，定子绕组与交流电源相连接，通过多相交流电流后，则在气隙中产生一个平稳的行波磁场（当旋转磁场半径很大时，就成了直线运动的行波磁场）。该磁场沿气隙作直线运动，同时，在动子导体中感应出电动势，并产生电流，这个电流与行波磁场相互作用产生异步推动力，使动子沿行波方向作直线运动。若把直线异步电动机定子绕组中电源相序改变一下，则行波磁场移动方向也会反过来，根据这一原理，可使直线异步电动机作往复直线运动。

利用电能直接产生直线运动的电动机。其原理与相应的旋转式电动机相似，在结构上可看作是由相应旋转电机沿径向切开，拉直演变而成，如图6—33所示。直线电动机包括定子和动子两个主要部分。在电磁力的作用下，动子带动外界负载运动做功。在需要直线运动的地方，采用直线电动机可使装置的总体结构得到简化。直线电动机较多地应用于各种定位系统和自动控制系统。大功率的直线电动机还常用于电气铁路高速列车的牵引、鱼雷的发射等装备中。

直线异步电动机由旋转式异步电动机演变而来。其工作原理和旋转式异步电动机相同。主要由原边和副边两部分组成，嵌有线圈的部分为原边。当多相绕组中通入电流后，电机气隙中就产生一个磁场行波，切割副边的导体而感生电流。此电流与磁场作用产生电磁力使原边和副边发生相对运动。直线异步电动机可以做成原边固定、副边可动的短副边型和副边固定、原边可动的短原边型两种结构。短原边型所用线圈数量少、比较经济、应用较多；短副边型常用于金属物体的投射。直线异步电动机常在工业自动化系统中作为操作杆的动力，用它操作自动门窗、自动开关和阀门以及各种机械手，也可用于电气铁路高速列车的牵引和鱼雷发射等。

直线电动机的工作原理和旋转电动机一样，也是利用电磁作用将电能转换成为机械能。

交流感应直线电动机在机床上的安装，如图 6—36 所示。铁芯的多相通电绕组（电机的初级）安装在机床工作台（溜板）的下部，是直线电机的动子部件；在床身导轨之间安装不通电的绕组，每个绕组中的每一匝都是短路的，相当于交流感应回转电机鼠笼的展开，是直线电动机的定子部件。

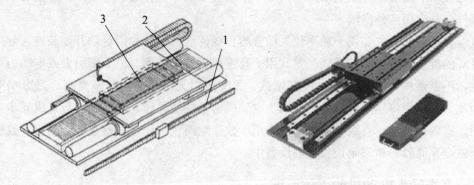

1—光栅尺　2—次级（定子）　3—初级（动子）

图 6—36　短初级直线电机安装结构及实物照片

如图 6—37 所示，在直线电动机的三相绕组中通入三相交流电时，会在电机初、次级间的气隙中产生磁场，如果不考虑端部效应，磁场在直线方向呈正弦分布。

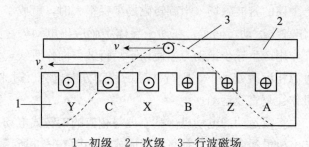

1—初级　2—次级　3—行波磁场

图 6—37　直线电动机基本工作原理图

当三相交流电随时间变化时，气隙磁场将按 A、B、C 相序沿直线移动，称此平移的磁场为行波磁场。直线电动机内的行波磁场的移动速度与旋转电机的旋转磁场在定子内圆表面的线速度相同，这个速度称为同步线速度 v_s，其计算公式如下：

$$v_s = 2f\tau$$

式中：τ——初级的极距；

$\quad\quad f$——电源频率。

改变直线异步电动机初级绕组的通电相序，就可改变电动机运动的方向，从而可使电动机作往复运动。

➡ **思考与练习题**

6.8.1　试简述直线异步电动机的工作原理及应用范围？

6.9 应用举例

6.9.1 不同类型三相异步电动机的应用场合

三相异步电动机多种多样，面对众多的电动机，到底应该如何选择呢？应该先了解各种电动机的应用场合，选择电动机品种，然后根据需要选择特定的型号。以下为各种常见的三相异步电动机的应用场合：

（1）Y系列全称为全封闭自扇冷式三相鼠笼型异步电动机。使用非常普遍，应用于一般无特殊要求的机械设备、如农业机械、食品机械、风机、水泵、机床、搅搅机、空气压缩机等。

（2）YS系列三相异步电动机功率较小，适用于小型机床、泵、压缩机的驱动，接线盒均在电动机顶部。

（3）YSF、YT系列区别不大，都是风机专用三相异步电动机，是根据风机行业的配套要求，电动机在结构上采取了一系列的降噪、减振措施。该系列电机具有高效节能、噪声低、起动性能好、运行可靠、使用安装方便等特点。适用于风机的安装和使用，是风机的理想配套产品。

（4）YD为多速三相异步电动机（双速），一般有4/2极、8/6极、8/4/2极、6/4极、12/6极、8/6/4极、8/4极、6/4/2极、12/8/6/4极，主要用于要求随负载的性质逐级调速的各种传动机械如机床、矿山、冶金、纺织、印染、化工等行业。

6.9.2 异步电动机的应用——电风扇

1. 电风扇的工作原理

电风扇是日常生活中很常用的电器。其主要部件就是交流电动机。其工作原理：通电线圈在磁场中受力而转动，大部分的电能转化为机械能，同时由于线圈有电阻，所以不可避免的有一部分的电能损耗。如图6—38所示，电风扇的电气原理图。

2. 电风扇的调速

（1）电抗器调速法。电抗器调速是采用降低台扇电动机外施电压的方法来减少每匝的伏数，以达到削弱磁场强度的效果，电抗器调速电路如图6—38所示。该法的优点是容易调整各档调速比、绕组匝间短路时维修方便、绕组简单无需抽头。缺点是调速时常受外施电源电压的影响，特别是慢档起动所受的影响最为明显。

（2）抽头调速法。抽头调速法是采用改变绕组每匝的伏数，也即改变副绕组的匝数，使之削弱磁场强度以达到调速目的。该法的优点是调速较简单，不需外接电抗器，能节约工时、材料，降低成本，因此国内外电容式台扇都采用抽头法调速。缺点是绕线、嵌线、接线等都比较复杂。

（3）可控硅调速法。也称无级调速法，由于利用可控硅调速需克服电磁噪声较大的问题，故应用不广泛。

（4）电容调速法。用电容代替电抗器调速可节约用电和减小体积，该法有可能成为电风扇调速的主要方法。

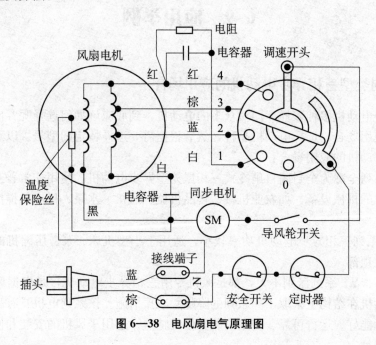

图6—38　电风扇电气原理图

技能训练项目

三相异步电动机的起动和调速

一、实验目的

（1）通过实验熟悉三相异步电动机的起动设备和起动方法。

（2）熟悉三相异步电动机的调速原理和调速方法。

二、实验内容

（1）笼型异步电动机的起动。

（2）绕线型异步电动机的起动。

（3）异步电动机的调速。

三、实验器材

（1）三相交流电源一套，熔断器三套，三相笼型异步电动机一台。

（2）自动断路器一个，控制按钮三个，电工工具及导线若干。

四、实验步骤

1. 直接起动按图6—39接线

先将开关 Q_2 向上闭合，然后闭合电源开关 Q，读取瞬时起动电流数值，记录于表6—4中。

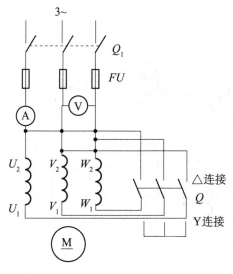

图6—39 直接起动线路

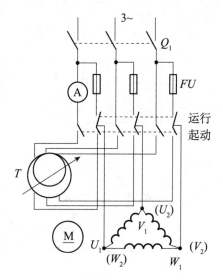

图6—40 自耦变压器起动线路

表6—5 各种起动方法时的数据

起动方式	U_{st}/V	I_{st}/A	起动电流倍数（I_{st}/I_N）	备注
直接起动				
星形—三角形起动				
自耦变压器减压起动				

2. 星形—三角形起动

仍按图6—39接线。先将开关Q_2向下闭合，定子绕组为星形连接，然后电源开关Q_1，读取起动电流数值，记录于表6—5中。待电机转速稳定后，将开关氏Q_2拉开，并迅速向上闭合，定子绕组换接三角形连接，电动机转入正常运行。

3. 自耦变压器起动

选用起动补偿器，按图6—40接线。抽头电压选60％电源电压。先合上电源开关Q_1，然后将起动补偿器的手柄扳至"起动"位置，此时电动机由自耦变压器供给低电压起动。读取起动电流数值，记录于表6—5中。待电动机转速稳定后，将手柄从"起动"位置拉开，并迅速合至"运行"位置，电动机起动过程结束。

4. 鼠笼转子电机变极调速

按图6—41的两种方式接线，分别测出转速并记录。

四、实验报告

（1）比较异步电动机不同起动方法的特点和优缺点。

（2）从调速性能方面，对绕线转子异步电动机串电阻调速进行分析。

课外制作项目

三相交流电动机正反转控制电路的制作

一、制作要求

正确安装三相交流电动机的正反转控制电路，实现电动机的正反转控制。

二、制作器材

（1）三相四线电源的配电板（500mm×600mm）一块，三相异步电动机（5.5kW）一

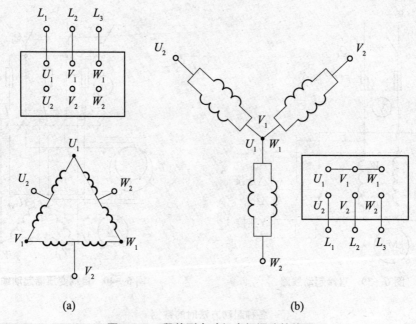

(a)   (b)

图 6—41　鼠笼型电动机变极调速接线图

台，组合开关（HZ10-25/3）一个，交流接触器（CJ10-20、380V）二台，热继电器（JR16-20/3D）一个，三联按钮一个，熔断器（RL1-60/25）三个，熔断器（RL1-15/4）二个，接线端子排（JX2-10）一条。

（2）主电路导线（BV-2.5）15 米，控制电路导线（BV-1.5）20 米，按钮线（BVR-0.75）5 米，木螺钉（φ3×20、φ3×15）各二十颗，别径压端子（UT2.5-4、UT1.5-4、UT1.0-4）各三十个，号码管（φ3.5）0.3 米。

（3）电工通用工具一套，万用表一块，兆欧表（500V）一台，钳形电流表一只。

三、制作过程

（1）分析电气原理图，如图 6—42 所示，明确电路的控制要求、工作原理、操作方法、结构特点及电气元件的规格。

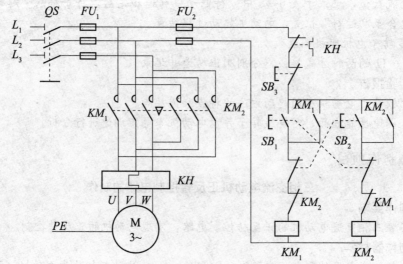

图 6—42　三相异步电动机正反转控制线路原理图

（2）检查所有电气元件是否合格。

（3）确定电气元件在配电板上的位置，元器件布置要整齐合理。

（4）如图6—43所示，固定所有电气元件，按钮不要固定在配电板上。

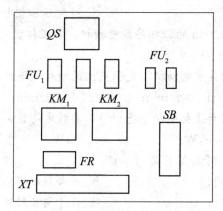

图6—43 配电板上电气元件放置图

（5）先布置控制回路的导线，然后布置主电路的导线，布线时要做到横平竖直，并避免导线交叉。

（6）空载试运行：第一次按下按钮时，应短时运行，同时观察所有电器元件是否有异常现象，在操作时严格按操作规程进行。

（7）带负载试运行：空载试运行正常后要进行带负载试运行，当电动机平稳运行时，用转速表测量电动机的转速，用钳形表测量电动机的电流，若三相平衡则试运行成功。

习题6

6.1 填空题

（1）由于三相异步电动机的转矩是由_____与_____之间的相对运动产生的，所以是"异步"的。

（2）某三相异步电动机工作时转速为 $n=980$r/min，则其磁极对数 $p=$_____，旋转磁场转速 $n_0=$_____r/min，转子旋转磁场对转子的转速为 $n_2=$_____r/min，转子电流频率为 $f_2=$_____Hz。

（3）某三相异步电动机起动转矩 $T_{st}=10$N·m，最大转矩 $T_{max}=18$N·m，若电网电压降低了20％，则起动转矩 $T_{st}=$_____N·m，最大转矩 $T_{max}=$_____N·m。

（4）三相异步电动机定子绕组 A—X，B—Y，C—Z 在空间以顺时针排列互差120o，若通入电流为 $i_A=I_m\sin\omega t$ A，$i_B=I_m\sin(\omega t+120°)$ A，$i_C=I_m\sin(\omega t+240°)$ A，则旋转磁场以_____方向转动。若电动机以顺时针方向转动，则电动机工作在_____状态。

6.2 选择题

（1）三相异步电动机旋转磁场的旋转方向是由三相电源的（　　）决定。

a. 相序；　　　　　　b. 相位；　　　　　　c. 频率；　　　　　　d. 幅值。

（2）旋转磁场的转速与（　　）。

a. 电源电压成正比；　　　　　　　　　b. 频率和磁极对数成正比；

c. 频率成反比，与磁极对数成正比；　　　　d. 频率成正比，与磁极对数成反比。

（3）电动机铭牌上标的电压值和电流值是指电动机在额定运行时定子绕组的（　　　）。

a. 相电压和线电流；　　　　　　　　　　b. 线电压和线电流；

c. 相电压和相电流；　　　　　　　　　　d. 线电压和相电流。

（4）额定转速为 1475r/min 的三相异步电动机，其磁极数为（　　　）。

a. 2；　　　　　　　b. 4；　　　　　　　c. 6；　　　　　　　d. 8。

（5）Y160L—4 型三相异步电动机，定子产生的旋转磁场的转速是（　　　）。

a. 750r/min；　　　b. 1 000r/min；　　　c. 1 500 r/min；　　　d. 3 000 r/min。

（6）三相异步电动机铭牌上标明功率是 9kW，其效率是 90%，则输入功率为（　　　）。

a. 8.1kW；　　　　b. 9kW；　　　　　　c. 10kW；　　　　　　d. 18kW。

（7）三相异步电动机转子转速总是（　　　）。

a. 与旋转磁场转速相同；　　　　　　　b. 与旋转磁场转速无关；

c. 大于与旋转磁场转速；　　　　　　　d. 低于与旋转磁场转速。

（8）单相交流电动机定子绕组通入正弦交流电后产生的磁场为（　　　）。

a. 圆形旋转磁场；　　b. 恒定磁场；　　　c. 椭圆形磁场；　　　d. 脉动磁场。

（9）大功率电动机采用降压起动的原因是（　　　）。

a. 全压起动电源功耗太大；　　　　　　b. 为降低起动电流；

c. 为增大起动转矩；　　　　　　　　　d. 为起动快。

（10）以下不是电动机降压起动方法的是（　　　）。

a. 自耦变压器降压起动；　　　　　　　b. 互耦变压器降压起动；

c. 星形—三角形换接降压起动；　　　　d. 串电阻降压起动。

6.3　两台三相异步电动机的电源频率为 50Hz，额定转速分别为 1 430r/min 和 2 900 r/min，试问它们的磁极对数各是多少？额定转差率分别是多少？

6.4　某三相异步电动机，定子电压的频率 $f_1 = 50$ Hz，极对数 $p=1$，转差率 $s = 0.015$。求同步转速 n_0，转子转速 n 和转子电流频率 f_2。

6.5　某三相异步电动机，$p=1$，$f_1 = 50$ Hz，$s = 0.02$，$P_2 = 30$ kW，$T_0 = 0.51$N·m。求：（1）同步转速。（2）转子转速。（3）输出转矩。（4）电磁转矩。

6.6　有一台六极三相绕线式异步电动机，在 $f = 50$Hz 的电源上带额定负载运行，其转差率为 0.02，求此电动机的同步转速。

6.7　一台 4 个磁极的三相异步电动机，定子电压为 380V，频率为 50 Hz，三角形连接。在负载转矩 $T_L = 133$ N·m 时，定子线电流为 47.5 A，总损耗为 5 kW，转速为 1 440r/min。求：（1）同步转速。（2）转差率。（3）功率因数。（4）效率。

6.8　某三相异步电动机，定子电压为 380 V，三角形连接。当负载转矩为 51.6 N·m 时，转子转速为 740 r/min，效率为 80%，功率因数为 0.8。求：（1）输出功率。（2）输入功率。（3）定子线电流和相电流。

6.9　某三相异步电动机，$P_N = 30$ kW，$n_N = 980$ r/min，$K_M = 2.2$，$K_S = 2.0$，求：（1）$U_{ll} = U_N$ 时的 T_{max} 和 T_{st}。（2）$U_{ll} = 0.8 U_N$ 时的 T_{max} 和 T_{st}。

6.10　Y180L—6 型三相异步电动机的额定功率为 15kW，额定转速为 970r/min，额定频率为 50Hz，最大转矩为 295N·m，试求电动机的过载系数 λ。如 $λ_{st} = 1.6$，则起动转矩为多少?

6.11 下面是电动机产品目录中所列的一台三相笼式异步电动机的数据。试问:(1) 额定转差率。(2) 额定转矩。(3) 额定输入功率。(4) 最大转矩。(5) 起动转矩。(6) 起动电流。

表 6—6　　　　　　　　　　三相笼式异步电动机的数据

电动机型号	额定功率 kW	额定电压 V	额定电流 A	额定转速 r/min	额定效率 (%)	额定功率因数	起动电流 额定电流	起动转矩 额定转矩	最大转矩 额定转矩
Y180L—4	22	380	42.5	1470	91.5	0.86	7.0	2.0	2.2

6.12 有一台老产品 J51—4 型三相异步电动机,$P_N=4.5$kW,$U_N=220/380$V,$\eta_N=85\%$,$\lambda=0.85$。试求电源电压为 380V 和 220V 两种情况下,定子绕组的连接方法和额定电流的大小。

6.13 某三相异步电动机,$U_N=380$ V,$I_N=9.9$ A,$\eta_N=84\%$,$\lambda=0.73$,$n_N=720$ r/min。求:(1) s_N。(2) P_N。

6.14 某三相异步电动机,$P_N=11$ kW,$U_N=380$ V,$n_N=2\,900$ r/min,$\lambda=0.88$,$\eta_N=85.5\%$。试问:(1) $T_L=40$ N·m 时,电动机是否过载。(2) $I_{11}=10$A 时,电动机是否过载?

6.15 Y160M—2 型三相异步电动机,$P_N=15$ kW,$U_N=380$ V,三角形连接,$n_N=2\,930$ r/min,$\eta_N=88.2\%$,$\lambda=0.88$。$K_I=7$,$K_S=2$,$K_M=2.2$,起动电流不允许超过 150A。若 $T_L=60$ N·m,试问能否带此负载:(1) 长期运行。(2) 短时运行。(3) 直接起动。

6.16 某三相异步电动机,$P_N=5.5$ kW,$U_N=380$ V,三角形连接,$I_N=11.1$A,$n_N=2\,900$ r/min。$K_I=7.0$,$K_S=2.0$。由于起动频繁,要求起动时电动机的电流不得超过额定电流的 3 倍。若 $T_L=10$ N·m,试问可否采用:(1) 直接起动。(2) 星形—三角形起动。(3) $K_A=0.5$ 的自耦变压器起动。

6.17 四极三相异步电动机的额定功率为 30kW,额定电压为 380V,三角形接法,频率为 50Hz。在额定负载下运行时,其转差率为 0.02,效率为 90%,电流为 57.5A,试求:(1) 同步转速。(2) 额定转矩。(3) 电动机的功率因数。

6.18 在题 6.15 中,电动机的 $T_{st}/T_N=1.2$,$I_{st}/I_N=7$,试求:(1) 用 Y—△换接起动时的起动电流和起动转矩。(2) 当负载转矩为额定转矩的 60% 和 25% 时,电动机能否起动?

6.19 在题 6.15 中,如果采用自耦变压器降压起动,使电动机的起动转矩为额定转矩的 85%,试求:(1) 自耦变压器的变比。(2) 电动机的起动电流和线路上的起动电流各为多少?

6.20 一台三相异步电动机额定值为:$P_N=10$kW,$n_N=1\,440$r/min,$U_N=380$V,△接法,$\dfrac{T_{st}}{T_N}=1.1$,$\dfrac{T_m}{T_N}=2.2$。接在 $U_1=380$V 的电源上带有负载 $T_c=75$N·m 短时运行。有人误操作将 Y—△变换起动控制手柄突然扳至起动位置(Y 形接法),试问该电动机的运行状态如何?这样误操作将造成什么后果?

6.21 某一车床,其加工工件的最大直径为 600mm,用统计分析法计算主轴电动机的功率。

6.22 某工厂负载为 850 kW，功率因数为 0.6（电感性），由 160 KV·A 变压器供电。现需要另加 400 kW 功率，如果多加的负载是由同步电动机拖动，功率因数为 0.8（电容性），问是否需要加大变压器容量？这时工厂的新功率因数是多少？

6.23 三相异步电动机额定值为：$f_1=50\text{Hz}$，$U_N=380\text{V}/220\text{V}$，接法 Y—△。在电源线电压 380V 下接成 Y 形进行实验，测得 $I_1=7.06\text{A}$，输出转矩 $T_2=30\text{N·m}$，转速 $n=950\text{r/min}$，用两瓦计法测得 $P_{W1}=2658\text{W}$，$P_{W2}=1013\text{W}$。试求：（1）输入功率 P_1，输出功率 P_2，效率 η，功率因数 $\cos\varphi$，转差率 s。（2）若要采用 Y—△ 变换法起动，则电源线电压应为多少？

第7章 低压电器与继电接触器控制系统

> **内容提要：** 本章主要介绍低压开关、主令电器、接触器、继电器、保护电器等的主要功能及工作原理；三相异步电动机的基本控制电路、点动控制电路、连续控制电路、多地控制电路、正反转控制电路；三相异步电动机的位置及行程控制电路、顺序及时间控制电路；三相异步电动机的全压起动、顺序起动、降压起动等。
>
> **重点：** 继电器、接触器及保护电器的工作原理；读懂继电接触器控制线路的图。
>
> **难点：** 继电器、接触器及保护电器的工作原理；控制原理图的设计。

7.1 常用低压电器

低压电器通常是指工作在直流电压小于 1 500V、交流电压小于 1 200V 的电路中，在低压配电系统和控制系统中起通、断、保护、控制和调节作用的电气设备。

常用的低压电器可分为低压开关、主令电器、接触器和继电器和保护电器等。

7.1.1 低压开关

1. 刀开关（QS）

刀开关（又称隔离开关或闸刀开关）是一种最常见的手动电器，主要用来隔离电源和和用电设备，常用在不频繁操作的控制系统中，可用来引入电源，也可直接控制小容量的电动机。其型式可分为单极、双极、3 极、4 极等。其图形符号如图 7—1 所示，实物如图 7—2 所示。

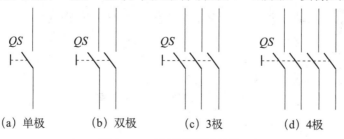

(a) 单极   (b) 双极   (c) 3极   (d) 4极

图 7—1 刀开关的图形符号

图 7—2　刀开关的实物图

刀开关的选用原则有如下几点：

（1）其额定电压要大于回路的额定电压，极数要满足控制要求。

（2）用于一般照明、配电的电路，其额定电流应大于或等于被控电路的负载电流总和。

（3）当用于直接控制电动机时，其额定电流一般可取电动机额定电流的 2 倍。

刀开关安装时，手柄向上，不得倒装或平装。这是因为倒装时手柄可能因自重落下而引起误合闸，存在着安全隐患。

2. 组合开关（QS）

组合开关也是常见的手动开关，一般用于小负荷的用电设备的控制，作用同刀开关。组合开关的图形符号如图 7—3 所示，实物如图 7—4 所示。

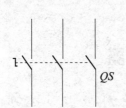

图 7—3　组合开关的图形符号

图 7—4　组合开关的实物图

组合开关的选用原则，同刀开关。组合开关安装时，一般安装在控制柜的面板上。

3. 低压断路器（QF）

低压断路器（也称自动空气开关），可用来接通和分断负载电路，也可用来控制不频繁起动的电动机。

低压断路器型式可分为单极、两极、3 极、4 极。其图形符号如图 7—5 所示，实物如图 7—6 所示。

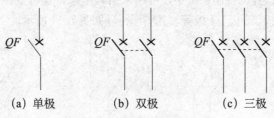

（a）单极　　　　（b）双极　　　　（c）三极

图 7—5　低压断路器图形符号

图7—6　低压断路器

低压断路器具有过载、短路、失压保护等功能，且动作快、分断能力高、操作方便、安全可靠，所以被广泛应用。

工作原理：如图7—7所示，正常工作时，将开关合上，主触点2闭合。当电路短路引起电流突增时，过流脱扣器衔铁8吸合，打钩和锁键脱离，主触点2断开，实现短路保护；当电路过载引起电流增大时，热元件13发热，双金属片膨胀，顶起杠杆，打钩和锁键脱离，主触点2断开，实现过载保护；当电路电压偏低时或失压，欠压脱扣器衔铁10因铁芯磁力减小释放，打钩和锁键脱离，主触点断开，实现欠压保护。

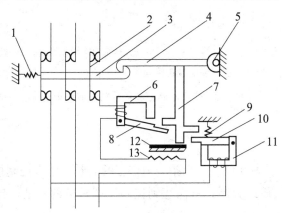

1、9—弹簧　2—主触点　3—锁键　4—搭沟　5—轴　6—过电流脱扣器　7—杠杆

8、10—衔铁　11—欠电压脱扣器　12—双金属片　13—热元件

图7—7　低压断路器内部结构示意图

当线路故障，低压断路器跳闸，断开电源，从而保护用电设备。当故障排除后，低压断路器可重新合闸继续工作。

低压断路器的选用，一般考虑三个因素，电路的额定电压、额定电流、负载类型。低压断路器的额定电压等级必须大于回路的额定电压，如回路额定电压交流380V，断路器的额定电压等级起码应大于380V，一般为400V。断路器的额定电流等级应大于或等于回路额定电流除以0.7。负载类型若是电阻型的应选择C型断路器，一般用在配电控制系统中。负载类型若是电感型负载应选D型断路器，一般用在电动机控制系统中。低压断路器的极数也应满足控制回路的要求。

在实际应用中，断路器除了具有基本的功能（过载、短路、欠压保护等）外，也可和其他功能模块组合使用来增加其他功能。如西门子的低压断路器可以和分励脱扣器、欠压脱扣器、辅助接点、故障信号接点、漏电保护模块同时使用。希望它具有什么功能就选什么功能的模块即可，如图7—8所示。在使用中也可加锁防止低压断路器的误动作。

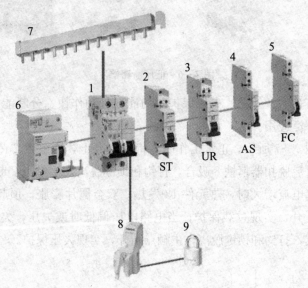

1—小型断路器　2—分励脱扣器（ST）　3—欠压脱扣器（UR）　4—辅助接点（AS）
5—故障信号接点（FC）　6—漏电保护模块　7—汇流排　8—手柄锁定装置　9—挂锁

图7—8　低压断路器和各种功能模块组合

7.1.2　主令电器

主令电器是在自动控制系统中发出指令或信号的电器，用来控制接触器、继电器和其他电器线圈，使电路接通或分断，从而达到控制生产机械的目的。比如，按钮、行程开关、接近开关、光电开关等。

1. 按钮（SB）

按钮是一种结构简单、应用广泛的主令电器。在低压控制电路中，按钮用于手动发出控制信号，短时接通和断开小电流的控制电路。

按钮的图形符号如图7—9所示。

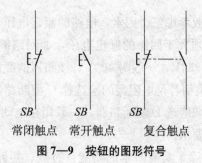

常闭触点　常开触点　　复合触点
图7—9　按钮的图形符号

按钮按结构可分为按钮式（复位式、自锁式）、旋钮式、钥匙式、带灯式等。

实物如图7—10所示。

图7—10　按钮的实物图

工作原理：如图7—11所示，按下按钮冒，常闭触点1和2断开，常开触点3和4闭合，松手后，在复位弹簧的作用下，触点复位。

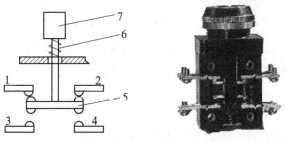

1、2—常闭触点　3、4—常开触点　5—桥式触点　6—复位弹簧　7—按钮帽

图7—11　按钮的结构示意图

按钮的选用，按钮主要用在控制回路中，选型时不仅要考虑其额定电压和额定电流，还要考虑触点数量、触点种类、按钮型式、按钮颜色以及是否带指示灯等。

国家标准规定红色按钮用于停止、绿色按钮用于起动、黄色按钮用于警示、红蘑菇头按钮用于急停。

以下是某型号按钮的主要技术参数示例，根据控制回路的额定电压及额定电流的数值选用合适的开关额定值即可。

开关额定值：AC-15 36V/10A　11V/10A　220V/5A　380V/2.7A　660V/1.8A

　　　　　　DC-13 24V/4A　　48V/4A　　110V/2A　220V/1A　　440V/0.6A

2. 行程开关（SQ）

行程开关也称为位置开关或限位开关，它的作用与按钮开关相同。主要用于改变机械的运动方向、行程控制和位置保护。

行程开关的内部结构如图7—12所示，图形符号如图7—13所示。

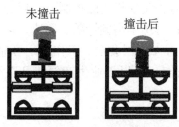

图7—12　行程开关的结构示意图

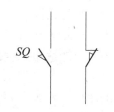

图7—13　行程开关的图形符号

行程开关的型式按头部结构分为直动式、滚轮式和微动式等。实物如图 7—14 所示。

图 7—14   行程开关

工作原理：当装于生产机械运动部件上的挡块撞击行程开关时，行程开关的触点动作，即常闭触点断开，常开触点闭合，而触点接在控制回路中，从而实现电路控制要求。

行程开关的选用，行程开关的主要参数有额定电压、额定电流、动作角度或工作行程、触点数量、结构形式等，要根据使用现场选择合适的参数。

LX19 和 JLXK1 系列限位开关的主要技术参数，如表 7—1 所示。

表 7—1   LX19 和 JLXK1 系列限位开关的主要技术参数

型号	额定电压/V	额定电流/A	结构形式	触头对数常开	触头对数常闭	工作行程	超行程
LXl9—001	交流 380 直流 220	5	无滚轮，仅用传动杆，能自复位	1	1	<4mm	>3mm
LXKl9—111	交流 380 直流 220	5	单轮，滚轮装在传动杆内侧，能自动复位	1	1	～30 度	～20 度
JLXK1—111	交流 500	5	单轮防护式	1	1	12～15 度	≤30 度
JLXK1—211	交流 500	5	双轮防护式	1	1	≈45 度	≤45 度
JLXK1—311	交流 500	5	直动防护式	1	1	1～3mm	2～4mm
JLXK1—411	交流 500	5	直动滚轮防护式	1	1	1～3mm	2～4mm

3. 接近开关（SQ）

接近开关是一种非接触式、无触点的位置开关，当运动着部件与接近开关的感应头接近时，接近开关便输出一个电信号，利用这个信号去实现相应的控制。接近开关不仅能代替有触点行程开关来完成行程控制和限位保护，还可用于高频计数、测速、液面检测、检测零件尺寸、加工程序的自动衔接等。由于它具有无机械磨损、工作稳定可靠、寿命长、重复定位精度高以及能适用恶劣的工作环境等特点，所以工业生产领域已逐渐得到推广应用。

接近开关的图形符号如图 7—15 所示，实物如图 7—16 所示。

| 图 7—15 接近开关的图形符号 | 图 7—16 接近开关的实物图 |

图中:
(a) 常开触点　(b) 常闭触点 SQ

4. 光电开关

光电开关是另一种类型的非接触式检测装置,用来检测物体靠近、通过等状态的光电传感器。它将发射器和接收器成对安装,当物体从发射器和接触器之间通过而遮挡光信号时,光电开关便输出控制信号。光电开关中的发射器一般采用功率较大的红外发光二极管(红外 LED),而接收器一般采用光敏三极管。如图 7—17(a)所示,当被测物从发射器和接收器之间通过而物遮挡光信号时,接收器的导通状态发生变化,即电子开关工作状态改变。光电开关实物如图 7—18 所示。

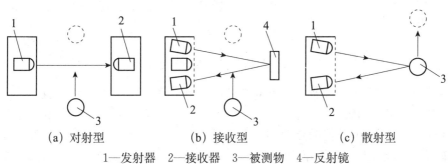

(a) 对射型　　　　(b) 接收型　　　　(c) 散射型

1—发射器　2—接收器　3—被测物　4—反射镜

图 7—17　光电开关的工作原理示意图

图 7—18　光电开关的实物图

光电开关可用于生产流水线上统计产量、检测装配件是否到位以及装配质量,并且可以根据被测物的特定标记给出自动控制信号。目前,它已广泛地应用于自动包装机、自动灌装机和装配流水线等自动化机械中。

7.1.3　接触器和继电器

1. 接触器 (KM)

接触器是一种用于频繁地接通或断开交直流主电路及大容量控制电路,实现远距离自动控制的低压自动控制电器，是实现自动控制的核心部件。其主要控制对象是交直流电动机或其他大功率负荷电器。

接触器图形符号如图 7—19 所示，实物如图 7—20（a）所示。

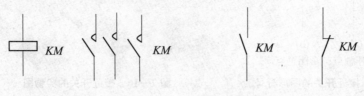

   （a）线圈   （b）常开主触点   （c）常开辅助触点 （d）常闭辅助触点

图 7—19　接触器的图形符号

        （a）接触器   （b）辅助触点模块

图 7—20　接触器的及辅助模块的实物图

接触器工作原理：接触器主要由电磁机构、触点系统及灭弧系统组成。其内部结构（虚线框内）及接线如图 7—21 所示。当线圈中有电流通过时，铁芯产生吸力，衔铁与铁芯吸合，衔铁带动主、辅触点动作，常开触点闭合，常闭触点断开；当线圈失压，铁芯失去磁力，衔铁因弹簧的拉力回位，主、辅触点复位，从而完成电路的通和断的控制。

除此之外，接触器还具有欠压保护功能，当线圈中的电压降低到某一数值时，铁芯吸力减小，当吸力减小到不足以克服弹簧的反力时，衔铁在复位弹簧的反作用力下复位。使主、辅触点复位。

接触器灭弧系统：接触器主触点在分断电路时，易产生电弧，电弧可烧损触点金属表面，增加触点的接触电阻，引起触点发热，严重时会引起火灾，因此接触器必须增加灭弧系统，接触器和后面提到的继电器最大的不同就是接触器具有灭弧功能，而继电器没有。

接触器的选用原则：接触器的选用，接触器按流过主触点电流性质不同，可分为交流接触器和直流接触器。接触器的类型应和被控负载的电流性质相匹配。接触器用于电动机控制时，其额定电流应大于电动机主回路中的额定电流，额定电压应大于电动机主回路中的额定电压，工作频率应和市电频率相同。我国市电频率是 50Hz，有的国家市电频率 60Hz。接触器的线圈额定电压的等级和电压类型应与控制回路相匹配，控制回路的电压等级一般有 12、24、36、48、110、220、380V 等，电流类型有直流和交流之分。接触器辅助触点的种类和数量应满足控制电路的需要。实际使用中若辅助触点数量不够，可另外加装辅助触点模块，最多可加 4 个辅助触点，触点类型可自行选择。辅助触点模块实物如

图 7—20（b）所示。

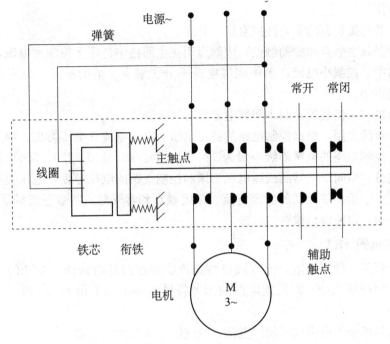

图 7—21　接触器的结构及接线示意图

2. 中间继电器（*KA*）

中间继电器用于继电保护与自动控制系统中，因其触点数量较多，所以常用来扩大触点的数量。中间继电器的图形符号如图 7—22 所示，实物如图 7—23 所示。

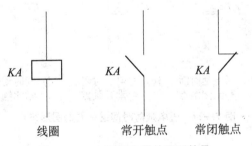

图 7—22　中间继电器的图形符号

图 7—23　中间继电器的实物图

中间继电器的结构和原理与交流接触器基本相同，都是利用线圈通电，吸引衔铁，带动触点系统动作。

中间继电器与接触器的主要区别有以下几点：

（1）接触器分主触点和辅助触点；主触点用在主回路中，用于控制大电流，辅助触点用于控制回路中，控制小电流；而中间继电器不分主触点、辅助触点，只用在控制回路中，触点容量很小。

（2）接触器有灭弧装置，而中间继电器没有灭弧装置。

中间继电器的选用，根据控制电路的额定电压、额定电流、电压类型、触点的数量和种类来选择。控制电路的电压等级一般为12、24、36、48、110、220、380V等，电压有直流和交流之分。中间继电器的线圈电压必须和控制线路的电压等级和电压类型一致。触点电流容量应大于所控制负载的额定电流。常闭触点和常开触点的数量能满足使用需要，触点最好有富余，以便以后线路的改进。

3. 时间继电器（KT）

时间继电器是一种利用电磁原理或机械原理实现触点延时接通或断开的自动控制电器，只用在控制回路当中。时间继电器的图形符号如图7—24和7—25所示，实物如图7—26所示。

时间继电器可分为电磁式时间继电器、空气阻尼式时间继电器、电动式时间继电器和电子式时间继电器。

电磁式时间继电器由线圈、延时触点和瞬时触点构成，线圈分为通电延时型和断电延时型，触点的类型有延时闭合触点、延时断开触点、瞬时触点等。

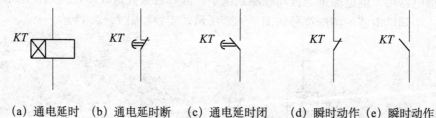

| (a) 通电延时
线圈 | (b) 通电延时断
开常闭触点 | (c) 通电延时闭
合常开触点 | (d) 瞬时动作
常闭触点 | (e) 瞬时动作
常开触点 |

图7—24 通电延时时间继电器的图形符号

| (a) 通电延时
线圈 | (b) 通电延时断
开常闭触点 | (c) 通电延时闭
合常开触点 | (d) 瞬时动作
常闭触点 | (e) 瞬时动作
常开触点 |

图7—25 断电延时时间继电器的图形符号

（1）电磁式时间继电器工作原理：通电延时型时间继电器：上电时，线圈通电，瞬时触点动作，当延时时间到，延时触点动作，当断电时，所有触点复位。断电延时型时间继电器：上电时，线圈通电，所有触点立即动作，当线圈断电后，瞬时触点立即复位，其延

图 7—26　时间继电器的实物图

时触点经过规定时间再复位。

时间继电器的选用原则有如下几点：

（1）时间继电器线圈的额定电压、电压种类、额定电流、延时类型及延时时间范围，应和控制电路相匹配。

（2）额定电压应根据控制电路中电压等级来选用，控制电路的电压等级一般为 12、24、36、48、110、220、380V 等，电压是直流还是交流；

（3）额定电流应大于所在支路额定电流。

（4）如果是通电延时或断电延时，触点类型和数量应满足使用要求，延时时间范围应符合时间控制要求。

4. 热继电器（FR）

热继电器是专门用来对连续运行的电动机进行过载及断相保护，以防止电动机持续过热而烧毁进而保护的电器。继电器的图形符号如图 7—27 所示，实物如图 7—28 所示。

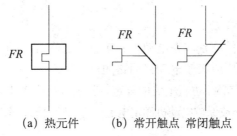

（a）热元件　　　（b）常开触点　常闭触点

图 7—27　热继电器的图形符号

图 7—28　热继电器的实物图

热继电器的工作原理：在使用时，热继电器的热元件串在电动机和接触器之间的主电路中，其常闭触点接在控制电路中。如图7—29所示，当电动机过载或断相时，主电路电阻丝热元件3迅速发热，被缠绕在电阻丝里面的双金属片2发热，因双金属片由两块温度系数不同的热材料拼接而成，故受热而弯曲，推动导板4，补偿双金属片5将常闭触点6和动触点9断开。控制电路因常闭触点动作而断开，与之串联的接触器线圈失电，从而断开接触器的主触点，断开电动机回路，保护了电动机。当故障排除后，将复位按钮10重新按下，热继电器便重新处于待命状态。

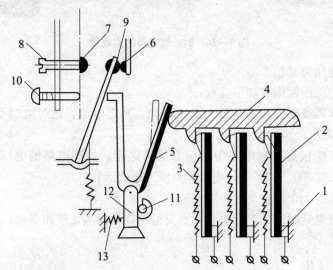

1—推杆　2—双金属片　3—电阻丝热元件　4—导板　5—补偿双金属片　6—静触点
7—动合静触点　8—复位螺打　9—动触点　10—复位按钮　11—调节旋钮　12—支撑件　13—压簧

图7—29　热继电器的内部结构示意

热继电器的选用原则有以下两点。

（1）热继电器的热元件分别串在电动机和接触器之间可以是两相也可以是三相，目的是保护电动机。其额定电压应大于电动机回路的额定电压。

（2）热继电器在使用前必须进行电流的整定，整定电流应大于或等于电动机的额定电流，热继电器的额定电流可根据被保护电动机额定电流的1～1.2倍选择，否则不起保护作用。

7.1.4　保护电器

1. 电动机的保护

短路保护是电器设备绝缘损坏引起短路电流急增，从而损坏电动机和电器设备，故要求迅速、可靠切断电源。通常采用熔断器、过流继电器及低压断路器等进行短路保护。

失压、欠压保护是指电动机工作时，电路失压或欠压使电动机停转，在电源电压恢复时，电动机可能自动重新起动（亦称自起动），易造成人身或设备故障。通常采用接触器和低压断路器进行失、压欠压保护。

过载保护是在电机工作时，若因负载过重而使电流增大，但又比短路电流小。此时熔断器起不了保护作用，应进行过载保护。通常采用热继电器进行过载保护，低压断路器和电流继电器也具有过载保护功能。

2. 保护电器

低压断路器、热继电器、熔断器都属于常用的低压保护电器，用于保护电动机和其他负载。低压断路器、热继电器不再赘述，这里只讲熔断器。

熔断器由底座和熔断丝两部分构成。熔断器的图形符号如图 7—30 所示，实物如图 7—31 所示。

图 7—30　熔断器的图形符号

图 7—31　熔断器的实物图

熔断器是在低压配电系统和电力拖动系统中出现严重过载和短路起保护作用的电器。

熔断器的工作原理：熔断器的当流过熔断器的电流大于规定值时，以其自身产生的热量使熔体熔断，从而自动切断电路，实现过载和短路保护。因其价格低廉、可靠性好、得到应用广泛。

熔断器的选用原则：熔断器的额定电压等级应大于被保护电路的额定电压；熔断丝的额定电流应取被保护电路额定电流的 2～2.5 倍。

🔵 **思考与练习题**

7.1.1　低压电器的定义是什么？

7.1.2　刀开关安装时应注意什么事项？

7.1.3　低压断路器具有哪些功能？

7.1.4　行程开关的作用是什么？

7.1.5　交流接触器和中间继电器的相同和不同之处在哪？

7.1.6　热继电器在使用时为啥要对电流进行整定？

7.1.7　常用保护电器有哪些，各有什么作用？

7.1.8　通电延时型继电器和断电延时型继电器工作原理有什么不同？

7.2　三相异步电动机的基本控制电路

异步电动机的全压起动（又称直接起动）：三相异步电动机的功率较小时，可以直接起动。如图 7—32 所示，合上开关 QS 或 QF 后，电动机（M）通电运转；断开开关 QS 或 QF 时，电动机停止。图中只有主电路，没有控制电路。FU 为熔断器，起短路保护作用。这种控制线路结构简单、成本低、起动力矩大、起动时间短、冲击电流可达额定电流的 5～7 倍。

对于大功率的电动机，因起动电流大，不安全，不能直接起动，必须由控制电路实现。控制电路大都电压较低，电流较小，所以安全可靠，而且可进行远距离控制，操作方便。控制电路大都由继电器、接触器线圈和辅助触点、按钮、行程开关等组成。

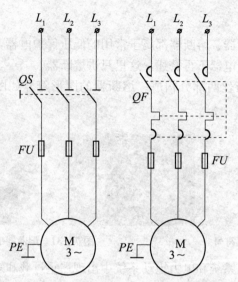

(a) 开启式负荷开关控制 　(b)自动空气开关控制

图 7—32　电动机直接起动控制

7.2.1　三相异步电动机的点动、连续及多地点控制电路

1. 点动控制电路

电动机点动控制电路如图 7—33 所示。主电路由刀开关 QS、熔断器 FU_1、交流接触器主触点 KM 及三相异步电动机（M）组成，其通过的电流较大；控制电路由熔断器 FU_2、按钮 SB 及交流接触器线圈 KM 组成，其通过的电流较小。

工作原理：合上刀开关 QS，引入三相电源，按下按钮 SB，接触器线圈 KM 通电，主触点 KM 闭合，电动机（M）起动运行；松开按钮 SB，接触器线圈 KM 断电，主触点 KM 断开，电动机（M）停止。这种电路只能点动控制，不能连续控制。

如图 7—33 所示，刀开关 QS 起电源隔离作用；熔断器 FU_1 用于电动机主电路的短路保护；熔断器 FU_2 用于控制电路的短路保护。

2. 连续控制电路（自锁控制电路）

电动机连续运行控制电路如图 7—34 所示。主电路由刀开关 QS、熔断器 FU_1、交流接触器主触点 KM、热继电器热元件 FR 及三相异步电动机（M）组成；控制电路由熔断器 FU_2、停止按钮 SB_1、起动按钮 SB_2、交流接触器辅助触点 KM、交流接触器线圈 KM 及热继电器常闭触点 FR 组成。

工作原理：合上刀开关 QS，引入三相电源，按下起动按钮 SB_2，接触器线圈 KM 通电，接触器主触点 KM 闭合，电动机（M）起动运行。同时接触器辅助常开触点 KM 闭合，接触器线圈 KM 通过按钮 SB_2 和辅助触点 KM 两路同时供电，这时若松开起动按钮 SB_2，接触器线圈 KM 依然通电，电动机（M）继续运行。这种依靠接触器自身的辅助触点而使线圈保持通电的现象称为自锁，其辅助触点称**自锁触点**。

这种控制电路只能连续控制，不能点动控制。要想停止电动机，按停止按钮 SB_1 即可。

如图 7—34 所示，热继电器 FR 用于电动机的过载保护，熔断器 FU_1 用于电动机主电路的短路保护；熔断器 FU_2 用于控制电路的短路保护。

这里值得注意的是点动电路电动机不存在过热问题，不必加热继电器，而连续运行电路，电动机极易过热，必须加热继电器进行过热保护。

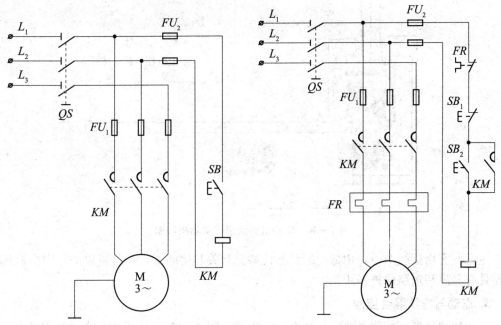

图 7—33　电动机的点动控制电路　　　　图 7—34　电动机连续运行控制电路

为便于理解请看图 7—36 与图 7—37。如图 7—35 所示，电动机连续运行接线示意图，如图 7—36 所示，电动机连续运行实物接线图。

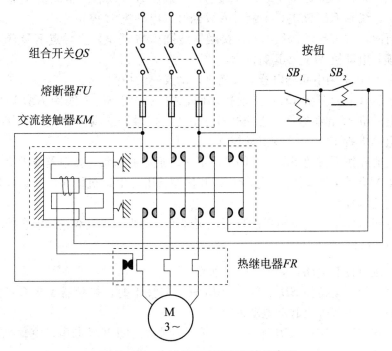

图 7—35　电动机连续运行接线示意图

255

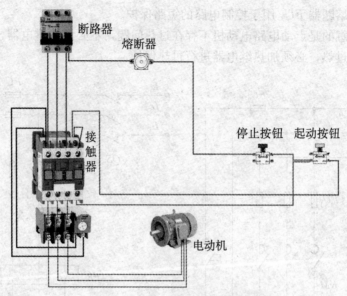

图 7—36　电动机连续运行实物接线图

注意，实物接线图中，用低压断路器代替刀开关和熔断器，这是可以的，因为低压断路器具有隔离和短路保护作用。

3. 点动与连续混合控制

点动和连续运行控制电路，如图 7—37 所示。图 7—37（a）采用复合按钮实现点动及连续混合控制。SB_3 为点动控制按钮，SB_2 为连续控制按钮。

工作原理：合上刀开关 QS，点动控制时，按下按钮 SB_3，其常闭触点先断开自锁电路，常开触点后闭合，接触器线圈 KM 通电，主触点 KM 闭合，电动机 M 起动运行；当松开按钮 SB_3，线圈 KM 断电，主触点 KM 断开，电动机 M 停止。

连续运行时，按下起动按钮 SB_2，接触器线圈 KM 通电，主触点 KM 闭合，辅助触点闭合并自锁，电动机 M 连续运行。

图 7—37（b）采用中间继电器 KA 实现点动及连续控制。

工作原理：合上刀开关 QS，点动控制时，按下按钮 SB_3，线圈 KM 通电，主触点 KM 闭合，电动机 M 起动运行；当松开按钮 SB_3，接触器线圈 KM 断电，接触器主触点 KM 断开，电动机 M 停止，实现点动控制。

连续运行时，按下按钮 SB_1，中间继电器 KA 通电并自锁，接触器线圈 KM 通电，接触器主触点 KM 闭合，电动机 M 运行；松开按钮 SB_1，电动机依靠中间继电器的自锁继续运行，实现连续控制。

注意，这里应用了中间继电器的自锁，实现了电动机的点动和连续混合控制。

4. 多地点控制

电动机多地点控制电路，如图 7—38 所示。

工作原理：当起动按钮 SB_2、SB_3、SB_1 任一只按下时，接触器线圈 KM 通电，并自锁，电机运行，实现多地点起动电动机；

当停止按钮 SB_1、SB_5、SB_6 任一只断开时，接触器线圈 KM 断电，电动机停止，实现多地点停止电动机。

控制电路特点，常开触点起动按钮并联使用，常闭触点停止按钮串联使用。在实际应用中，多地点控制可实现现场和室内均能控制，操作方便。

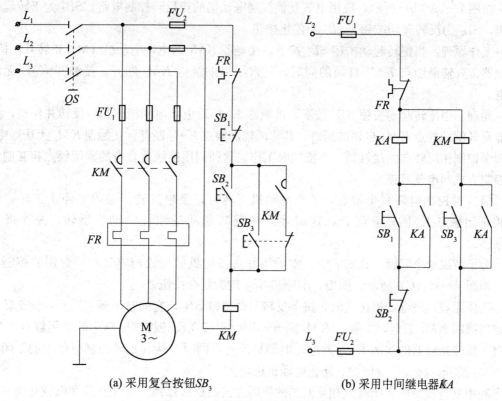

(a) 采用复合按钮 SB_3 (b) 采用中间继电器 KA

图 7—37 电动机点动及连续控制电路

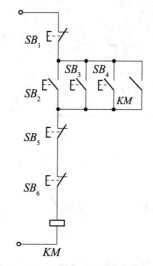

图 7—38 电动机多地点控制电路

7.2.2 三相异步电动机的正反转控制电路

如图 7—39 所示，三相异步电动机正反转控制电路。如图 7—39（a）所示，三相异步电动机主回路。由低压断路器 QF、正转接触器主触点 KM_1、反转接触器主触点 KM_2、热继电器 FR 及电动机（M）组成。KM_1 和 KM_2 主触点的接线相序正好相反。

如图 7—39（b）所示，应用电气互锁控制电动机的正反转控制电路。SB_2 为正转起动按钮，SB_3 为反转起动按钮，SB_1 为停止按钮。

工作原理：当正转起动按钮 SB_2 按下，接触器 KM_1 通电，电动机（M）正转并保持，接触器常开辅助触点 KM_1 自锁的同时，其常闭辅助触点 KM_1 断开，接触器 KM_2 无法通电。

同理，当反转起动按钮 SB_3 按下，接触器 KM_2 通电，电动机（M）反转并保持，接触器常开辅助触点 KM_2 自锁的同时，其常闭辅助触点 KM_2 断开，接触器 KM_1 无法通电。即两个控制相反转向的接触器，不能同时工作。这种利用接触器自身的常闭触点相互制约的控制方式叫**电气互锁**。

但这种控制电路有个缺点，如在电动机正转时，要想反转，必须先停止正转，让连锁常闭触点 KM_1 充分闭合，这时才能按反转起动按钮使电动机反转，操作极不方便。

为了解决这个问题，在实际中，常采用复式按钮机械互锁与电气互锁并用的控制电路，如图 7—39（C）所示。图中，SB_2 和 SB_3 均为复合按钮。

工作原理：当电动机正转时，按下反转起动按钮 SB_3，它的常闭触点断开，使正转接触器的线圈 KM_1 断电，主触点 KM_1 断开，同时串接在反转控制电路中的常闭触点 KM_1 闭合，反转接触器的线圈 KM_2 通电，电动机反转，同时串接在正转控制电路中的常闭触点 KM_2 断开，起着连锁保护，防止电动机正转。

利用复合按钮的常闭触点相互制约的控制方式叫**机械互锁**。电气互锁和机械互锁并用实物接线，如图 7—40 所示。

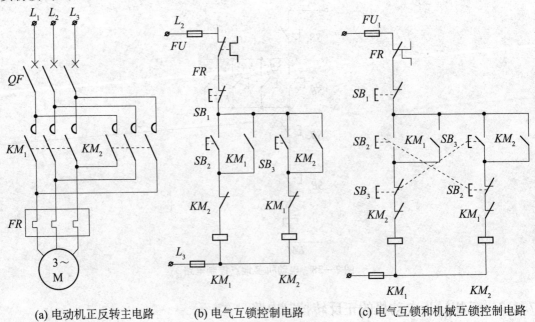

(a) 电动机正反转主电路　　(b) 电气互锁控制电路　　(c) 电气互锁和机械互锁控制电路

图 7—39　电动机的正反转控制

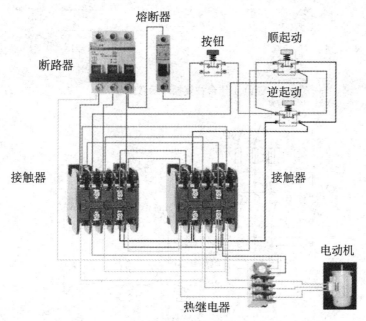

图 7—40　电气互锁和机械互锁并用实物接线图

思考与练习题

7.2.1　什么叫自锁?

7.2.2　电路中熔断器和热继电器各起什么作用?

7.2.3　点动及连续在控制电路上的区别是什么?

7.2.4　设计一个两地点控制电路。

7.2.5　在接触器正反转控制线路中,若正反向接触器同时通电,会发生什么现象?

7.3　三相异步电动机的位置及行程控制电路

前面提到的行程开关主要用于改变机械的运动方向、行程控制和位置保护。

如图 7—41 (a) 所示,工作台往复循环示意图;如图 7—41 (b) 所示,自动循环控制电路,挡撞块装在工作台上,行程开关装在工作台运动行程的极限位置上,SQ_1 和 SQ_2 用于主控制,SQ_3 和 SQ_4 用于双重保护。

工作原理:当工作台前进时,撞到行程开关 SQ_2,则其常闭触点断开,前进停止,实现了位置控制,同时因其常开触点闭合,又起动工作台后退。同理,工作台后退时撞上了行程开关 SQ_1,其常闭触点断开,后退停止,同时因其常开触点闭合,又起动了工作台前进。从而实现了自动往复运动。要想停止,按停止按钮 SB_1 即可。

思考与练习题

7.3.1　如图 7—41 所示,若将 SQ_1、SQ_2 的常开触点去掉,还能自动往复吗?

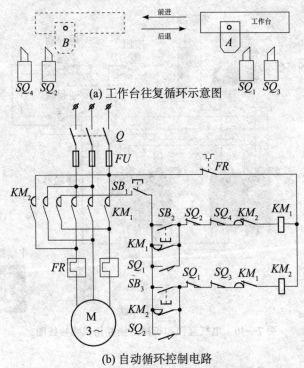

(a) 工作台往复循环示意图

(b) 自动循环控制电路

图 7—41　三相异步电动机的位置及行程控制电路

7.4　三相异步电动机的顺序及时间控制电路

7.4.1　三相异步电动机的顺序起动

两台电动机顺序起动的控制电路，如图 7—42 所示。

工作原理：按下起动按钮 SB_2，接触器 KM_1 通电，主触点 KM_1 闭合，电动机（M_1）起动，同时自锁 KM_1 触点闭合，为接触器 KM_2 线圈准备好电源。按下起动按钮 SB_4，接触器 KM_2 通电，主触点 KM_2 闭合，电动机（M_2）起动，从而实现了两台电动机的顺序起动。

7.4.2　三相异步电动机的时间及 Y—△ 降压起动的控制电路

当电动机的功率较大时，电动机起动电流很大，会引起电网电压猛降，严重影响其他用电设备的正常运行，所以大容量的电动机不允许全压直接起动，一般采用降压起动。常用的降压起动方法是星形—三角形降压起动。

电动机起动时，电动机的定子绕组先接成星形，这时起动电流可下降到全压起动的 1/3，当电动机的转速升至额定转速时，再将电动机的定子绕组接成三角形，电机便进入全压正常运行状态。

电动机星形—三角形起动控制电路如图 7—42 所示，图中应用了通电延时继电器，事先将星形—三角形起动的转换时间设置好。

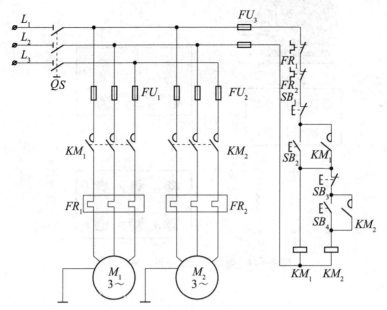

图 7—42　两台电动机的顺序控制电路

工作原理：合上刀开关 QS，连接主电源，按下按钮 SB_2，主接触器 KM_1 通电并自锁，星形接触器 KM_3、时间继电器 KT 同时通电，主触点 KM_1 和星形触点 KM_3 闭合，电动机（M）按星形连接起动。同时，时间继电器 KT 开始计时，延时到，其常闭触点断开，常开触点闭合，切断星形接触器 KM_3，闭合三角形接触器 KM_2，实现了星形—三角形的转换。

图中星形连接和三角形连接控制电路实行了电气互锁，有效地避免同时运行。

电动机的星形和三角形连接电路图，如图 7—43 所示。

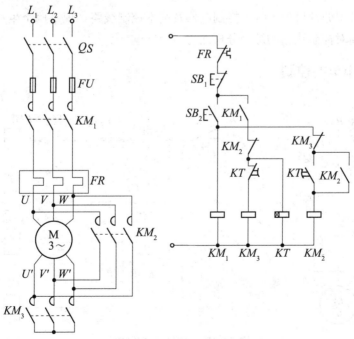

图 7—43　电动机星形—三角形起动实物接线图

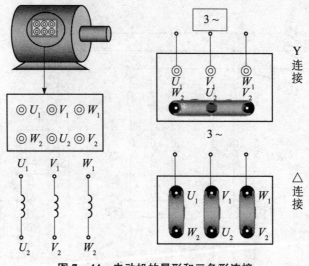

图 7—44　电动机的星形和三角形连接

➡ **思考与练习题**

7.4.1　要求三台电动机 M_1、M_2、M_3 按下列顺序起动：M_1 起动后，M_2 才能起动；M_2 起动后，M_3 才能起动。试画出控制线路图。

7.5　应用举例

在上述各节中分别讨论了常用控制电器及基本控制线路，现举两个生产机械的具体控制线路，以提高对控制线路的综合分析能力。

7.5.1　运料小车的控制

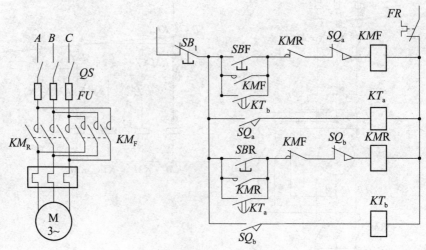

图 7—45　运料小车控制电路

如图 7—45 所示，一个运料小车控制电路，动作过程：SBF ⇒ KMF 通电 ⇒ 小车正向运行 ⇒ 至 A 端 ⇒ 撞 ST_a ⇒ K_{Ta} 通电 ⇒ 延时 2 分钟 ⇒ KMR 通电 ⇒ 小车反向运行 ⇒ 至 B 端 ⇒ 撞 ST_b ⇒ KT_b 通电 ⇒ 延时 2 分钟 ⇒ KMF 通电 ⇒ 小车正向运行 …… 如此往返运行。

电路应满足以下要求，实物示意如图 7—46 所示。

（1）小车起动后，前进到 A 地。然后做以下往复运动：到 A 地后停 t 分钟等待装料，然后自动走向 B，到 B 地后停 t 分钟等待卸料，然后自动走向 A。

（2）有过载和短路保护。

（3）小车可停在任意位置。

图 7—46　运料小车示意图

7.5.2　M7130 平面磨床的电气控制线路

M7130 平面磨床的电气控制线路，如图 7—47 所示。

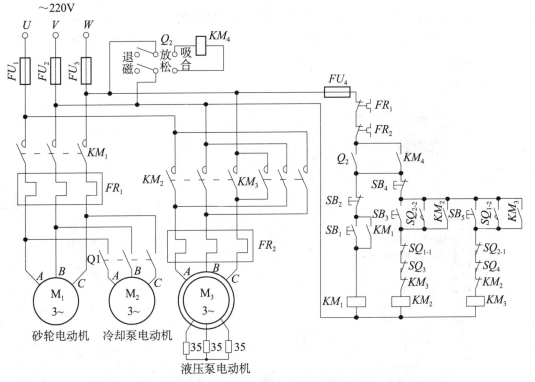

图 7—47　M7130 平面磨床的电气控制线路

平面磨床的动作过程：

（1）接通三相交流电源。

（2）转换开关 Q_2 打在吸合位置，继电器 KM_4 吸合。

（3）按下 SB_1，KM_1 通电吸合，M_1 砂轮电动机起动运行，合上开关 Q_1，冷却泵电动机 M_2 起动运行。

（4）按下 SB_3，KM_2 通电吸合，液压泵电动机 M_3 起动运转。运转 5 秒后，SQ_1 闭合，再运转 5 秒，SQ_2 闭合，再运转 5S，SQ_3 闭合，电动机 M_3 停止运行。

（5）按下 SB_5，KM_3 通电吸合，液压泵电动机 M_3 起动运转。运转 5 秒后，SQ_2 闭合，再运转 5 秒，SQ_1 闭合，再运转 5S，SQ_4 闭合，电动机 M_3 停止运行。

（6）按下 SB_4，液压泵电动机停止运行，再按下 SB_2，砂轮电动机 M_1 和冷却泵电动机停止运转。

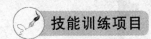
技能训练项目

电动机连续运行控制电路

一、实训目的

通过实训掌握电动机的连续运行控制电路的工作原理。

二、实训器材

（1）低压断路器一只，交流接触器一只，热继电器一只，电动机一台，熔断器一只、红色按钮一只，绿色按钮一只。各器件的额定电流和额定电压要与电动机的参数相匹配。

（2）导线 1mm² 若干。十字花螺丝刀一把，尖嘴钳一把，数字万用表一块。

三、实训步骤

（1）根据图 7—48 接线。

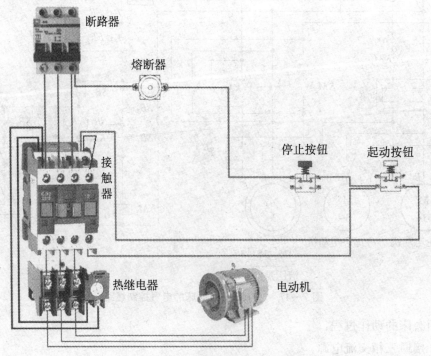

图 7—48　电动机连续运行控制电路

（2）检查接线无误，合上断路器开关。

（3）按下起动按钮，电动机运转。

（4）松开起动按钮，电动机继续运转。

（5）按下停止按钮，电动机停止。

四、实训报告

（1）实训过程总结。

（2）实训结果分析，画出电气原理图。

课外制作项目

通电延时断电控制电路的制作

一、制作要求

根据接线图备齐各电器件，制作一个通电延时断电控制电路。

二、制作工具及器材

（1）按钮（红），规格：LA38－11/301 一只；按钮（绿），规格：LA38－11/301 一只；时间继电器，规格：DH48S 一只；灯泡，规格：AC220V，25W 一只；交流接触器：CJ10－10 一只。

（2）导线 0.75mm² 若干，十字花螺丝刀一把，尖嘴钳一把，数字万用表一块。

三、制作依据

接线图如图 7—47 所示。

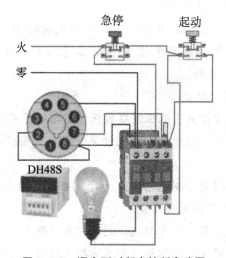

图 7—47　通电延时断电控制电路图

四、制作过程

按接线图接好线，检查接线无误，将时间调到 2 分钟，接上电源，按下起动按钮，灯应亮，2 分钟后灯应熄灭。若出现异常，按急停按钮，断开电源。

![习题 7]

7.1 填空题

（1）低压电器通常是指工作在直流电压小于_____，交流电压小于_____的电路中，在低压配电系统和控制系统中起通、断、保护、控制或调节作用的电气设备。

（2）低压断路器具有_____、_____、_____等功能，且动作快、分断能力高、操作方便、安全可靠，所以被广泛应用。

（3）接触器主要由_____、_____及_____组成。

（4）异步电动机的常规保护有_____、_____和_____。

（5）多地控制电路中，常开触点起动按钮_____使用，常闭触点停止按钮_____使用。

7.2 选择题

（1）电动机起动时，电动机的定子绕组先接成星形，起动电流可下降到全压起动的（　　）。

a. 1/3；　　　　　　b. 1/2；　　　　　　c. 1/5。

（2）在电动机工作时，若因负载过重而使电流增大，但又比短路电流小。此时熔断器起不了保护作用，应进行（　　）。

a. 欠压保护；　　　b. 短路保护；　　　c. 过载保护。

（3）（　　）时间继电器，上电时，线圈通电，瞬时触点动作，当延时时间到，延时触点动作，当断电时，所有触点复位。

a. 断电延时型；　　b. 通电延时型；　　c. 通电瞬时型。

（4）国家标准规定红色按钮用于（　　），绿色按钮用于（　　），黄色按钮用于（　　），红蘑菇头按钮用于急停。

a. 停止；　　　　　b. 起动；　　　　　c. 警示。

7.3 若在主回路中，刀开关用低压断路器代替，熔断器可不可以省掉？

7.4 什么叫直接起动？直接起动有何优缺点？在什么条件下可允许交流异步电动机直接起动？

7.5 在电动机可逆运行的控制电路中，为什么必须采用互锁控制？有的控制电路已采用了机械互锁，为什么还采用电气互锁？

7.6 画出异步电动机星形—三角形减压起动控制电路图。

7.7 画出三相异步电动机三地控制（即三地均可起动、停止）的电气控制线路。

7.8 设计一小车运行的控制电路，小车由三相异步电动机拖动，其动作过程如下：

（1）小车由原位开始前进，到终点后自动停止；

（2）在终点停留一段时间后自动返回原始位置停止；

（3）在前进或后退途中任意位置都能停止或起动。

7.9 设计一个控制线路，要求第一台电动机起动10s后，第二台电动机自动起动，运行20s后，两台电动机同时停转。

7.10 如图7—48所示，两台电动机顺序起动控制电路，图中应用了通电延时继电器KT来控制两台电动机先后起动的时间间隔，请分析其工作原理。假设定时5秒。

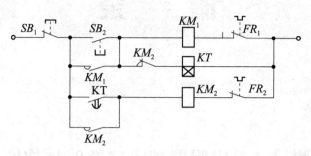

图7—48

7.11 如图7—49所示，电动机正反转控制柜内部实际接线图。图中 XT 为控制柜出线端子排。请回答以下问题。

(1) 主电路有哪些元件构成，控制电路有哪些元件组成？

(2) 接触器 KM_1 和 KM_2 的接线，在相序上要注意什么？

(3) 有哪些保护环节？

(4) 主电路的额定电压、控制电路的额定电压各是多少？

(5) 本题中用的是什么互锁？

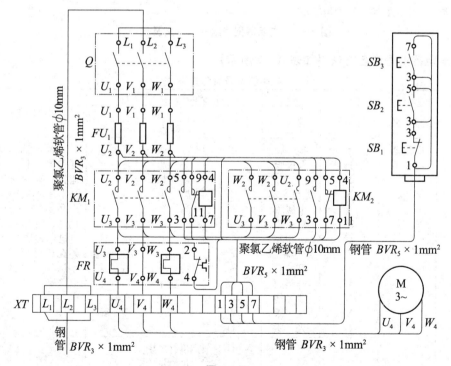

图7—49

附　　录

附录 A　电阻器和电容器的标称值

一、电阻器

1. 电阻器型号组成的意义及代号（如图 A—1 所示）

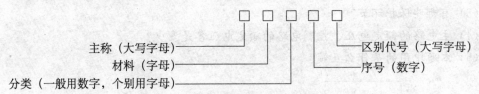

图 A—1　电阻器型号组成的意义及代号

2. 电阻器型号命名方法（如表 A—1 所示）

表 A—1　　　　　　　　　　　电阻器型号命名方法

第一部分：主称		第二部分：材料		第三部分：特征分类			第四部分
符　号	意　义	符　号	意　义	符　号	意　　义		
					电阻器	电位器	
R	电阻器	T	碳　　膜	1	普　通	普　通	对主称、材料特
W	电位器	H	合成膜	2	普　通	普　通	征相同，仅尺寸、性
		S	有机实芯	3	超高频	—	能指标略有差别，但
		N	无机实芯	4	高　阻	—	基本上不影响互换的
		J	金属膜	5	高　温	—	产品给同一序号。若
		Y	氧化膜	6	—	—	尺寸、性能指标的差
		C	沉积膜	7	精　密	精　密	别已明显影响互换时，
		I	玻璃釉膜	8	高　压	特种函数	则在序号后面用大写
		P	硼碳膜	9	特　殊	特　殊	字母作为区别代号予
		U	硅碳膜	G	高功率	高功率	以区别
		X	线　　绕	T	可　调	—	
		M	压　　敏	W	—	微　调	
		G	光　　敏	D	—	多　圈	
				B	温度补偿用	—	
				C	温度测量用	—	
		R	热　敏	P	旁热式	—	
				W	稳压式	—	
				Z	正温度系数	—	

3. 电阻的标称值（如表 A—2 所示）

表 A—2   普通电阻器标称值系列

允许误差	阻值系列（×10^a，其中 n 为正整数或负整数）											
Ⅰ级（±5%）	1.0	1.1	1.2	1.3	1.5	1.6	1.8	2.0	2.2	2.4	2.7	3.0
	3.3	3.6	3.9	4.3	4.7	5.1	5.6	6.2	6.8	7.5	8.2	9.1
Ⅱ级（±10%）	1.0	1.2	1.5	1.8	2.2	2.7	3.3	3.9	4.7	5.6	6.8	8.2
Ⅲ级（±20%）	1.0	1.5	2.2	3.3	4.7	6.8	—	—	—	—	—	

4. 电阻阻值标注方法

（1）直标法。直标法就是用数码符号在电阻上直接标注。具体的参数标注规则如下：

①1Ω 以下的电阻，在阻值数的后面要加上"Ω"符号，如：0.5Ω。

②1kΩ 以下的电阻，可以只写数字，不写单位，如：47、330、750。

③1kΩ～1MΩ 的电阻，以千欧为单位，符号是"k"，如：6.8k、82k、680k。

④1MΩ 以上的电阻，以兆欧为单位，符号是"M"，如：1M、10M。

（2）色标法。色标法就是用特定的色环标注在电阻上以表示阻值大小及误差。这种色标法通常用于 0.5W 以下的碳质电阻和金属膜电阻，其色标含义如表 A—3 所示。

表 A—3   色标含义表

颜色	棕	红	橙	黄	绿	蓝	紫	灰	白	黑	金	银	无色
数值	1	2	3	4	5	6	7	8	9	0	—	—	—
乘数	10^1	10^2	10^3	10^4	10^5	10^6	10^7	10^8	10^9	10^0	10^{-1}	10^{-2}	
误差	±10%	±2%	—	—	±0.5%	±2%	±0.1%	—	—	—	±5%	±10%	±20%

色环电阻的色环通常分为 3 色环、4 色环和 5 色环三种，色环数不同，所表示的电阻参数也不同。

3 色环：只表示电阻的标称阻值（两位有效数字）。

4 色环：表示电阻的标称阻值（两位有效数字）和精度误差。

5 色环：表示电阻的标称阻值（三位有效数字）和精度误差。

各种色环电阻的含义，如图 A—2 所示。

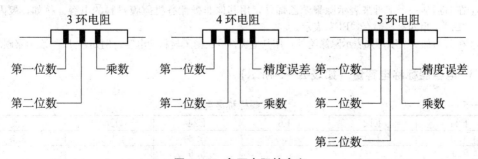

图 A—2   色环电阻的含义

二、电容器

1. 电容器型号组成部分的意义及代号（如图 A—3 所示）

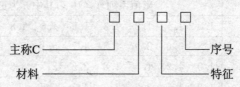

图 A—3 电容器型号组成意义及代号

2. 电容器的型号和标志法（如表 A—4 所示）

表 A—4 电容器的型号和标志法

第一部分：主称		第二部分：材料		第三部分：特征分类					第四部分：
					意　义				符号（数字）
符号	意义	符号	意义	符号	瓷介	云母	电解	有机介质电容器	
C	电容器	C	I 类陶瓷介质	1	圆片	非密封	箔式	非密封	（高属箔）对材料特殊相同，仅尺寸、性能指标略有差别，但基本上不影响互换的产品给同一序号。若尺寸、性能指标的差别已明显影响互换时，则在序号后面用大写字母作为区别代号予以区别
		V	云母纸介质	2	管形	非密封	箔式	非密封	
		I	玻璃釉介质	3	叠片	密封	浇结粉、	密封	
		O	玻璃膜介质	4	多层	独石	非固体	密封	
		Z	纸介质	5	（独石）	—	绕结粉、	穿心	
		J	金属化纸介质	6	穿心	—	固体	交流	
		B①	非极性有机薄膜介质	7	多柱式	标准	—	片式	
		L②	高功率极性有机薄膜介质	8	交流	高压	交流	高压	
		Q	漆膜介质	9	高压	—	无极性	特殊	
		S	3 类陶瓷介质	G	—	—	—		
		H	复合介质				无极性		
		D	铝电解				—		
		A	钽电解				特殊		
		N	铌电解						
		G	合金电解						
		T	2 类陶瓷介质						
		E	其他材料电解						
		Y	云母介质						

①在 B 后加一个字母来表示除聚苯乙烯外，用其他非极性有机薄膜材料的电容。例如，聚丙烯用"BB"、聚四氟乙烯有"BF"表示。

②在 L 后加一个字母来表示除涤纶外，用其他极性有机薄膜材料的电容。例如，"LS"表示聚碳酸酯。

3. 电容器标称电容量（如表 A—5 所示）

表 A—5 电容器标称电容量

E24	E12	E6	E24	E12	E6
1.0	1.0	1.0	3.3	3.3	3.3
1.1			3.6		
1.2	1.2	1.2	3.9	3.9	
1.3			4.3		
1.5	1.5	1.5	4.7	4.7	4.7

续前表

E24	E12	E6	E24	E12	E6
1.6			5.1		
1.8	1.8		5.6	5.6	
2.0			6.2		
2.2	2.2	2.2	6.8	6.8	6.8
2.4			7.5		
2.7	2.7		8.2	8.2	
3.0			9.1		

注：用表中数值再乘以 10^n 来表示电容器标称电容量，n 为正或负整数。10pF 以下电容系列为 1，2，…，10pF。
电容量单位之间的换算关系是：1F（法拉）$=10^6 \mu$F（微法）$=10^{12}$pF（皮法）。

附录 B 部分 Y 系列三相异步电动机的参数

参数名称 型 号	额定功率 P_N/kW	额定转速 n_N (r/min)	额定电流 I_N/A	额定效率 η_N (%)	额定功率因数 $\cos\varphi N$	起波电流倍数 I_{st}/I_N	起动转矩倍数 T_{st}/T_N	电大转矩倍数 T_m/T_N
Y801－2	0.75	2 830	1.9	75	0.84	7	2.2	2.2
Y100L－2	3	2 880	6.4	82	0.87	7	2.2	2.2
Y132S2－2	7.5	2 900	15	86.2	0.88	7	2	2.2
Y160M2－2	15	2 930	29.4	88.2	0.88	7	2	2.2
Y200L1－2	30	2 955	56.9	90	0.89	7	2	2.2
Y250M－2	55	2 970	102.7	91.5	0.89	7	2	2.2
Y280S－2	75	2 980	167	92	0.89	7	2	2.2
Y801－4	0.55	1 390	1.5	73	0.76	6.5	2.2	2.2
Y90S－4	1.1	1 400	2.7	78	0.78	6.5	2.2	2.2
Y132S－4	5.5	1 440	11.6	85.5	0.84	7	2.2	2.2
Y180L－4	22	1 470	42.5	91.5	0.86	7	2	2.2
Y225M－4	45	1 480	84.2	92.3	0.88	7	1.9	2.2
Y280M－4	90	1 485	164.3	93.6	0.89	7	1.9	2.2
Y90S－6	0.75	925	2.3	72.5	0.70	6	2	2
Y100L－6	1.5	925	4	77.5	0.74	6	2	2
Y160L－6	11	970	24.6	87	0.78	6.5	2	2
Y225M－6	30	980	59.5	90.2	0.85	6.5	1.7	2
Y280M－6	55	985	104.9	92	0.87	6.5	1.8	2
Y132S－8	2.2	710	5.8	81	0.71	5.5	2	2
Y160M2－8	5.5	720	13.3	85	0.74	6	2	2
Y200L－8	15	730	34.1	88	0.76	6	1.8	2
Y225S－8	18.5	735	41.3	89.5	0.76	6	1.7	2
Y280M－8	45	740	93.2	91.7	0.80	6	1.8	2

注：额定电压为 380V，50Hz，功率在 3kW 及以下为星形连接，4kW 及以上为三角形连接。

附录 C 常用电机及电器的图形符号

1	(M) -------	电动机
2	(☆) -------	电机一般符号，符号内的星号必须用下述字母代替 C：同步交流机　　　　　G：发电机 G8：同步发电机　　　　　M：电动机 MG：拟作为发电机或电动机使用的电机 MS：同步电动机　注：可以加上符号—或∽ SM：伺服电机　　　　　TG：测速发电机
3	(M 3~)	三相绕线转子异步电动机
4	(M 3~)	三相串励换向器电动机
5	∩∩∩	电感器、线圈、绕组或扼流图。注：符号中半圆数不得少于 3 个
6	∩∩∩	带磁芯、铁芯的电感器
7	∩∩∩	带磁芯连续可调的电感器
8	∩∩∩∩	双绕组变压器 注：可增加绕组数目
9	∩∩∩∩	绕组间有屏蔽的双绕组变压器 注：可增加绕组数目
10	⊥T	极性电容
11	≠	可变电容器或可调电容器
12	≠ ≠	双联同调可变电容器 注：可增加同调联数

13		微调电容器
14		可变电阻器
15		滑动触点电位器
16		光敏电阻
17		压敏电阻器 注：U 可用 V 代替
18		热敏电阻器 注：Q 可用 t° 代替
19	ⓥ	电压表
20	Ⓐ	电流表
21	⒣z	频率表
22	ⓦ	功率表
23		电铃
24		蜂鸣器
25	*KA*	继电器线圈
26	*KM*	接触器线圈
27		光电池
28		液位开关
29	*SQ*	行程开关的常开触点

附录 D　电路仿真软件 EWB 的使用介绍

电子工作平台 Electronics Workbench Eda（EWB，现称为 MultiSim）软件是加拿大 Interactive Image Technologies 公司推出的，用于电子电路仿真的软件。EWB 提供了全面集成化的设计环境，完成了从原理图设计输入、电路仿真分析到电路功能测试等工作。在对电路进行仿真时，当改变电路连接或改变元件参数，可以清楚地观察到各种变化对电路性能的影响。

1. EWB 特点

（1）采用直观的图形界面创建电路。

（2）软件仪器的控制面板外形和操作方式都与实物相似，可以实时显示测量结果。

（3）软件带有丰富的电路元件库，提供多种强大的电路分析方法。

（4）作为设计工具，它可以同其他流行的电路分析、设计和制板软件交换数据。

2. EWB 视窗基本界面的介绍

打开 EWB 软件，便呈现 EWB 视窗基本界面，就是这个平台能实现电子电路的设计与仿真，如图 D—1 所示。

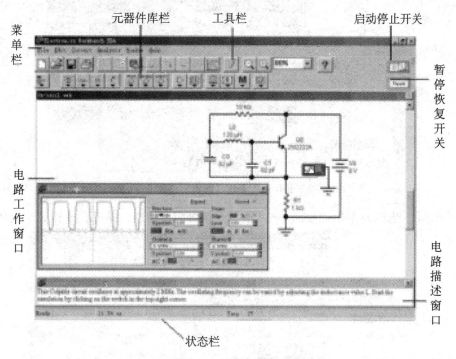

图 D—1　视窗基本界面

（1）主菜单，如图 D—2 所示。

File　Edit　Circuit　Analysis　Window　Help

如图 D—2　主菜单

①File（文件）菜单，如图 D—3 主要用于管理所创建的电路文件，如打开、保存、打印等。

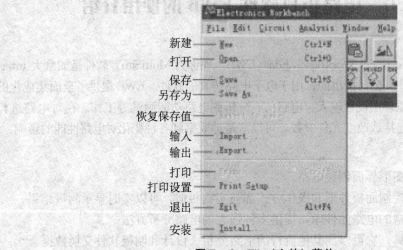

新建 —— New Ctrl+N
打开 —— Open Ctrl+O
保存 —— Save Ctrl+S
另存为 —— Save As
恢复保存值 ——
输入 —— Import
输出 —— Export
打印 ——
打印设置 —— Print Setup
退出 —— Exit Alt+F4
安装 —— Install

图 D—3　File（文件）菜单

②Edit（编辑）菜单，如图 D—4 所示，主要用于在电路绘制过程中，对电路和元件进行各种技术性处理。

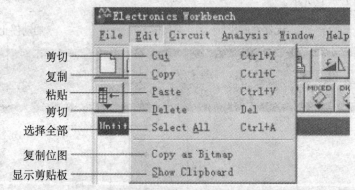

剪切 —— Cut Ctrl+X
复制 —— Copy Ctrl+C
粘贴 —— Paste Ctrl+V
剪切 —— Delete Del
选择全部 —— Select All Ctrl+A
复制位图 —— Copy as Bitmap
显示剪贴板 —— Show Clipboard

图 D—4　Edit（编辑）菜单

③Circuit（电路）菜单，如图 D—5 所示，包含用于构造、循环、反转等 9 条命令。

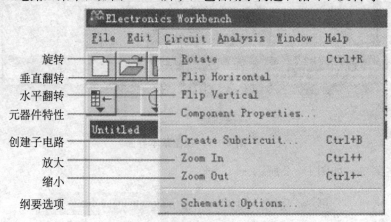

旋转 —— Rotate Ctrl+R
垂直翻转 —— Flip Horizontal
水平翻转 —— Flip Vertical
元器件特性 —— Component Properties...
创建子电路 —— Create Subcircuit... Ctrl+B
放大 —— Zoom In Ctrl++
缩小 —— Zoom Out Ctrl+-
纲要选项 —— Schematic Options...

图 D—5　Circuit（电路）菜单

④Analysis（分析）菜单，如图 D—6 所示。

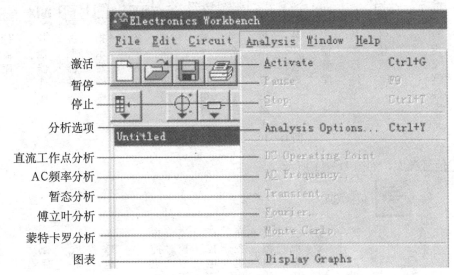

激活 —— Activate   Ctrl+G
暂停 —— Pause   F9
停止 —— Stop   Ctrl+T
分析选项 —— Analysis Options...   Ctrl+Y
直流工作点分析 —— DC Operating Point
AC频率分析 —— AC Frequency...
暂态分析 —— Transient...
傅立叶分析 —— Fourier...
蒙特卡罗分析 —— Monte Carlo...
图表 —— Display Graphs

图 D—6   Analysis（分析）菜单

⑤Window 菜单，如图 D—7 所示。

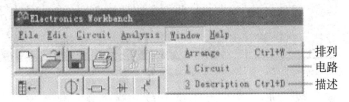

Arrange   Ctrl+W —— 排列
1 Circuit —— 电路
2 Description   Ctrl+D —— 描述

图 D—7   window 菜单

⑥Help 菜单，如图 D—8 所示。

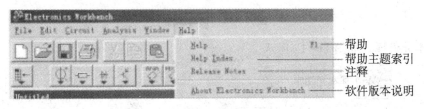

Help   F1 —— 帮助
Help Index... —— 帮助主题索引
Release Notes —— 注释
About Electronics Workbench —— 软件版本说明

图 D—8   help 菜单

（2）系统工具栏，如图 D—9 所示。

新建   打开   保存   打印   剪切   复制   粘贴   旋转   水平反转   垂直反转   建立子电路   分析图   元器件特性   缩小   放大   缩放比例   帮助

图 D—9   系统工具栏

（3）元器件及仪表库菜单，如图 D—10 所示。

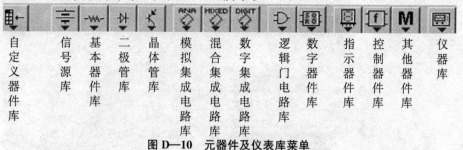

自定义器件库　信号源库　基本器件库　二极管库　晶体管库　模拟集成电路库　混合集成电路库　数字集成电路库　逻辑门电路库　数字器件库　指示器件库　控制器件库　其他器件库　仪器库

图 D—10　元器件及仪表库菜单

①信号源库，如图 D—11 所示。

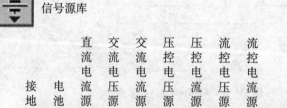
信号源库

接地　电池　直流电流源　交流电压源　交流电流源　压控电压源　压控电流源　流控电压源　流控电流源　V_{CC}电压源　V_{DD}电压源　时钟源

调幅源　调频源　压控正弦波　压控三角波　压控方波　受控单脉冲　分段线性源　压控分段线性源　频移键控源　多项式源　非线性相关源

图 D—11　信号源库

②基本元件库，如图 D—12 所示。

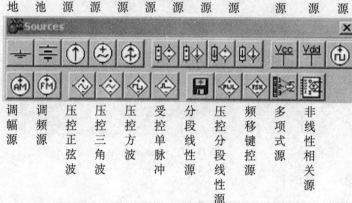
基本元件库

连接点　电阻　电容　电感　变压器　继电器　开关　延迟开关　流控电流源　流控开关　上拉电阻

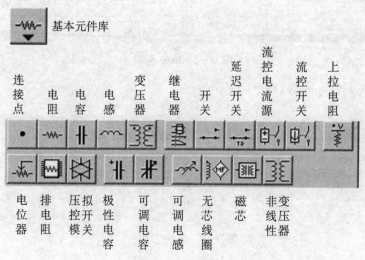

电位器　排电阻　压控开关模关　极性电容　可调电容　可调电感　无芯线圈　磁芯　非线性变压器

图 D—12　基本元件库

③二极管库，如图 D—13 所示。

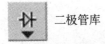 二极管库

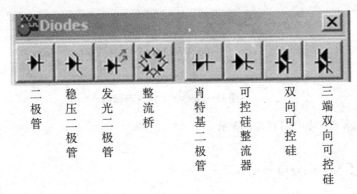

图 D—13　二极管库

④模拟集成电路库，如图 D　14 所示。

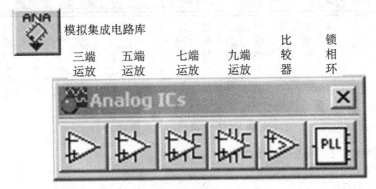

图 D—14　模拟集成电路库

⑤混合集成电路库，如图 D—15 所示。

 混合集成电路库

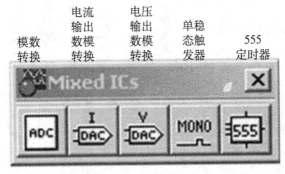

图 D—15　混合集成电路库

⑥数字集成电路库，如图 D—16 所示。

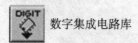 数字集成电路库

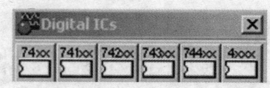

图 D—16　数字集成电路库

⑦逻辑电路库，如图 D—17 所示。

 逻辑门电路库

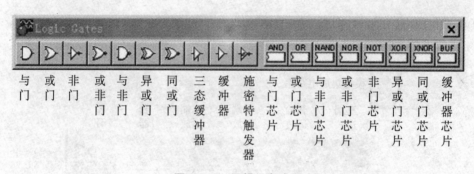

图 D—17　逻辑门电路库

⑧数字器件库，如图 D—18 所示。

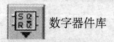 数字器件库

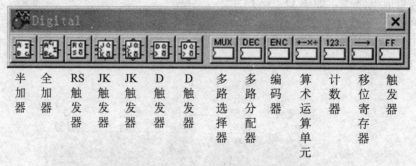

图 D—18　数字器件库

⑨指示器件库，如图 D—19 所示。

指示器件库

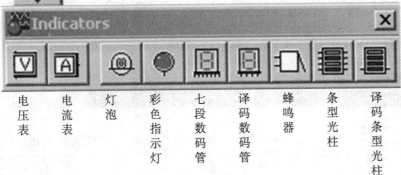

| 电压表 | 电流表 | 灯泡 | 彩色指示灯 | 七段数码管 | 译码数码管 | 蜂鸣器 | 条型光柱 | 译码条型光柱 |

图 D—19 指示器件库

⑩仪器库，如图 D—20 所示。

仪器库

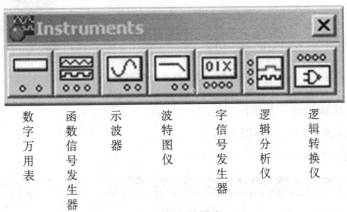

| 数字万用表 | 函数信号发生器 | 示波器 | 波特图仪 | 字信号发生器 | 逻辑分析仪 | 逻辑转换仪 |

图 D—20 仪器库

3. 放置元器件

（1）取元件：单击并按住所需元件图标，将它拖拽至电路工作区的欲放置位置即可。

（2）调整元件：利用如图 D—21 所示键调整元件至合适。

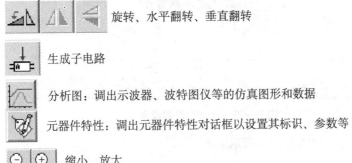

旋转、水平翻转、垂直翻转

生成子电路

分析图：调出示波器、波特图仪等的仿真图形和数据

元器件特性：调出元器件特性对话框以设置其标识、参数等

缩小、放大

图 D—21 调整元件按键

（3）设置参数：如图 D—21 所示，双击电路工作区中的图标，出现以下对话框，即可对其进行参数设置。

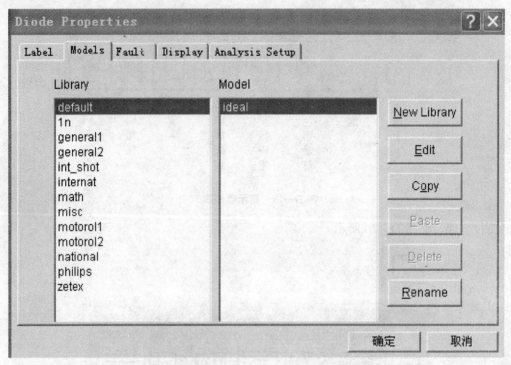

图 D—22 元件参数设置

4. 虚拟仪器仪表的设置及使用

（1）指示器件库中的仪表和指示器。

①电压表参数设置，如图 D—23 所示。

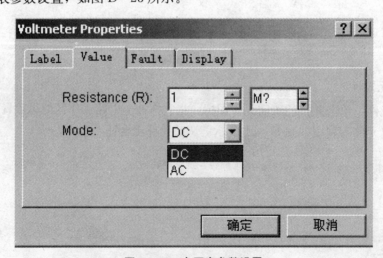

图 D—23 电压表参数设置

②电流表参数设置，如图 D—24 所示。

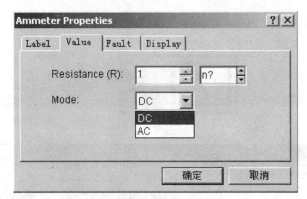

图 D—24 电流表参数设置

（2）仪器库中的仪器仪表。

①万用表参数设置，如图 D—25 所示。

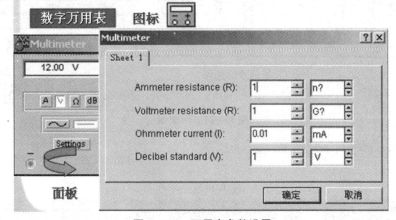

图 D—25 万用表参数设置

②函数信号发生器，如图 D—26 所示。

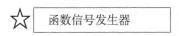

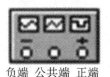

负端 公共端 正端

Function Generator	
	波形选择
Frequency	1 Hz	频率设置
Duty cycle	50 %	占空比设置
Amplitude	10 V	幅度设置
Offset	0	偏移量设置

图 D—26 函数信号发生器

③示波器，如图 D—27 所示。

☆示波器

接地端
触发端

A通道   B通道

面板扩展

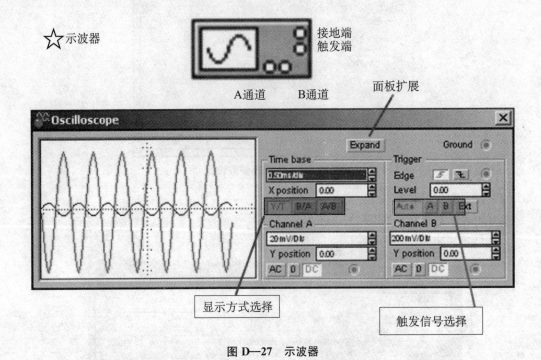

显示方式选择

触发信号选择

图 D—27 示波器

④示波器扩展面板，如图 D—28 所示。

面板扩展

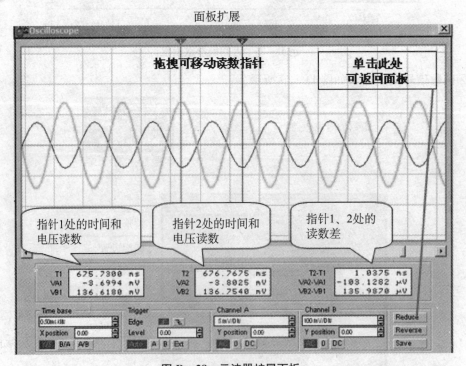

拖搜可移动读数指针

单击此处
可返回面板

指针1处的时间和
电压读数

指针2处的时间和
电压读数

指针1、2处的
读数差

图 D—28 示波器扩展面板

⑤波特图仪设置，如图 D—29 所示。

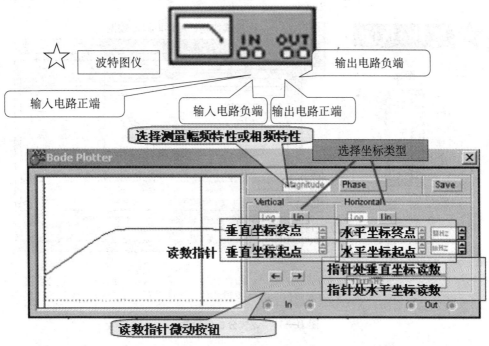

图 D—29　波特图仪设置

⑥数字信号发生器设置，如图 D—30 所示。

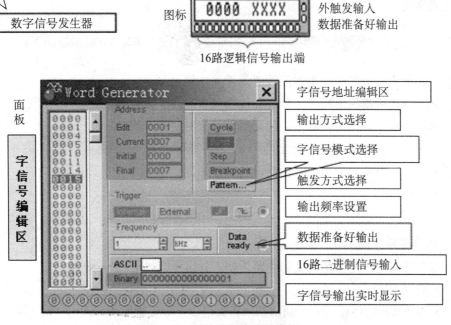

图 D—30　数字信号发生器设置

⑦逻辑分析仪设置，如图 D—31 所示。

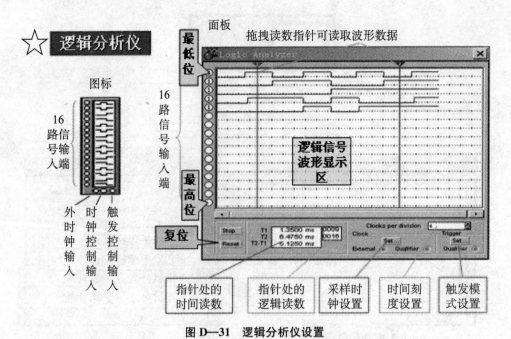

图 D—31　逻辑分析仪设置

注：在运行中，每按一下复位按钮，记录区波形被清除，并重新开始显示波形；在停止运行后按下复位按钮，则消除波形记录区的波形。采样频率一般默认系统设定值即可。调节水平时间刻度设置，可调整波形的疏密。

5. EWB 仿真应用步骤

仿真实验的基本步骤和方法：

（1）双击 ☻ Electronics Workbench 或 ⬤ WEWB32.EXE 图标起动 EWB。

（2）根据实验电路图在工作区放置元件并连接电路。

①从相应库中拖拽出所需元器件和仪器仪表安放于合适的位置，

②然后利用工具栏的转动按钮使元器件符合电路的安放要求。

③点击元件引脚端点拉出引线至另一元件引脚端点即可连线。

④双击元件打开元件特性对话框，给元件标识、赋值

（3）保存。

（4）仿真。

6. 仿真实验举例

以基尔霍夫电压定律仿真实验电路为例，具体步骤如下：

（1）启动 EWB。

（2）在 EWB 软件环境下，画出基尔霍夫电压定律测试图，如图 D—32 所示。

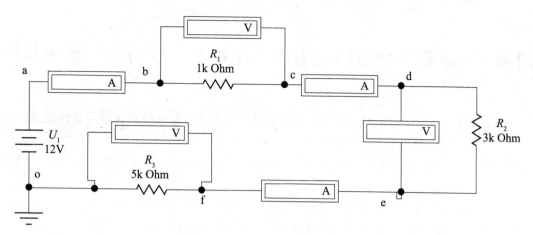

图 D—32   基尔霍夫电压定律测试图

（3）放置元件及仪表：电阻 R_1、R_2、R_3，设置参数，放置电压表、电流表并设置参数。连接线路，检查无误后，保存。

（4）仿真：按仿真起动按钮，观察电压表、电流表的显示结果，如图 D—33 所示。

（5）验证：按基尔霍夫电压定律，通过计算检测测试结果是否符合要求。

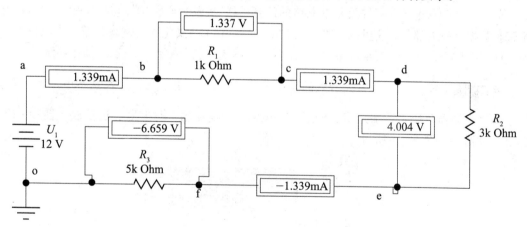

图 D—33   基尔霍夫电压定律仿真实验电路

附录 E　手机与平板电脑上的电路仿真、学习软件使用介绍

　　随着智能手机、平板电脑的普及，手持式智能终端上的电路仿真与学习软件也进入人们的视野。与以往的基于 PC 的软件，它们的优越性主要体现在使用方便、易安装、易学，尤其适合于电学入门者。但教科书上一直无此方面的教学内容，本书将此列为附录，以便于学习。

　　手持式智能终端常见的操作系统有 Android 系统、Windows Mobile 系统、Windows CE 系统、苹果 ios 系统，本附录介绍的是安卓（Android）操作系统上的电路仿真软件与学习软件：电路专家（ElectroDroid）、电子电路模拟器（Everycircuit）。其他同类软件，如仿真电路模拟器（Droid Tesla）、模拟电路（iCircuit），操作有相通之处，可自行下载学习。

一、电路专家（ElectroDroid）

　　软件功能包括电子元器件及基本电路的计算、PC 机及数码常用接口接脚定义和常用基本资料数据表三大部分。这里以电路专家 ElectroDroid v1.8 汉化版为例来介绍。本软件的参考文件名：ElectroDroid_1.8.apk；参考大小：495KB；运行平台：Android 操作系统。

　　软件图标：![icon] 运行后，先看到的是第一页（标签）：电子元器件及基本电路的计算。这里有：电阻器色码、欧姆定律、分压器、电阻率、电阻值/串/并联、运算放大器和 LED 电阻计算器，如图 E—1 所示。

图 E—1　电路专家的计算器标签

点一下其中的"分压器",让我们看一下它的计算功能:

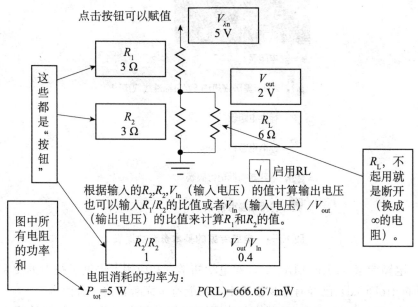

图 E—2　分压器的计算功能

改变 V_{in}(输入电压)R_1、R_2,可以看到 V_{out}/V_{in} 的数值变了,接入 RL(起用 RL)后,V_{out}/V_{in} 的数值还会降。总功率(Ptot)既可以用总电压乘总电流的结果来验证,也可以计算出每个元件的功率后,加起来,验证自己的计算是否正确。

再看第二页(标签),如图 E—3 所示,常用接口接脚定义。

E—3　电路专家的引脚标签

第三页(标签),如图 E—4 所示,常用基本资料数据表:

图 E—4　电路专家的基本资料数据表

　　可见，电路专家（ElectroDroid），对电学初学者和应用者提供了很大的便利。现在电路专家（ElectroDroid）已经有不少新版本，功能有了完善，请读者留意。

　　电路专家（ElectroDroid）里面的电路形式是相对固定的几个，如果希望实现较各类电路的仿真，就用到下来要介绍的"电子电路模拟器（Everycircuit）"了。

二、电子电路模拟器（Everycircuit）

　　电子电路模拟器是一款电子电路仿真软件，用于电工技术基础的学习、仿真也很好。界面简洁，非常简单实用，能够帮助用户建立复杂的电路，制作好的电路图点击仿真（播放）按钮，就能够观看动态的电压和电流的动画，是一款非常不错的学习电工、电子电路的模拟软件。

　　电子电路模拟器（Ver：1.06）的参考文件名：Everycircuit.free.apk；运行平台：Android 操作系统 1.6 及其以上；参考大小：912.00KB。

　　安装后产生的图标 EveryCircuit。点击它运行，出现如图 E—5 所示的界面：

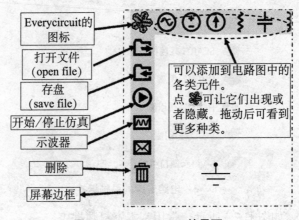

图 E—5　EveryCircuit 的界面

先点一下 [图标] 的（表示从存储器中拿出一个文件），如图 E—6 所示看软件中已经存有哪些电路。

点一下 "Diode bridge"（桥式整流）电路。（此电路已经有电子学内容，这里主要是请读者了解软件界面、操作）：

Open file

current mirrors

diode bridge

instrumentation amplifier

inverter chain

LED array

logic gates

resistor tree

track and hold

transmission line

图 E—6　EveryCircuit 的打开文件

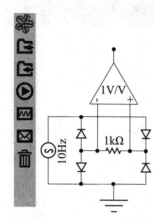

图 E—7　EveryCircuit 打开的桥式整流

这个电路是将左下角的 10Hz 电源，经过四个二极管，整流成直流加在 1kΩ 的电阻上。

点一下 [图标]，开始仿真：

图 E—8 中的各点，如果电位是变的，就会标出波形；如果电位固定，就标出电位，如 "地" 点。线路中绿色小点的运动方向，直观地显示了瞬间电流方向（电流方向和电子的运动方向相反）。

也能看任意一点的波形：点一下选中一个点，再点一下左列的示波器 [图标]，就能看到此点电位（就是对地的电压）波形，如图 E—9 所示。

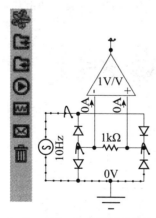

图 E—8　EveryCircuit 仿真桥式整流的图形

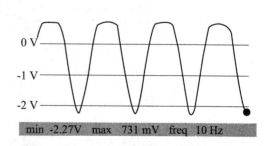

min -2.27V   max   731 mV   freq   10 Hz

图 E—9　EveryCircuit 显示的桥式整流的波形

并且可以看到，自动测量出了最大瞬时值、最小瞬时值及频率，显示在波形的下方。

下来以一个简单的电路，用一个电压源接一个电阻，作为例子，说明怎样新建一个电路。先在元件类中点一下电压源 [图标]，它就出现在画电路图区；如此再将电阻加入，如图

E—10 所示。

在第一个元件的引脚上点一下，再在第二个元件的引脚上点一下，这两个引脚就通过导线连接起来了。将所有元件连好后（一定要包括"地"，否则仿真时会报错），就可以点一下左列的仿真（播放）按钮 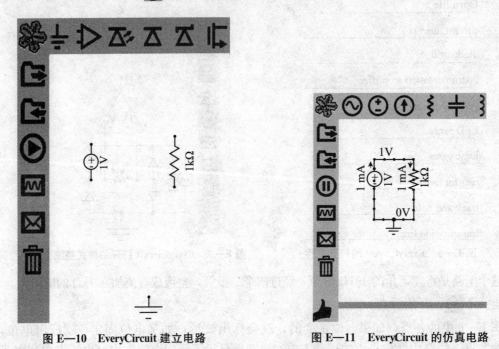，开始运行仿真了。如图 E—11 所示，仿真运行后的效果。

图 E—10　EveryCircuit 建立电路　　　　图 E—11　EveryCircuit 的仿真电路

仿真无出错，屏幕左下角竖了大拇指。线路中绿色小点的运动方向显示了电流方向，如图 E—12 所示，图中也用箭头标明了电流方向，也标出了各元件、导线的电流数值、各点的电位数值。

再看怎样改变元件的参数，这里我们用电压源为例。点一下电路图中的电压源，选中后可以看到左边的选单变了。

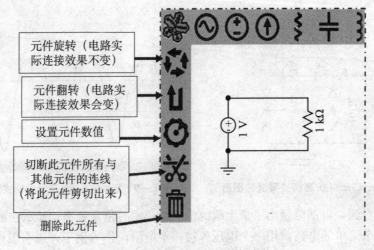

元件旋转（电路实际连接效果不变）

元件翻转（电路实际连接效果会变）

设置元件数值

切断此元件所有与其他元件的连线（将此元件剪切出来）

删除此元件

图 E—12　EveryCircuit 按钮变化

点一下屏幕左列设置元件参数值的"旋钮"，屏幕上就出现一个"设定旋钮"（参数设定盘），如图 E—13 所示就可以改变元件参数。

限于篇幅，本附录未更深入讲述。其实只要懂得了这些基本操作，多练习、探索，就能充分挖掘出软件的各种功能，这样，利用好自己的智能手机上这些专业软件，就能解决学习和实践中很多问题。

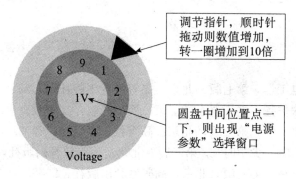

调节指针，顺时针拖动则数值增加，转一圈增加到10倍

圆盘中间位置点一下，则出现"电源参数"选择窗口

图 E—13　EveryCircuit 的设定旋钮

参考文献

[1] 秦曾煌. 电工学. 第七版. 北京：高等教育出版社，2009.

[2] 叶挺秀，张伯尧. 电工电子学. 第二版. 北京：高等教育出版社，2004.

[3] 罗守信. 电工学. 第三版. 北京：高等教育出版社，2003.

[4] 唐介. 电工学（少学时）. 第二版. 北京：高等教育出版社，2005.

[5] 邱关源. 电路. 第五版. 北京：高等教育出版社，2006.

[6] 李瀚荪. 电路分析基础. 第四版. 北京：高等教育出版社，2006.

[7] 尼尔森（美）. 电路. 第六版. 洗立勤译. 北京：电子工业出版社，2002.

部分习题答案

第1章

1.5　$U_a = 20V, U_b = -20V, I_{ab} = 1A, I_{cd} = -1A$

1.6　$(1)U_a = -10V$　$(2)I_b = -0.5A$　$(3)U_c = 10V$　$(4)P_D = 40mW$

1.8　$I_3 = -2A, U_3 = 60V$,电源

1.9　$I = -2A, P_{3V} = 3W, P_{6V} = 12W, P_{3Ω} = 3W$

1.12　$(a)i_1 = -2A, i_2 = 4A, i_3 = 1A$　$(b)i = 1A$

1.14　$I_1 = 1A, I_2 = -4A, I_3 = 0, U_1 = 17V, U_2 = 21V$

1.24　(a) 图$(1)U = 9V, I = 3A$　$(2)P_{9V} = -9W$,发出;$P_{2A} = -18W$,发出
　　　 (b) 图$(1)U = 6V, I = 2A$　$(2)P_{9V} = -18W$,发出;$P_{2A} = 6W$,吸收

1.27　$I_S = 1A$

1.28　$U_S = 10V$

1.29　$I = -1A$

1.31　$I = 2.5A$

1.33　$U = 1.5V, I = 0.75A$

1.35　$V_A = -5.8V, V_A = 1.96V$

第2章

2.8　$I_1 = 9.38A; I_2 = 8.75A; I = 28.13A$

2.10　$I_1 = -2A, I_3 = 8A, U = 52V$

2.11　$U_2 = 6V$

2.12　$I = 1.4A$

2.16　$U_{∞} = 50V, I_a = -0.5A, Ib = 1A, I_c = -0.5A$

2.18　$(1)U = 100V, I_1 = 15A, I_2 = 10A, I_3 = 25A$
　　　$(2)I_1 = 11A, I_2 = 16A, I_3 = 27A$

2.19　$I = 6A$

2.20　$I = 1A$

2.21　$I = -1A$

2.27　$U_{ob} = 0V, R_o = 8.8Ω$

2.28　$I = \dfrac{5}{3}A$

2.32 $i = 2.4\text{A}$

2.33 $I = \dfrac{10}{9}\text{A}$

2.36 $U = 80\text{V}$

2.37 $i = 0\text{A}$

第3章

3.3 (1)$50\angle 53.13°$ (2)$50\angle -53.13°$ (3)$50\angle 126.87°$ (4)$50\angle -126.87°$

3.4 (1)$8.66 + j5$ (2)$8.66 - j5$ (3)$5 + j8.66$ (4)$7.07 - j7.07$

3.5 (1)$-800 + j2\,700$ (2)$0.13 - j0.76$ (3)$1.75 - j0.75$ (4)$20.06 - j14.57$

3.6 频率50Hz、初相角$\pi/4$、最大值10A，瞬时值表达式 $i = 10\sin(100\pi t + \pi/4)\text{A}$

3.7 $U = 20\sin(\omega t)\text{V}, i_1 = 10\sin(\omega t - 115°)\text{A}, i_2 = 4\sin(\omega t - 130°)\text{A}$

3.8 0.707V

3.9 (a) 相同 (b) 有效值为最大值的$\dfrac{\sqrt{2}}{2}$ 倍 (c) 有效值为最大值的$\dfrac{\sqrt{2}}{2}$ 倍

3.10 $\dot{I} = 1\angle 45°\text{A} v = 14.14\cos(314t + 30°)\text{V}$

3.11 (1) $\dot{I}_1 = 50\angle 30°\text{A}, \dot{I}_2 = 100\angle -60°\text{A}$ (2)$111.80\angle -33.43°$
(3)$158.11\sin(\omega t - 33.43°)$(4)(略)

3.12 (1)$11\sqrt{2}\angle 30°\text{V}、11\sqrt{2}\angle 150°\text{V}、11\sqrt{2}\angle -90°\text{V}$ (2)$\dot{U}_1 + \dot{U}_2 + \dot{U}_3 = 0$ (3)$u_1 + u_2 + u_3 = 0$(4)(略)

3.13 $13.23\sin(\omega t + 10.89°)\text{A}$

3.14 $6.15\sin(\omega t + 83.41°)\text{V}3.74\sin(\omega t - 161°)\text{V}$

3.15 (1) 对 (2) 对 (3) 错 (4) 错 (5) 错 (6) 错 (7) 错 (8) 错

3.16 (1)$U = 220\text{V} U_m = 311.13\text{V}$(2)25 小时(3)(略)

3.17 $2.97 uF$ 3.42H

3.18 12Ω 26.84mH

3.19 (1)$500\Omega、0.44\text{A}$ (2) 灯管电压电流同相位镇流器的电压超前电流$90°$

3.20 1A, $3.18\text{A}, 31.42\text{A}$

3.21 3Ω 12.73mH

3.22 (a)5mA(b、)1.42mA

3.23 $18.19\sin(314t + 30°)\text{A}, 4.35\angle 0.65°\Omega, 1\angle -55°\Omega$

3.24 (1)2.35A (2)20.35W 0.866

3.25 0.5 5W 8.66var 10W。

3.26 220.89W -0.34var 234.99W 0.94。

3.27 (1)$5 + j5$ (2)7.07A (3)0.71 (4)50V

3.28 $55.84 uF$

3.29 (1)53kHz (2)$94.86\Omega, 31.62$ (3)$10\text{V}, 316.2\text{V}, 316.2\text{V}$ (4)33.33W

3.30 (1)503.29kHz

3.31　(1)100Ω　(2)1.59MHz

3.32　0.18A　0.09A　0.45A

第4章

4.3　$i_1(0_+)\dfrac{U_S-u_C(0_+)}{R_1}=\dfrac{12-12}{4}=0\text{A}$

　　$i_2(0_+)\dfrac{u_C(0_+)}{R_2}=\dfrac{12}{8}=1.5\text{A}$

　　$i_C(0_+)=i_1(0_+)-i_2(0_+)=0-1.5=-1.5\text{A}$

4.4　$i(t)=\left(\dfrac{5}{3}-\text{e}^{-40t}+\text{e}^{-200t}\right)\text{A}$

第5章

5.3　0.35A

5.4　铜损耗7W,铁损耗63W,功率因数0.29

5.5　96.6%

5.6　166个,一次绕组电流约为3.03A,二次绕组电流约45.45A

5.7　87.6mW

5.8　0.273A,90匝,30匝

5.9　$1/2$

5.10　13种,分别为1V、3V、9V;4V、10V、12V;2V、6V、8V;5V、7V、11V;13V

5.11　$5\,760\text{V}$,70A

第6章

6.1　(1)转子导体　旋转磁场　(2)$3,1\,000,20,1$　(3)$6.4,11.5$　(4)逆时针,反接制动

6.3　$2,1,0.047,0.033$

6.4　$n_0=3\,000\text{r/min},n=3\,000\text{r/min},f_2=0.75\text{Hz}$

6.5　(1)$n_0=3\,000\text{r/min}$　(2)$n=3\,000\text{r/min}$　(3)$T_2=97.49\text{N}\cdot\text{m}$
(4)$T=98\text{N}\cdot\text{m}$

6.6　$p=3\,1000\text{r/min}$

6.7　(1)$n=1\,500\text{r/min}$　(2)$s=0.04$　(3)$P_2=20.05\text{kW},P=25.05\text{ kW},\lambda=$
0.8　(4)$\eta=80\%$

6.8　(1)$P_2=4\text{kW}$　(2)$P_1=5\text{kW}$　(3)$I_{1L}=9.5\text{A}$　(4)$I_{1p}=5.48\text{A}$

6.9　(1)$T_{\max}=643.5\text{N}\cdot\text{m},T_{\text{st}}=585\text{N}\cdot\text{m}$　(2)$T_{\max}=411.8\text{N}\cdot\text{m},T_{\text{st}}=374.4\text{N}\cdot\text{m}$

6.10　$2.0,236.3\text{N}\cdot\text{m}$

6.11　(1)$s_N=0.02$　(2)$T_N=143\text{ N}\cdot\text{m}$　(3)$P_{1N}=24\text{kW}$　(4)$T_{\max}=314.6\text{N}\cdot$
m　(5)$T_{\text{st}}=286\text{N}\cdot\text{m}$　(6)$I_{\text{st}}=297.5\text{A}$

6.12　$I_N=9.46\text{A}$，$I_N=16.33\text{A}$

6.13　(1)$s_N=0.04$　(2)$P_N=4.76\text{ Kw}$

6.14　(1)过载　(2)不过载

6.15　(1) 不能　(2) 可以　(3) 不能

6.16　(1) 不可以　(2) 可以　(3) 不可以

6.17　(1)1 500r/m　(2)194.5 N・m　(3)0.88

6.18　(1)$I_{st}=134A,T_{st}=77.8$ N・m　(2) 不能,可以

6. 19　(1)1.188　(2) 285.2A,285.2A

6.20　因为 $T'_m v=48.7N・m<T_C$,发生闷车;$T_{st}=73N・m<75N・m$,仍不能起动;
烧坏电机绝缘 6.21　20kW

6.22　不需加大变压器的容量,0.832

6.23　(1)$P_1=3\ 671W,P_2=2\ 984W,\eta=81\%,\cos\varphi=0.79,s=0.05$　(2)220V

第7章

7.3　可以

7.11　(1) 主电路:刀开关 Q、熔断器 FU_1、交流接触器 KM_1、KM_2 热继电器 FR、电动机 M;

控制电路:按钮 SB_1、SB_2、SB_3 接触器线圈 KM_1、KM_2,辅助触点 KM_1、KM_2、热继电器常闭触点 FR。

(2) 相序要相反,保证电动机正反转;

(3)① 接触器失压欠压保护;

② 熔断器短路保护;

③ 热继电器断相、过载保护;

(4) 主电路的额定电压:$AC380V$

控制电路额定电压:$AC380V$

(5) 电气互锁。

教师信息反馈表

为了更好地为您服务，提高教学质量，中国人民大学出版社愿意为您提供全面的教学支持，期望与您建立更广泛的合作关系。请您填好下表后以电子邮件或信件的形式反馈给我们。

您使用过或正在使用的我社教材名称		版次	
您希望获得哪些相关教学资料			
您对本书的建议（可附页）			
您的姓名			
您所在的学校、院系			
您所讲授课程名称			
学生人数			
您的联系地址			
邮政编码		联系电话	
电子邮件（必填）			
您是否为人大社教研网会员	□ 是，会员卡号：_____ □ 不是，现在申请		
您在相关专业是否有主编或参编教材意向	□ 是　　　　□ 否 □ 不一定		
您所希望参编或主编的教材的基本情况（包括内容、框架结构、特色等，可附页）			

我们的联系方式：北京市西城区马连道南街 12 号

中国人民大学出版社应用技术分社

邮政编码：100055

电话：010-63311862

网址：http://www.crup.com.cn

E-mail：smooth.wind@163.com

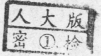